“十二五”职业教育国家规划教材
经全国职业教育教材审定委员会审定

PLC综合应用技术

第2版

主　编　周文煜
副主编　苏国辉
参　编　曾庆乐　赵茂林　张　毅
　　　　谭　雪　邹国锦
主　审　李乃夫

机械工业出版社
CHINA MACHINE PRESS

本书是"十二五"职业教育国家规划教材，是根据《教育部关于"十二五"职业教育教材建设的若干意见》及《高等职业学校专业教学标准（试行）》，同时参考可编程序控制系统设计师国家职业资格标准，在第1版的基础上修订而成。

本书是在大中型企业对电气自动化技术及机电一体化技术专业人才需求调研的基础上编写的。本书以工作任务为引领，以学生职业能力掌握为导向，对PLC的知识与技能进行重新构建，充分体现职业特征，满足学生职业生涯发展需要。本书主要内容包括：认识可编程序控制器，应用基本指令实现电动机点动运行、电动机单向连续运行、电动机正反转控制运行，应用定时器功能实现电动机星形-三角形减压起动，常用机床的电路改造，气缸计数运行、双作用气缸自动往返运行，供料站的自动运行，加工站的自动运行，机械手全功能运行，传送带运行、传送带多段速运行，应用传感器与PLC实现工件自动分拣，应用编码器与PLC实现工件自动分拣，应用触摸屏与PLC实现电动机正反转运行。

本书可作为高等职业院校电气自动化技术专业、机电一体化技术专业教材，也可作为自动化生产线安装与调试岗位的培训教材。

为便于教学，本书配套有电子教案、助教课件等教学资源，选择本书作为教材的教师可来电（010-88379195）索取，或登录www.cmpedu.com网站，注册、免费下载。

图书在版编目（CIP）数据

PLC综合应用技术/周文煜主编. —2版. —北京：机械工业出版社，2015.1（2021.10重印）

"十二五"职业教育国家规划教材

ISBN 978-7-111-48928-3

Ⅰ.①P… Ⅱ.①周… Ⅲ.①plc技术-高等职业教育-教材 Ⅳ.①TM571.6

中国版本图书馆CIP数据核字（2014）第296431号

机械工业出版社（北京市百万庄大街22号 邮政编码100037）

策划编辑：张晓媛 责任编辑：赵红梅 责任校对：赵 蕊

封面设计：张 静 责任印制：常天培

北京机工印刷厂印刷

2021年10月第2版第8次印刷

184mm×260mm · 13.75印张 · 322千字

标准书号：ISBN 978-7-111-48928-3

定价：39.80元

电话服务 网络服务

客服电话：010-88361066 机 工 官 网：www.cmpbook.com

010-88379833 机 工 官 博：weibo.com/cmp1952

010-68326294 金 书 网：www.golden-book.com

封底无防伪标均为盗版 机工教育服务网：www.cmpedu.com

第2版前言

本书是按照教育部《关于开展“十二五”职业教育国家规划教材选题立项工作的通知》，经过出版社初评、申报，由教育部专家组评审确定的“十二五”职业教育国家规划教材，是根据《教育部关于“十二五”职业教育教材建设的若干意见》及教育部新颁布的《高等职业学校专业教学标准（试行)》，同时参考可编程序控制系统设计师国家职业资格标准，在第 1 版的基础上修订而成的。

本教材编写模式新颖，形式活泼，力求体现“学中做，做中学”的一体化教学特色。以任务引领的方式，介绍三菱 FX_{2N}系列 PLC 的基本逻辑指令、步进顺控指令、初始化状态指令及其他功能指令，同时还把常用低压电器及控制电路、常用气动元件及控制回路，以及三菱 FR—E740 型变频器、三菱 GOT-F940 型触摸屏、脉冲编码器与 PLC 的联合控制专业知识与实践技术分解到不同的任务中，旨在由浅入深，循序渐进，培养学生的综合应用能力和实践技能。

全书共有 16 个任务，教学时数建议为 120 课时。其中任务 1、2、7 ~ 11、16 分别为 6 课时，任务 3 ~ 5 分别为 4 课时，任务 6、14 分别为 10 课时，任务 12、13 分别为 8 课时，任务 15 为 24 课时。

本书由广州市轻工技师学院周文煜任主编，苏国辉任副主编，广州市轻工技师学院张毅、曾庆乐、赵茂林，宁夏防沙治沙职业技术学院谭雪，广州造纸集团有限公司邹国锦参编，广州市轻工技师学院李乃夫主审。其中，张毅编写任务 1 ~ 3，邹国锦编写任务 4，曾庆乐编写任务 5、6，谭雪编写任务 7、8，苏国辉编写任务 9、10，周文煜编写任务 11 ~ 13，赵茂林编写任务 14 ~ 16。在编写过程中还得到广州机床有限公司曾艳灵主管、奥的斯电梯有限公司广州分公司何宇星安全官、高露洁棕榄（中国）有限公司王辉庭技师、东风本田发动机有限公司黄润恒工程师、广州数控设备有限公司陈真水工程师等企业专家的大力支持与帮助，他们对本书的编写提出了很多宝贵意见，在此表示衷心的感谢！

本书经全国职业教育教材审定委员会审定，教育部专家在评审过程中对本书提出了很多宝贵的建议，在此对他们表示衷心的感谢！

由于编者水平有限，书中不妥之处在所难免，恳请读者批评指正。

编　者

第1版前言

可编程序控制器（PLC）是以计算机技术为核心的通用工业自动控制装置，它将传统的继电—接触器控制技术与计算机技术、通信技术结合在一起，具有抗干扰能力强、可靠性高、性能价格比高且编程方便等特点。基于这些突出优点，PLC 被广泛地应用到工业自动控制、机电一体化、传统产业改造等诸多领域中。

本书从实际应用的角度出发，立足于职业教育人才培养目标，突出职业教育培养生产一线技能型人才的教学特点，针对 PLC 所涉及的相关技术，深入介绍 PLC 及相关外设之间各方面知识，注重工业中的实际应用，由浅入深、循序渐进，实现初学者从入门到自我提高的过程。

本书采用任务驱动的编写形式，将各知识点的讲授分解到各个任务中，通过不同的任务，将知识点与技能训练融合在一起。教学内容以“必需”和“够用”为度，采用“做中学、学中做”的做、学、教一体化的教学模式，将 PLC、电气控制、传感器、变频器、触摸屏、气动技术等内容编写在一起，体现相关知识和学科在机电一体化设备应用关联性和系统性。

全书共分 12 个学习任务，选用三菱 FX_{2N}系列 PLC，从硬件的选用、安装到软件的编程、仿真、监控，从基本逻辑指令、步进顺控指令到初始化状态指令分别进行详细介绍，同时还介绍了常用低压电器、常用控制电路的安装及 PLC 控制的转换方式以及三菱 FR-E740 变频器、三菱 GOT-F940 型触摸屏、常用气动元件与控制回路的综合应用等。

本书的教学时数建议为 120 学时，其中学习任务 1、2、5、6、7、8、9、12 为 6 学时，学习任务 3、4 为 4 学时，学习任务 10、11 为 24 学时，机动（或作其他教学安排）16 学时。

本书由周文煜、苏国辉主编，赵茂林、曾庆乐、谭雪参编，由李乃夫担任本书的主审。

多年来相关教材编写一直在进行不懈的改革与探索，以使其更适应于职业教育教学改革的需要和人才培养的要求，本书只是其中的一次努力和尝试。因限于编者的水平，书中仍难免会有错误及不当之处，欢迎读者及同行对本书提出意见并给予指正。

编　者

目 录

CONTENTS

任务1　认识可编程序控制器

任务要求

认识可编程序控制器（PLC）及其工作方式。

课时分配

建议课时：6 课时。

学习目标

应知

（1）了解 PLC 的产生、应用、特点、分类等。

（2）了解 PLC 的基本结构和工作原理。

（3）了解 PLC 内部元器件的种类及编号。

（4）了解 PLC、继电—接触器控制、单片机控制的区别。

应会

（1）能在教师现场监护和指导下通电运行 PLC。

（2）会区分 PLC 输入/输出元器件。

（3）会根据端子接线图、PLC 控制原理图和接线图检查 PLC 输入/输出元器件的接线。

任务介绍

本任务要了解 PLC 应用及功能特点、内部结构及工作原理，对三菱系列 PLC 有基本认识，能分辨 PLC 的 I/O 口，会根据接线图进行 PLC 外部接线。所用器材明细见表 1-1。

表 1-1　器材明细表

序号	类别	名称	规格型号	数量	备注
1	器材	三菱 PLC	FX_{2N}—48MR	1 台	
2		模拟自动生产线	YL335B	1 台	

任务 1.1　了解 PLC 应用及功能特点

可编程序控制器简称 PLC，是 20 世纪 60 年代以来发展极为迅速、应用极为广泛的工业控制装置，是现代工业自动控制的首选产品，与机器人、CAD/CAM（计算机辅助设计/计算机辅助制造）并称为生产自动化的三大支柱。

在 PLC 出现前，生产线主要采用继电—接触器控制系统，修改一条生产线，要更换许多硬件设备，进行复杂的接线，既造成了浪费，又拖延了施工周期，增加了产品的成本。于是人们开始寻找并试图研制一种新型的通用控制设备。1968 年美国通用汽车（GM）公司首先进行了公开招标，提出 10 项指标：

1）编程简单，可在现场修改和调试程序；

2）维护方便，各部件最好采用插件方式；

3）可靠性高于继电—接触器控制柜；

4）设备体积小于继电—接触器控制柜；

5）数据可以直接送给管理计算机；

6）成本可与继电—接触器控制系统相竞争；

7）输入电压是 115V 交流电；

8）输出电压也是 115V 交流电，输出电流达 2A 以上，能直接驱动电磁阀；

9）系统扩展时，原系统只需做很小的变动；

10）用户程序存储容量可扩展到 4KB。

美国数字电子公司（DEC）中标，于 1969 年研制成功一台符合要求的控制器，称为可编程序控制器，在通用汽车公司的汽车装配生产线上试验并获得成功。

美国电气制造商协会于 1980 年把这种控制器正式命名为可编程序控制器（Programmable Controller)，英文缩写为 PC。为了与个人计算机（Personal Computer，PC）相区别，就在 PC 中间加入了 L（Logical)，从而简写成 PLC。

PLC 的出现，引起了世界各国关注。日本于 1971 年引进 PLC 技术，德国于 1973 年引进 PLC 技术，我国于 1974 年开始研制 PLC，1977 年应用到生产线上。

国际电工委员会（ICE）于 1987 年 2 月颁布的草案中将 PLC 定义为：PLC 是一种数字运算操作的电子系统，专为工业环境下应用而设计，它采用了可编程序的存储器，用来在其内部存储执行逻辑运算、顺序控制、定时、计数和算术等操作指令，并通过数字式或模拟式的输入/输出，控制各种类型的机械动作过程。PLC 及其相关设备，都应按易于与工业控制系统形成一个整体、易于扩展其功能的原则设计。

1.1.1 PLC 应用领域

PLC 的应用非常广泛，目前，在国内外已广泛应用于钢铁、冶金、化工、轻工、食品、电力、机械、交通运输、汽车制造、建筑、环保、公用事业等各行各业。

PLC 按不同的控制类型，已成功应用于以下几个方面：

1. 开关量顺序控制

这是 PLC 最广泛的应用领域，也是 PLC 最基本的控制功能，可用来取代继电—接触器控制系统，既可用于单台设备的控制，也可用于多机群控制和自动化生产线控制，如机床电气控制、电梯自动控制、自动化生产线、数控机床、交通灯等。

2. 模拟量过程控制

除开关量外，PLC 还能控制连续变化的模拟量，如压力、速度、流量、液位、电压和电流等模拟量。通过各种传感器将相应的模拟量转化为电信号，然后通过 A-D 模块将它们转换为数字量，送到 PLC 处理。处理后的数字量再通过 D-A 模块转换为模拟量进行输出控制，如通过专用的智能 PID 模块实现模拟量的闭环过程控制。这一功能主要应用在恒压供水系统、锅炉温度控制等控制系统中。

3. 运动控制

PLC 提供了驱动步进电动机或伺服电动机的单轴或多轴位置控制模块，通过这些模块可实现直线运动或圆周运动的控制。这一功能主要用于各类机床、机器人、装配机械等进行运动控制。

4. 数据处理

PLC 提供了各种数学运算、数据传送、数据转换、数据排序以及位操作等功能，可以实现数据采集、分析和处理。这些数据可通过通信系统传送到其他智能设备，也可利用它们与存储器中的参考值进行比较，或利用它们制作各种要求的报表。数据处理功能一般用于各种行业的大、中型控制系统。

5. 通信功能

为适应现代化工业自动化控制系统的需要——集中及远程管理，PLC 可实现与 PLC、单片机、打印机及上级计算机互相交换信息的通信功能。

1.1.2 PLC 控制与其他控制方式比较

1. PLC 与继电—接触器控制比较

传统的继电—接触器控制只能进行开关量的控制，而 PLC 既可进行开关量控制，又可进行模拟量控制，还能与计算机联成网络，实现分级控制。

在 PLC 编程语言中，梯形图使用最广泛。梯形图与继电—接触器控制原理十分相似，基本沿用了继电—接触器控制电路的元器件符号，仅个别地方有些不同。PLC 控制与继电—接触器控制电路相比主要有以下几点区别：

（1）组成器件不同　继电—接触器控制电路是由许多硬件继电器、接触器组成的，而 PLC 则是由许多“软继电器”组成。传统的继电—接触器控制系统本来有很强的抗干扰能力，但由于运用了大量的机械触头，受其物理性能疲劳、尘埃的隔离性及电弧的影响，系统可靠性大大降低。PLC 采用无机械触头的逻辑运算技术，复杂的控制由 PLC 内部运算器完成，故寿命长、可靠性高。

（2）触头的数量不同　继电器的触头数较少，一般只有 4 ~ 8 对；而“软继电器”可供编程的触头数有成千上万。

（3）控制方法不同　继电—接触器控制系统是通过元件间的硬接线来实现的，控制功能就固定在电路中。PLC 控制功能是通过软件编程来实现的，只要改变程序，功能即可改变，控制非常灵活。

（4）工作方式不同　在继电—接触器控制电路中，当电源接通时，电路中各继电器所处的受制约状态是固定的，由电路的逻辑状态决定，而且一旦决定，其功能是单一的。在 PLC 中，各“软继电器”都处于周期性循环扫描接通中，每个“软继电器”受制约的时间是短暂的，一条语句就可以改写软继电器的状态。

2. PLC 与单片机比较

PLC 的核心就是一台单片机，在单片机外围配置了相应的接口电路（硬件）和配置了监控程序（软件），但它又和单片机控制系统有所不同：

（1）PLC 具有高可靠性　PLC 是从硬件和软件两个方面来解决可靠性的问题，如采用光电隔离、数字滤波、电磁屏蔽等措施来提高 PLC 的可靠性。单片机与之相比，这方面稍显逊色，它在运行过程中很容易受到外界环境的干扰。

（2）PLC 编程方便，易于使用　PLC 可以采用梯形图编程，而梯形图就是从实际的继电—接触器控制电路原理图演变来的，因此这种图形编程方式易懂易编；单片机采用专门的编程语言，指令多，关系复杂，对使用者要求具有较高计算机编程能力和接口技术。

（3）PLC 与其他装置配置连接方便　PLC 的接口原则就是使用外部接线，电平转换尽量少。一般 PLC 的输出有继电器型、晶体管型和晶闸管型三种，它们直接与相关的电器元件相连。另外 PLC 还配置了 A-D、D-A、RS232 等接口电路，不要用户来考虑具体的设置问题。而用单片机构成一个控制系统时，用户则需要考虑电平转换、滤波、功率放大等问题。

（4）PLC 多用于过程控制　与之相比，单片机则多用于实时控制系统。

1.1.3　PLC 的特点

PLC 以其抗干扰能力强、可靠性高、性价比高且编程简单而广泛地应用在现代化的自动生产设备中，担负着生产线的大脑——微处理单元的角色。

PLC 是由工业专用微型计算机、输入/输出电路、保护及抗干扰隔离电路等组成的控制装置。由于它具有可编程的功能，且基本输入/输出端口全部使用开关量，因而完全可以替代继电—接触器控制系统和由分立元件构成的控制系统。从应用角度来看，PLC 具有如下特点：

（1）可靠性高　PLC 的输入/输出端口可采用继电器或光耦合器件等，即基本输入/输出点均为开关量，同时附加有隔离和抗干扰部件，具有很高的抗干扰能力，因而能在比较恶劣的环境下可靠工作。

（2）体积小　PLC 在制造时采用了大规模集成电路和微处理器，用软件编程替代硬件连线，达到了小型化、便于安装的目的。

（3）通用性好　PLC 采用了模块化结构，一般有 CPU 模块、电源模块、通信模块、PID 模块、模拟输入/输出模块等。用这些模块可以灵活地组成各种不同的控制系统。对不同的控制系统，只需选取不同的模块设计相应的程序即可。

（4）使用方便、灵活　对于不同的控制系统，当控制对象及输入/输出硬件结构选定后，若要改变控制方式或对控制对象作一些改动，只需修改相应程序即可，无须对系统连线作较大的修改，从而减少了现场调试的工作量，提高了工作效率。

1.1.4　PLC 分类

PLC 产品种类繁多，其规格和性能也各不相同。对 PLC 的分类可以根据结构、功能的差异等进行大致分类。

1. 按 I/O 点数分类

PLC 按其 I/O 点数多少一般可分为以下三类。

（1）小型 PLC　I/O 点数为 256 点以下，用户程序存储容量小于 8KB 小型 PLC 可以连接开关量和模拟量I/O模块以及其他各种特殊功能模块，能执行包括逻辑运算、计时、计数、算术运算、数据处理和传送、通信联网等功能。例如，西门子公司的S7-200、日本欧姆龙公司的C20、三菱公司的FX系列等都属于小型PLC。

（2）中型PLC　I/O点数在512～2048点之间。中型PLC除了具有小型机所能实现的功能外，还具有更强大的通信联网功能、更丰富的指令系统、更大的内存容量和更快的扫描速度。例如。西门子公司的S7-300、欧姆龙公司的C-500、GE公司的GE-Ⅲ、三菱公司的A1S系列等。

（3）大型PLC　I/O点数为2048点以上。大型PLC具有极强的软件和硬件功能、自诊断功能、通信联网功能，它可以构成三级通信网，实现工厂生产管理自动化。另外大型PLC还可以采用三个CPU构成表决式系统，使机器具有更高的可靠性。如西门子公司的S7-400、欧姆龙公司的C-2000、GE公司的GE-Ⅳ、三菱公司的K3等。

2. 按结构分类

根据PLC的结构形式，可将PLC分为整体式和模块式两类。

（1）整体式PLC　整体式PLC如图1-1所示，它将CPU、I/O接口、电源、通信等部件集成到一个机壳内。整体式PLC由不同I/O点数的基本单元（又称主机）和扩展单元组成。基本单元内有CPU、I/O接口、与I/O扩展单元相连的扩展口以及与编程器相连的接口。扩展单元内只有I/O接口和电源等，没有CPU。基本单元和扩展单元之间一般用扁平电缆连接。另外还配备特殊功能单元，如模拟量单元、位置控制单元等，使其功能得以扩展。整体式PLC一般都是小型机。

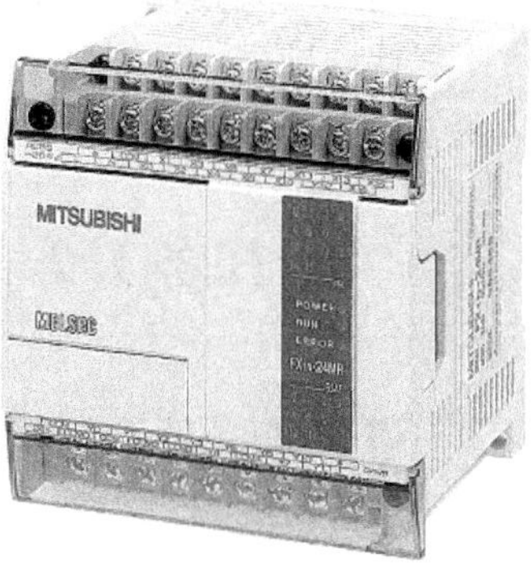

图1-1　整体式PLC

（2）模块式PLC　模块式PLC如图1-2所示。模块式PLC是将PLC的每个工作单元都制成独立的模块，如CPU模块、I/O模块、电源模块（有的含在CPU模块中）以及各种功能模块。模块式PLC由母板（或框架）以及各种模块组成。把这些模块按控制系统需要选取后，安插到母板上，就构成了一个完整的PLC系统。这种模块式PLC的特点是配置灵活，可根据需要选配不同规模的系统，而且装配方便，便于扩展和维修。大中型PLC一般采用模块式结构。例如，西门子公司的S7-300系列、S7-400系列PLC都采用模块式结构形式。

图1-2　模块式PLC

3. 按功能分类

根据 PLC 所具有的功能不同，可将 PLC 分为低档、中档、高档三类。

（1）低档 PLC　具有逻辑运算、定时、计数、移位以及自诊断、监控等基本功能，还可有少量的模拟量 I/O、算术运算、数据传送和比较、通信等功能。低档 PLC 主要用于逻辑控制、顺序控制或少量模拟量控制的单机控制系统。

（2）中档 PLC　除具有低档 PLC 的功能外，还具有较强的模拟量 I/O、算术运算、数据传送和比较、数制转换、远程 I/O、子程序、通信联网等功能。有些还可增设中断控制、PID（比例、积分、微分控制）控制等功能，以适用于复杂控制系统。

（3）高档 PLC　除具有中档 PLC 的功能外，还增加了带符号算术运算、矩阵运算、函数、表格、CRT 可编程控制器原理与应用显示、打印和更强的通信联网功能，可用于大规模过程控制或构成分布式网络控制系统，实现工厂自动化。

一般低档机多为小型 PLC，采用整体式结构，中档机可为大、中、小型 PLC，其中小型 PLC 多采用整体式结构，中型和大型 PLC 多采用模块式结构。

任务 1.2　认识 PLC 内部结构及工作原理

1.2.1　PLC 的组成

PLC 的类型繁多，功能和指令系统也不尽相同，但结构与工作原理则大同小异，通常由主机、输入/输出接口、电源、外部设备接口和扩展接口等几个主要部分组成。PLC 的基本组成如图 1-3 所示。

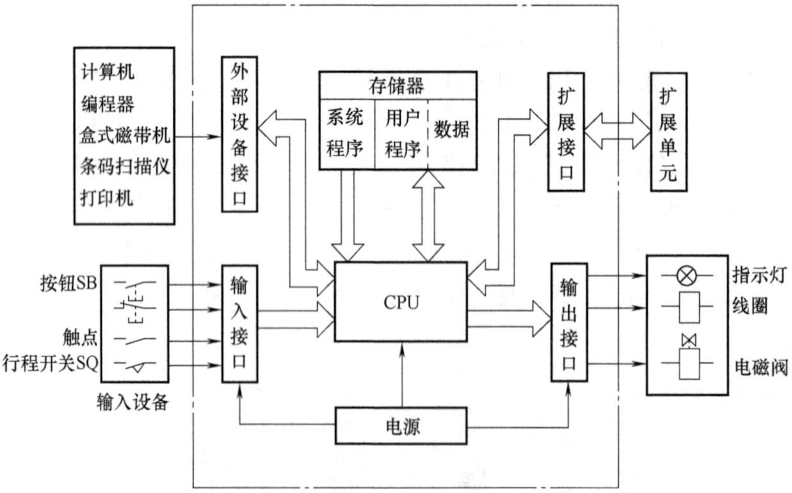

图 1-3　PLC 的基本组成

1. 中央处理器 CPU

CPU 是 PLC 的核心部件，也是 PLC 进行逻辑运算及数学运算并协调整个系统工作的部件。

2. 存储器

存储器是用于存放系统编程程序及监控运行程序、用户程序、逻辑及数学运算的过程变量及其他所有信息的部件。

3. 输入/输出（I/O）接口

I/O 接口是 PLC 主机与现场输入/输出设备之间连接的桥梁。

（1）输入接口电路　输入接口用于接收和采集现场设备（如按钮、传感器、限位开关等）的各种输入信号，使之参与用户程序的运算。为了减小电磁干扰、提高 PLC 工作的可靠性，输入接口一般采用光耦合电路。

通常 PLC 的输入信号可以是直流、交流或交直流信号。输入电路电源可以由外部提供，也可以由 PLC 内部提供。采用外部电源的直流、交流输入接口电路如图 1-4 所示。当输入开关闭合时，其一次电路接通，发光二极管发光，同时光耦合器中的发光二极管使光敏晶体管导通，信号进入内部电路。

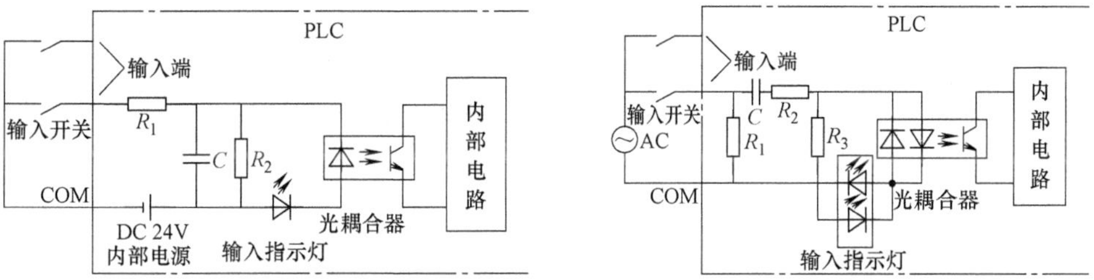

a) 直流输入接口电路　　b) 交流输入接口电路

图 1-4　直流、交流输入接口电路

（2）输出接口电路　输出接口电路用于将主机处理的结果驱动显示灯、电磁阀、继电器、接触器等各种被控设备，实现电气控制。输出接口也采用光电隔离电路，一般有继电器输出、晶体管输出和晶闸管输出三种。

1）继电器输出的负载电流大于 2A，响应时间为 8～10ms，机械寿命大于 10^6h。可用于驱动直流或低频交流负载。内部参考电路如图 1-5 所示。

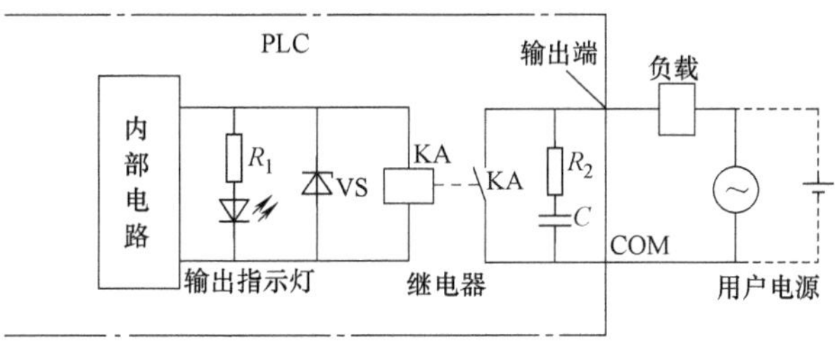

图 1-5　继电器输出内部参考电路

2）晶体管输出的负载电流约为 0.5A，响应时间小于 1ms，可驱动 36V 以下的直流负载。内部参考电路如图 1-6 所示。

3）晶闸管输出一般采用三端双向晶闸管，其耐压较高，带负载能力强，可驱动高频较大功率交流负载。内部参考电路如图 1-7 所示。

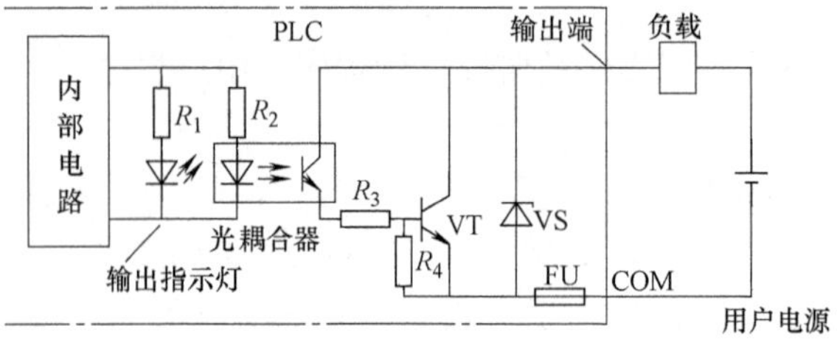

图 1-6 晶体管输出内部参考电路

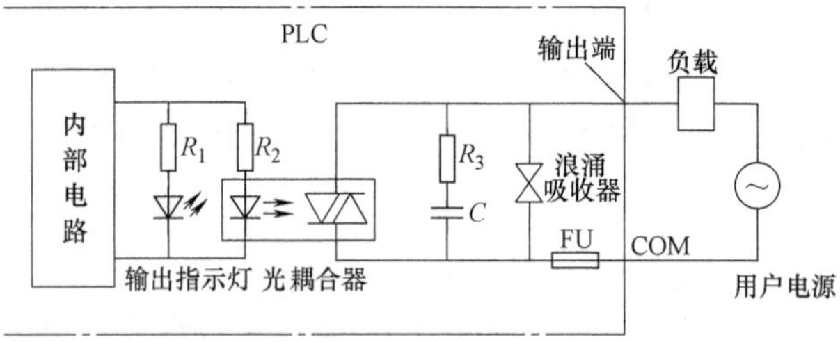

图 1-7 晶闸管输出内部参考电路

4. 电源

PLC 内部为 CPU、存储器、I/O 接口等内部电路配备了直流开关稳压电源，同时一般也为输入传感器提供 24V 直流电源。输入/输出回路的电源一般相互独立，以避免来自外部的干扰。

5. 扩展接口

扩展接口用于系统扩展，可连接 I/O 扩展单元、A-D 模块、D-A 模块和温度控制模块等。

6. 外部设备接口

此接口可将编程器、打印机、条码扫描仪等外部设备与主机相联，以完成相应的操作。

1.2.2 PLC 的工作原理

PLC 采用周期循环扫描的工作方式，其扫描过程如图 1-8 所示。这个过程一般包括五个阶段：内部处理、通信操作、输入处理、执行程序、输出处理。当 PLC 运行方式开关置于运行（RUN）时，执行所有阶段；当 PLC 运行方式开关置于停止（STOP）时，不执行后三个阶段，此时可进行通信操作、内部处理等。进行一次全过程扫描所需的时间称为扫描周期。

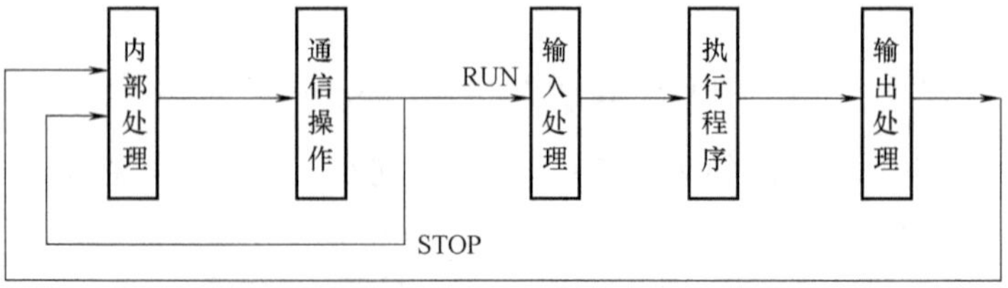

图 1-8 PLC 扫描过程

1. 内部处理

CPU 检查主机硬件和所有输入模块、输出模块，在运行模式下，还要检查用户程序存储器。如果发现异常，则停止并显示错误。如果自诊断正常，则继续向下扫描。

2. 通信操作

在通信操作阶段，CPU 自检并处理各通信端口接收的信息，完成数据通信任务。即检查是否有计算机、编程器的通信请求，若有则进行相应的处理。

3. 输入处理

输入处理又称为输入采样。在此阶段，PLC 首先扫描所有输入端口，依次读入所有输入状态和数据，并将它们存入输入/输出映像寄存器的相应单元内。输入处理结束后，转入用户程序执行和输出处理阶段。在这两个阶段中，即使输入状态和数据发生变化，输入/输出映像寄存器中的相应单元状态和数据也不会改变。

4. 执行程序

在用户程序执行阶段，PLC 总是按由上而下的顺序依次扫描用户程序（梯形图），当程序指令涉及输入、输出状态时，PLC 从输入映像寄存器"读入"上一阶段采集的对应输入端口的状态，从元件映像寄存器"读入"对应元件（"软继电器"）的当前状态，并进行逻辑运算，然后把逻辑运算的结果存入元件映像寄存器中。

5. 输出处理

当扫描用户程序结束后，PLC 就进入输出处理阶段。在此期间，CPU 按照输入/输出映像寄存器内对应的状态和数据刷新所有的输出锁存电路，再经输出电路驱动相应的外设。

任务 1.3　认识三菱 FX 系列 PLC

1.3.1　FX_{2N}系列 PLC 简介

FX_{2N}系列 PLC 的外部结构如图 1-9 所示。它主要由三部分组成，即外部接线（输入/输出接线端子）部分、指示部分和接口部分。

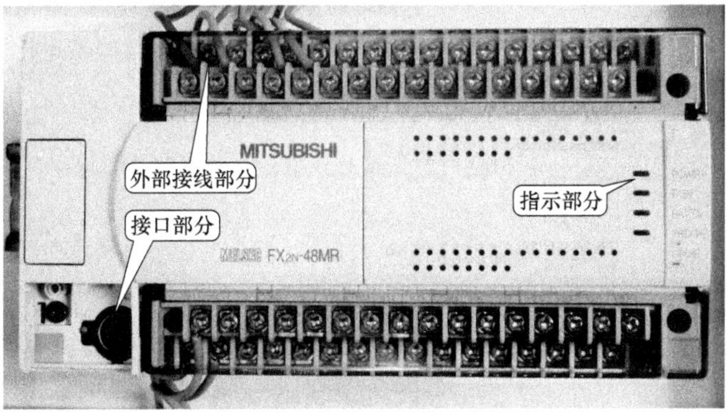

图 1-9　PLC 的外部结构图

（1）外部接线部分　外部接线部分包括 PLC 电源（L、N）端子、输入用直流电源（24 +、COM）端子、输入端子（X）、输出端子（Y）、运行控制（RUN/STOP）和接地端子等。该部分主要完成电源、输入信号和输出信号的连接，如图 1-10 所示。

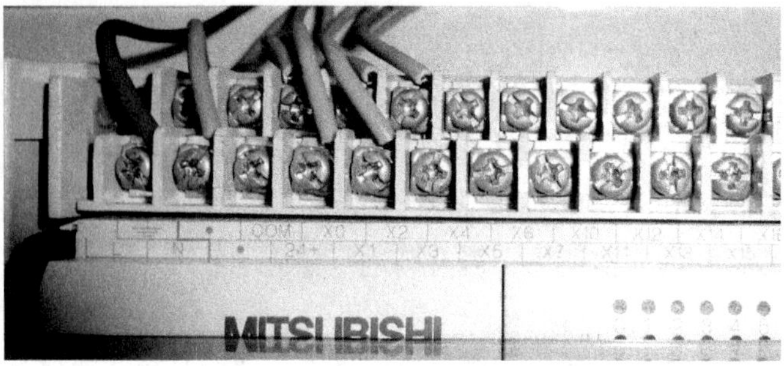

图 1-10　PLC 外部接线部分

（2）指示部分　指示部分包括各输入/输出端子的状态指示、机器电源指示（POWER）、机器运行状态指示（RUN）、用户程序存储器后备电池指示（BATT. V）、程序错误指示（PROG-E）以及 CPU 出错指示灯（CPU-E）等，用于反映 I/O 端子和机器状态，如图 1-11 所示。

（3）接口部分　FX_{2N}系列 PLC 有多个接口，主要包括编程器接口、存储器接口、扩展接口、特殊功能模块接口等。另外还设置了一个 PLC 运行模式转换开关。它有 RUN 和 STOP 两个位置：RUN 使 PLC 处于运行状态（RUN 指示灯亮）；STOP 使 PLC 处于停止状态。在 PLC 处于停止状态时，可进行用户程序的录入、编辑和修改，如图 1-12 所示。

图 1-11　PLC 的指示部分

图 1-12　PLC 编程器接口及运行模式转换开关

1.3.2　FX 系列 PLC 型号含义

FX 系列 PLC 的型号含义如下：

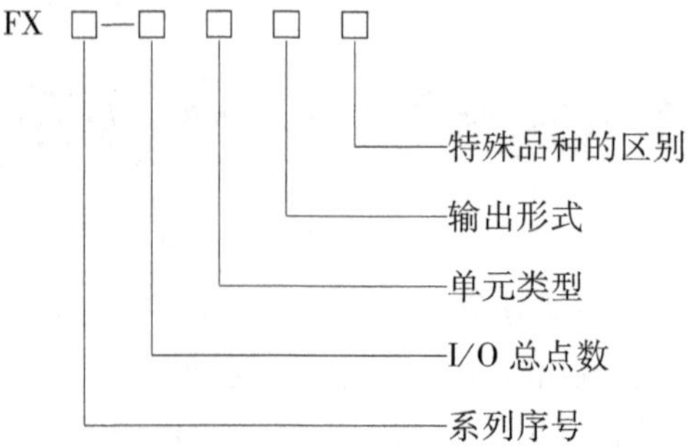

(1) 系列序号（也称序列号） 0、0S、0N、2、2C、1S、2N、2NC、3U。

(2) I/O 总点数　输入/输出合计点数，10 ~ 256 点。

(3) 单元类型

1) M——基本单元；

2) E——输入/输出混合扩展单元及扩展模块；

3) EX——输入专用扩展模块；

4) EY——输出专用扩展模块。

(4) 输出形式

1) R——继电器输出（有触点，交直流负载两用）；

2) T——晶体管输出（无触点，直流负载用）；

3) S——晶闸管输出（无触点，交流负载用）。

(5) 特殊品种的区别

1) 无符号——交流 100/220V 电源，直流 24V 输入（内部供电）；

2) D——直流电源，直流输入；

3) UA1——交流电源，交流输入。

若特殊品种一项无符号，说明通指交流 100/220V 电源、直流 24V 输入（内部供电）。

例如：FX_{2N}—48MR 含义为 FX_{2N} 系列，输入/输出总点数为 48 点，继电器输出，交流 100/220V 电源，直流 24V 输入的基本单元。

1.3.3　FX 系列 PLC 的内部元器件及编号

FX 系列 PLC 内部的编程元器件，也就是支持该机型编程语言的软元件，分别称为继电器、定时器、计数器等，但它们与真实元件有很大差别，称它们为“软继电器”。一般情况下，X 代表输入继电器，Y 代表输出继电器，M 代表辅助继电器，T 代表定时器，C 代表计数器，S 代表状态寄存器，D 代表数据寄存器等。

1. 输入继电器（X）

输入继电器是 PLC 接收外部输入设备开关信号的端口，即通过输入继电器将外部输入信号状态读入输入映像寄存器中。它只能由外部信号驱动，不能由程序内部指令来驱动。输入继电器的触点数在编程时没有限制，即可有无数对动合和动断触点供编程使用。

FX 系列 PLC 的输入继电器以八进制进行编号，FX_{2N} 系列 PLC 输入继电器的编号范围为 X000 ~ X267（184 点）。例如 X000 ~ X007、X010 ~ X017、X020 ~ X027 等。

2. 输出继电器（Y）

输出继电器是把 PLC 内部信号输出传送给外部负载（用户输出设备）。输出继电器线圈只能由 PLC 内部程序的指令驱动，其线圈状态传送给输出端口，再由输出端口对应的硬触点来驱动外部负载动作。它有线圈和触点，与输入继电器一样，有无数对动合和动断触点供编程使用，但在一个程序中，每个输出继电器的线圈只能使用一次。

FX 系列 PLC 的输出继电器也是八进制编号，FX_{2N} 系列 PLC 输出继电器的编号范围为 Y000 ~ Y267（184 点）。例如 Y000 ~ Y007、Y010 ~ Y017、Y020 ~ Y027 等。

3. 辅助继电器（M）

辅助继电器也称中间继电器，它没有向外的任何联系，不能直接驱动外部负载，只供内部编程使用。它的动合与动断触点同样在 PLC 内部编程时可无限次使用，但其线圈在一个程序中只能使用一次。

FX 系列 PLC 的辅助继电器采用十进制编号。辅助继电器的详细介绍请参考任务 5.2。

4. 定时器（T）

PLC 中的定时器（T）相当于继电—接触器控制系统中的通电型时间继电器，主要用于定时控制。它可以提供无限对动合和动断延时触点。FX_{2N}系列 PLC 中定时器可分为通用定时器、积算定时器两种。定时器是通过对一定周期的时钟脉冲进行累计而实现定时的，时钟脉冲周期有 1ms、10ms、100ms 三种，当所计数达到设定值时触点动作。设定值可用常数 K 或数据寄存器 D 的内容来设置。

定时器的详细介绍请参考任务 5.2。

5. 计数器（C）

PLC 的计数器主要用于计数控制。FX_{2N}系列 PLC 的计数器分为内部计数器和高速计数器两类。

计数器的详细介绍请参考任务 7.3 内容。

6. 状态寄存器（S）

状态寄存器用来记录系统运行中的状态，可与步进顺控指令 STL 配合使用，是编制顺序控制程序的重要编程元件。

状态寄存器有五种类型：初始状态器 S0 ~ S9 共 10 点；回零状态器 S10 ~ S19 共 10 点；通用状态器 S20 ~ S499 共 480 点；具有状态断电保持的状态器 S500 ~ S899，共 400 点；供报警用的状态器（可用作外部故障诊断输出）S900 ~ S999 共 100 点。

使用状态寄存器时应注意：

1）状态器与辅助继电器一样有无数对动合和动断触点；

2）状态器不与步进顺控指令 STL 配合使用时，可作为辅助继电器 M 使用；

3）FX_{2N}系列 PLC 可通过程序设定将 S0 ~ S499 设置为有断电保持功能的状态器。

状态寄存器的详细介绍请参考任务 9.3 内容。

7. 数据寄存器（D）

数据寄存器是计算机必不可少的器件，用于存放各种数据。PLC 在进行输入/输出处理、模拟量控制、位置控制时，需要许多数据寄存器来存储数据和参数。数据寄存器有以下几种类型：

（1）通用数据寄存器（D0 ~ D199） 通用数据寄存器共 200 点。当 M8033 为 ON（OFF）时，D0 ~ D199 有（无）断电保护功能。当 PLC 停电时，数据全部清零。

（2）断电保持数据寄存器（D200 ~ D7999） 断电保持数据寄存器共 7800 点，其中 D200 ~ D511（共 312 点）具有断电保持功能；D490 ~ D509 供通信用；D512 ~ D7999 的断电保持功能不能用软件改变，但可用指令清除内容。D1000 以上的数据寄存器可以设定为文件寄存器。

（3）特殊数据寄存器（D8000 ~ D8255） 特殊数据寄存器共 256 点，它的作用是用来监控 PLC 的运行状态，如扫描时间、电池电压等。未加定义的特殊数据寄存器，用户不能使用。

（4）变址寄存器（V/Z） PLC 有 V0 ~ V7 和 Z0 ~ Z7 共 16 个变址寄存器。变址寄存器是一种特殊用途的数据寄存器，用于改变元件的编号（变址）。变址寄存器可以像其他数据寄存器一样进行读写。

任务 1.4　完成 FX 系列 PLC 控制系统外部接线

1.4.1　输入接线

PLC 与按钮、行程开关、转换开关等主令电器类输入设备的接线示意图如图 1-13 所示。每一个输入端子都有一个输入继电器（X）与之对应，外部控制信号必须通过输入继电器传送到 PLC 内部。

由于 FX_{2N} 系列 PLC 输入端 COM 内接有直流电源，所以除传感器外，输入回路一般不需要再接电源。当输入点（X）和 COM 接通时，输入继电器动作，其对应的软触点动合闭合、动断断开。例如按下 SB 按钮，X0 动合触点闭合，动断触点断开；而对于 X1，由于外接的行程开关是动断触点，因此行程开关 SQ 未动作时，X1 软触点动作；碰撞行程开关 SQ 时，输入继电器 X1 断电，对应的软触点恢复常态。

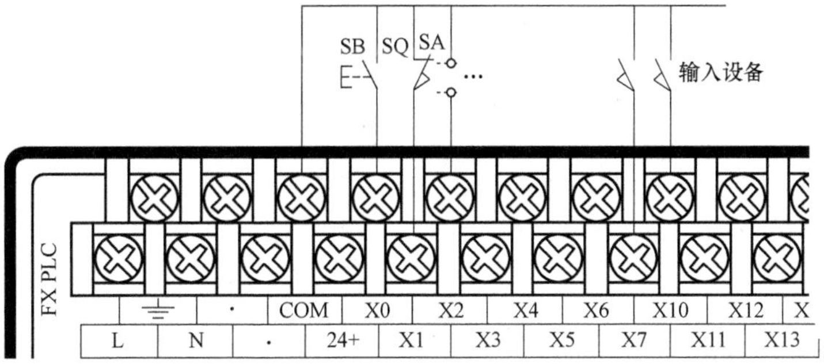

图 1-13　PLC 与主令电器类输入设备的接线示意图

1.4.2　输出接线

PLC 输出端子用于驱动负载，如接触器、继电器、电磁阀、指示灯等。每一个输出端子都有一个对应输出继电器，输出继电器的状态由用户编制的程序控制，输出继电器得电，其对应软触点动作，电源加到负载上，负载得到驱动，这样负载的状态就由程序驱动输出继电器控制。

PLC 与输出设备连接时，不同组（不同公共端）的输出点，其对应输出设备（负载）的电压类型、等级可以不同，但同组（相同公共端）的输出点，其电压类型和等级应该相同。要根据输出设备电压的类型和等级来决定是否分组连接。如图 1-14 所示，Y0 ~ Y3 共用一个公共端口（COM1），Y4 ~ Y7 共用另一个端口（COM2），其中 Y1、Y3 驱动额定电压交流 380V 负载，而 Y4、Y6 驱动额定电压直流 24V 的负载。

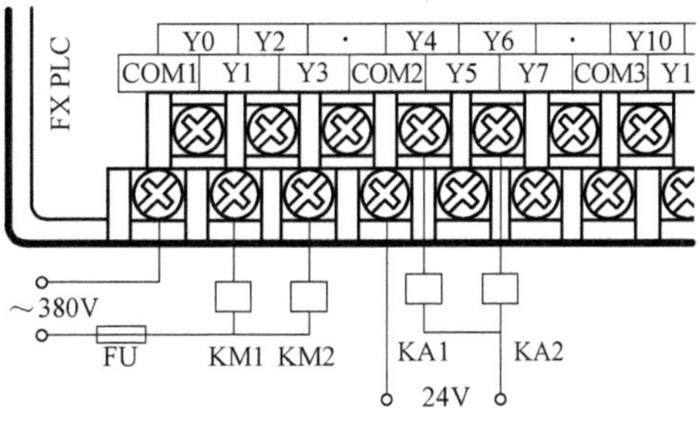

图 1-14　PLC 与输出设备的连接

任务1.5 观察PLC控制设备运行并检查线路

1）在教师现场监护和指导下通电运行PLC控制设备，如自动生产线、电梯、电动机等。

2）根据端子接线图、PLC控制原理图和接线图，对PLC控制设备进行相关的线路检查。

3）正确区分输入/输出元件。

4）根据接线的实际情况，写出相关输入/输出端子接线分配表。

任务评价

自我评价

内容	配分	评分标准	扣分	得分
观察PLC控制与继电—接触器控制设备	30	(1)能详细说明PLC控制系统与继电—接触器控制特点，得30分 (2)不能详细说明，酌情扣分		
区分输入/输出元件	30	(1)能正确区分输入/输出元件，并写出分配表，得30分 (2)不能正确区分输入/输出元件，每次扣3~5分		
完成输入/输出分配表	20	(1)能正确写出输入/输出分配表，得20分 (2)不能正确填写输入/输出分配表，每个元件扣2分		
安全、文明操作	20	(1)违反操作规程，产生不安全因素，可酌情扣7~10分 (2)着装不规范，可酌情扣3~5分 (3)迟到、早退、工作场地不清洁，每次扣1~2分		
总评分=(1~5项总分)×40%				

签名：________________ ________年__月__日

小组评价

项 目 内 容	配分	评分
实训记录与自我评价情况	20	
对实训室规章制度的学习与掌握情况	20	
相互帮助与协作能力	20	
安全、质量意识与责任心	20	
能否主动参与整理工具、器材与清洁场地	20	
总评分=(1~5项总分)×30%		

参加评价人员签名：________________________ ________年__月__日

教师评价

教师总体评价意见：	
教师评分(30分)	
总评分=自我评分+小组评分+教师评分	

教师签名： 年 月 日

任务2　应用基本指令实现电动机点动运行

任务要求

安装 PLC 及其外部设备，用 PLC 控制三相异步电动机点动运行。

课时分配

建议课时：6 课时。

学习目标

应知

（1）掌握 PLC 及常用控制元器件的型号含义及功能。

（2）了解继电器控制与 PLC 控制线路的转换方式。

（3）了解 GX Developer 编程软件功能。

应会

（1）能合理选用 PLC、按钮、继电器、接触器等电器元件。

（2）会安装 PLC 与电动机、按钮、继电器、接触器控制线路。

（3）会编写 PLC 控制电动机点动运行程序。

（4）能运用 GX Developer 软件对电动机运行进行监控。

任务介绍

电动机点动运行控制电路是最简单的继电—接触器控制电路，本任务采用 PLC 来控制电动机的点动运行。所用工具与器材明细见表 2-1。

表 2-1　工具与器材明细表

序号	类别	名称	规格型号	数量	备注
1	工具	电钻		1 台	
2		钻头	ϕ5mm	1 支	
3		电工常用工具		1 套	
4		指针式万用表	500 型或 MF—47 型	1 台	
5	器材	三菱 PLC	FX_{2N}—48MR	1 台	
6		按钮	LA4—3H	1 组	
7		交流接触器	CJX2—1810	1 个	

（续）

序号	类别	名称	规格型号	数量	备注
8	器材	直流继电器	OMRON MY4NJ、PYF14A-E 底座	1 套	
9		带漏电保护断路器	DZ47LE	1 个	
10		熔断器	RT18—32	4 个	
11		DIN 标准导轨	35mm	条	
12		线槽		3m	
13		多股导线		若干	
14		基板		块	
15	设备	三相异步电动机	JW7124，550W	台	

安装完成后的实物如图 2-1 所示。

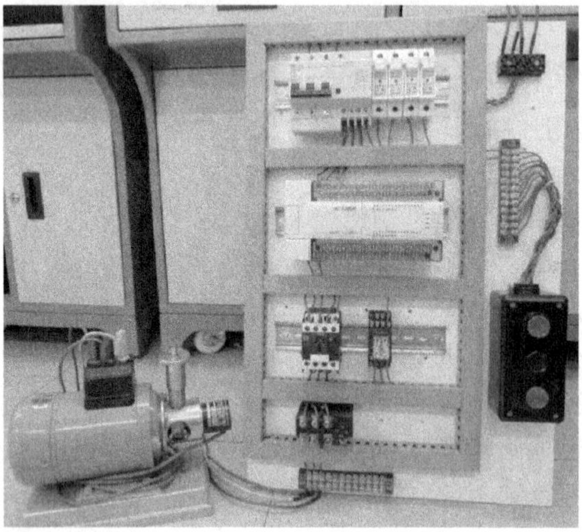

图 2-1　PLC 控制三相异步电动机的电气控制板实物

任务 2.1　选择与检测电器元件

2.1.1　按钮

按钮是一种结构简单、广泛用于发送控制指令的手动主令电器。

控制按钮一般用于短时间的接通或断开小电流。常用种类有指示灯型按钮、紧急故障处理的蘑菇状按钮、钥匙状旋式按钮、自锁式按钮等。

1. 外形、结构及符号

按钮的外形、内部结构与符号如图 2-2 所示，它由按钮帽、复位弹簧、动合触点、动断触点、接线柱和外壳组成。

a) 外形

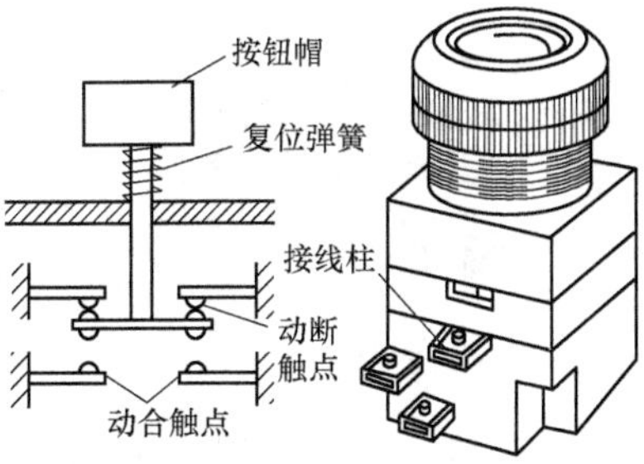

b) 内部结构

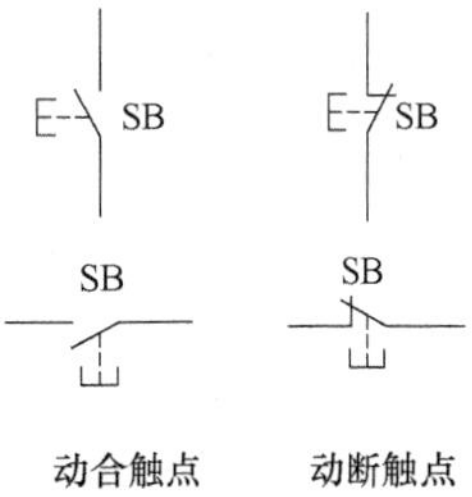

c) 符号

图 2-2　按钮的外形、内部结构与符号

2. 型号含义与选择方法

按钮的型号含义如下：

L A □—□ □ □

- 主令电器——L
- 按钮——A
- 设计序号——第一个□
- 动合触点数——第二个□
- 动断触点数——第三个□
- 结构形式——第四个□

结构形式代号含义如下：

K——开启式，H——保护式，S——防水式，F——防腐式，J——紧急式，X——旋钮式，Y——钥匙式，D——带指示灯式。

在选择按钮时，应根据下列要求进行：

1）根据使用场合，选择按钮开关的种类，如开启式、保护式和防水式等。

2）根据用途选用合适的形式，如旋钮式、紧急式等。

3）根据控制电路的需要，确定不同的按钮数，如单联、双联按钮。

4）按工作状态指示和工作情况要求，选择按钮和指示灯的颜色。

本任务只需点动操作，选用绿色按钮，在运行中通过监控软件监控电动机运行状态，无须指示灯指示运行状态。但为了后续电路设计需要，现选用 LA4-3H（3 对触点，保护式）按钮。

3. 检测方法

1）检查外观是否完好。

2）用万用表检查按钮的动合和动断触点工作是否正常。方法是：

① 动断触点：用万用表欧姆挡（电阻挡），当表笔分别接触触点的两接线端时 $R=0$，按下按钮时 $R=\infty$。

② 动合触点：用万用表欧姆挡（电阻挡），当表笔分别接触触点的两接线端时 $R=\infty$，

按下按钮时 $R=0$。

2.1.2 接触器

接触器是一种自动化的控制电器，主要用于频繁接通或分断大电流，具有控制容量大、可远距离操作、可实现各种定量控制和失电压及欠电压保护等功能，广泛应用于自动控制电路，主要控制对象是电动机，也可用于控制其他电力负载，如电热器、照明、电焊机、电容器组等。根据接触器分断和接通的电流不同，有直流和交流之分，本书中主要用到的是交流接触器。

1. 外形、结构及符号

常用交流接触器外形如图 2-3 所示，其基本结构和图形符号如图 2-4 所示。

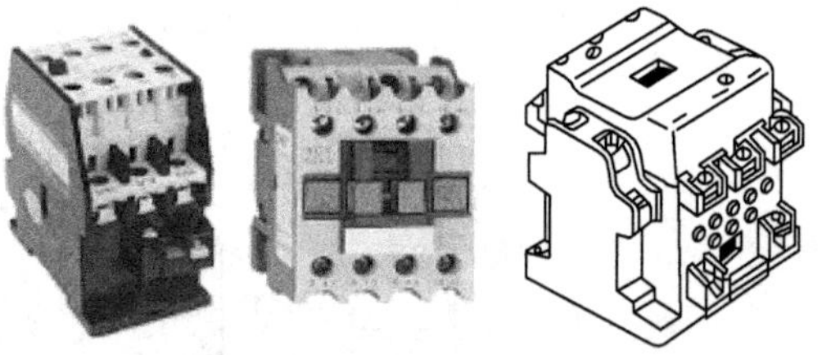

图 2-3　常用交流接触器的外形

由图 2-4 可知，交流接触器主要由电磁系统、触点系统、灭弧装置及辅助部件等组成，利用电磁线圈的通电或断电，使动、静铁心吸合或释放，带动主触点或辅助触点闭合或断开，从而接通或断开电路。

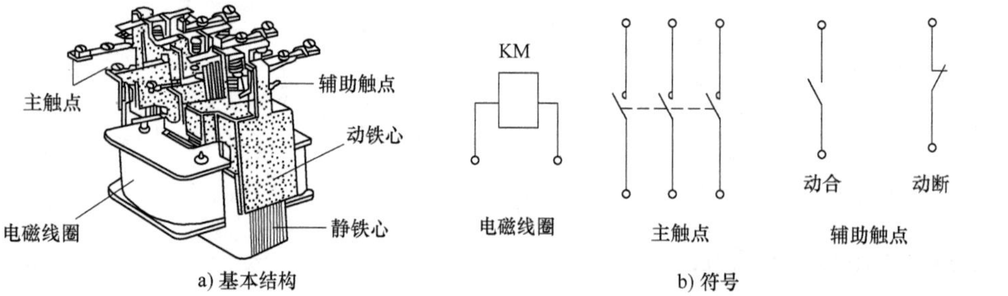

图 2-4　交流接触器的基本结构和图形符号

2. 型号含义与选择方法

（1）型号含义　交流接触器上面都有一个铭牌，通过铭牌可以了解可控三相异步电动机功率、接线方式等信息，如图 2-5 所示。

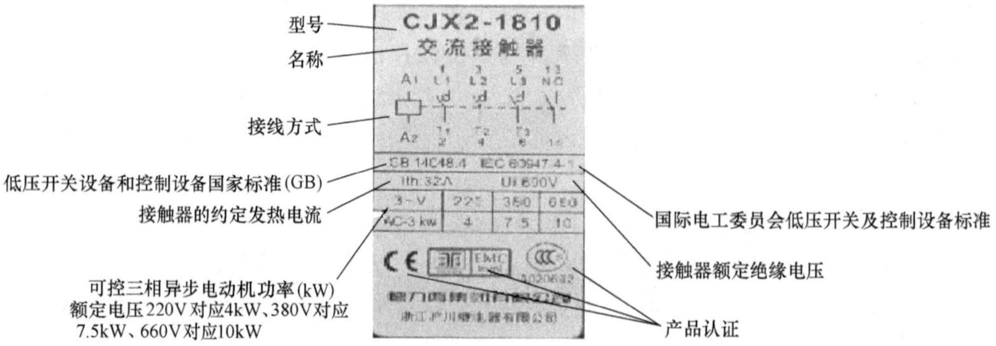

图 2-5　交流接触器的铭牌

交流接触器的型号及其含义如下：

GJ X 2—□ □

- □——辅助触点类别代号：一个动合代号 10，一个动断 01，一动合一动断 11
- □——额定工作电压 380V 时的额定电流
- 2——设计序号
- X——小型
- GJ——交流接触器

例：CJX2-1810 表示在额定工作电压为 380V 时，额定工作电流 18A，自带一个动合辅助触点的交流接触器。

>> **小提示**

交流接触器辅助触点的额定电流一般为 5A。

（2）选择方法　交流接触器的选择主要考虑主触点的额定电压、额定电流、辅助触点的数量与种类、吸引线圈的电压等级、操作频率等。

1）根据接触器所控制负载的工作任务（轻任务、一般任务或重任务）来选择相应使用类别的接触器。

2）交流接触器额定电压（指主触点的额定电压）一般为 500V 或 380V 两种，应大于或等于负载电路的电压。

3）根据电动机（或其他负载）的功率和操作情况来确定接触器主触点的电流等级。电动机类负载可按下列经验公式计算：

$$I_c = \frac{P_N}{KU_N}$$

式中　I_c——接触器的主触点电流，单位为 A；

P_N——电动机的额定功率，单位为 kW；

U_N——电动机的额定电压，单位为 V；

K——经验系数，$K = 1 \sim 1.4$。

4）接触器线圈的电流种类（交流和直流两种）和电压等级应与控制电路相同。

5）触点数量和种类应满足主电路和控制电路的要求。

本任务控制型号为 JW7124，功率为 550W 的三相异步电动机起动和停止，额定电流为 1.6A。现选用 CJX2-1810 型号交流接触器，线圈电压为 380V，三个主触点及一个动合辅助触点能满足要求。

3. 检测方法

1）检查接触器外观，应无机械损伤。用手推动接触器可动部分时，接触器应动作灵活，无卡阻现象。灭弧罩应完整无损，固定牢固。

2）用万用表 R×1 挡检测各触点的分、合情况是否良好。

方法是：用手或旋具用力均匀按下动触点（切忌将旋具用力过猛，以防触点变形或损坏器件）。

动断触点：用万用表欧姆挡（电阻挡），当表笔分别接触动断触点的两端时，$R=0$，手动操作后 $R=\infty$。

动合触点：用万用表欧姆挡（电阻挡），当表笔分别接触动合触点的两端时，$R=\infty$，手动操作后 $R=0$。

3）用万用表 R×100 挡检测接触器线圈直流电阻是否正常，其电阻值一般为1.5～2kΩ。

4）检查接触器线圈电压与电源电压是否相符。

2.1.3 直流中间继电器

直流中间继电器的作用是控制各种电磁线圈，以使信号放大或将信号同时传递给有关控制元件。在自动生产线控制系统中，用于小电流、低电压的 PLC 控制电路与大电流、高电压主电路之间的信号转换。

1. 外形、结构及符号

直流中间继电器有多种外形，常见的外形、符号如图 2-6 所示。其结构和工作原理与接触器相同，但触点对数多，且没有主辅之分。

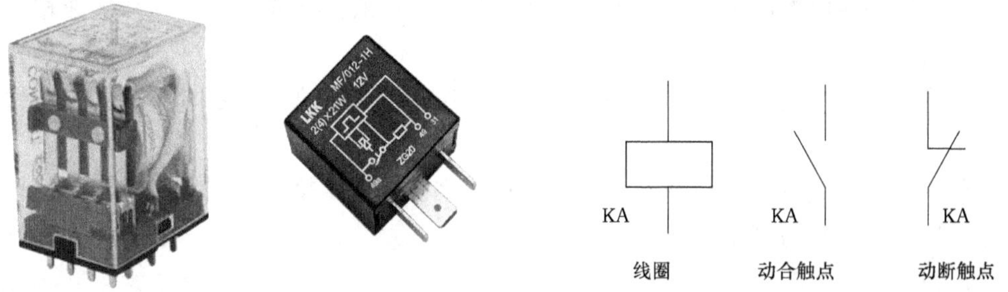

a) 外形　　b) 符号

图 2-6　常用直流中间继电器的外形与符号

>> **小提示**　中间继电器与接触器所不同的是中间继电器触点对数较多，并且没有主、辅之分，各对触点允许通过的电流大小是相同的，其额定电流约为 2～5A。

2. 型号含义与选择方法

（1）型号含义　目前，市面上常用的继电器型号众多，现以 OMRON 通用型继电器 MYJ 系列中间继电器为例进行相关分析。

中间继电器的主要参数有极数（触点对数）、线圈电压、额定电流等。

MYJ 系列继电器常用线圈电压有交流 200/220/240V 以及直流 24V，触点有 1 对、2 对、3 对、4 对等（其中 2 对、4 对为常用）。1～3 对触点的继电器额定电流为 5A，4 对触点的继电器额定电流为 3A。型号带 N 的为带灯型（LED），交流继电器的 LED 颜色为红色，直流继电器的 LED 颜色为绿色。

例：MY2J 有 2 对触点，触点额定电流为 5A。

MY4NJ 有 4 对触点，触点额定电流为 3A，另带有指示灯。

（2）选择方法　继电器的选用主要依据被控制电路的电压等级、所需触点的数量、种类和容量要求来进行。

本任务由 PLC 输出控制继电器线圈，线圈电压使用 PLC 所提供的直流 24V 电压。现选用 MY4NJ 型直流继电器。

3. 检测方法

1）外观检查继电器及其专用插座是否完整无缺，各接线端和螺钉是否完好。

2）用万用表 R×100 挡检测继电器线圈直流电阻是否正常，其电阻值一般为 0.5～1kΩ。

3）用万用表 R×1 挡检测各触点的分、合情况是否良好。方法是：检查继电器线圈电压与电源电压是否相符，通入相应的直流电压。

动断触点：用万用表欧姆挡（电阻挡），当表笔分别接触公共点及动断触点时，$R=0$，通电后 $R=\infty$。

动合触点：用万用表欧姆挡（电阻挡），当表笔分别接触公共点及动合触点时，$R=\infty$，通电后 $R=0$。

2.1.4　低压断路器

低压断路器旧称自动空气开关，是将控制和保护功能合为一体的控制电器，常用作不频繁接通和断开电路的总电源开关或部分电路的电源开关。小型低压断路器具有短路保护、过载保护以及漏电保护（需附加模块）等功能，还可根据需要增加过电压、欠电压保护功能。

1. 外形、结构及符号

低压断路器有多种外形，常见外形、结构原理及符号如图 2-7、图 2-8、图 2-9 所示。

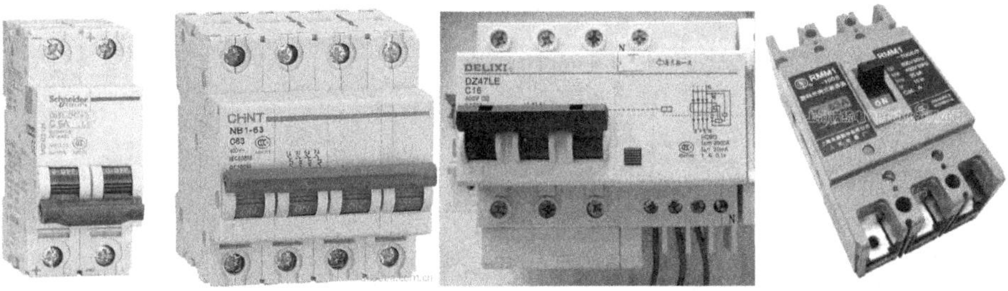

a) 单极二线　　b) 三极四线　　c) 三极四线带漏电功能　　d) 三极三线

图 2-7　低压断路器的常见外形

低压断路器的主触头是靠手动操作或电动合闸的。主触点闭合后，自由脱扣机构将主触点锁在合闸位置上。过电流脱扣器的线圈和热脱扣器的热元件与主电路串联，欠电压脱扣器的线圈和电源并联。当电路发生短路或严重过载时，过电流脱扣器的衔铁吸合，使自由脱扣机构动作，主触头断开主电路。当电路过载时，热脱扣器的热元件发热使双金属片向上弯曲，推动自由脱扣机构动作。当电路欠电压时，欠电压脱扣器的衔铁释放，也使自由脱扣机构动作。分励脱扣器则作为远距离控制用，在正常工作时，其线圈是断电的，在需要距离控制时，按下起动按钮，使线圈通电，衔铁带动自由脱扣机构动作，使主触头断开。

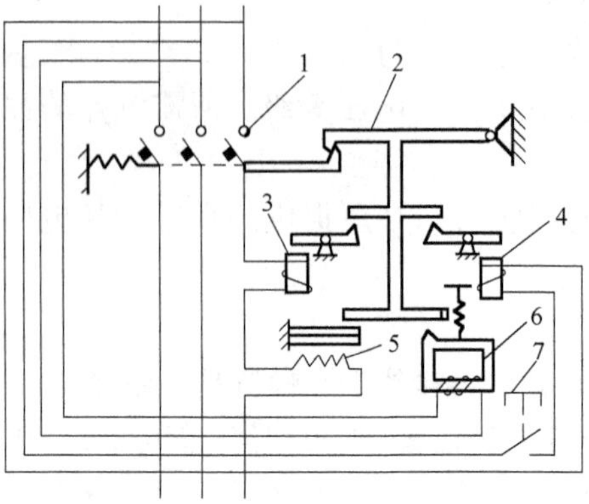

图 2-8 低压断路器的结构原理

1—主触点 2—自由脱扣器 3—过电流脱扣器 4—分励脱扣器 5—热脱扣器 6—失电压脱扣器 7—按钮

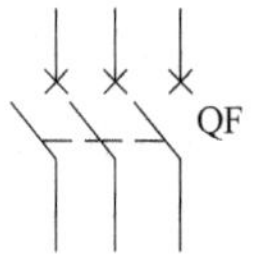

图 2-9 低压断路器的符号

2. 型号含义与选择方法

（1）型号含义 低压断路器型号含义如下：

DZ 47 LE—□/□ □ □

- □ —额定剩余动作电流
- □ —当带有不可分断的中性线时，用 N 表示极数
- □ —极数
- □ —壳架等级
- LE —特殊派生代号（电子式漏电断路器）
- 47 —设计序号
- DZ —塑料外壳式断路器

（2）选择方法 低压断路器选用的一般原则为：

1）低压断路器的额定电压和额定电流应不小于电路的正常工作电压和负载电流。

2）热脱扣器的整定电流应等于所控制负载的额定电流。

3）电磁脱扣器的瞬时脱扣整定电流应大于负载正常工作时可能出现的峰值电流。用于控制电动机的低压断路器，其瞬时脱扣整定电流应按 $I_z \geqslant KI_{st}$。这里，K 为安全系数，可取 1.5～1.7；I_{st} 为电动机的起动电流。

4）欠电压脱扣器的额定电压应等于电路的额定电压。

5）低压断路器的极限通断能力应不小于电路最大短路电流。

本任务选用 DZ47LE 型三相四线带漏电保护低压断路器为电路提供短路和漏电保护。

3. 检测方法

1）检查外观是否完好。

2）手动操作：用万用表检查开关接通和断开是否正常。方法是：

① 开关合闸前：用万用表欧姆挡（电阻挡），当表笔分别接触开关每一极的两接线端时

$R=\infty$，为断开状态。

② 开关合闸后：用万用表欧姆挡（电阻挡），当表笔分别接触开关每一极的两接线端时 $R=0$，为接通状态。

3）带有漏电功能的低压断路器检测方法是：根据开关的极数接入电源，在合闸通电的状态下，按一次试验按钮，漏电低压断路器应分闸，用以检查漏电保护性能是否正常可靠，如不能正常工作，必须立即更换不能继续使用。

任务 2.2　安装三相异步电动机点动控制电路

2.2.1　控制任务分析

图 2-10 是三相异步电动机继电—接触器点动控制电路。当手按下按钮 SB 时，接触器 KM 线圈得电，其主触点闭合，电动机通入三相交流电运转；当手松开按钮 SB 时，KM 线圈失电，电动机停止运转。在实际中，点动控制一般用于调整或检修。

图 2-10 中主要元器件的功能见表 2-2。

表 2-2　图 2-10 中主要元器件功能表

代号	名　称	作　用
KM	交流接触器	运行控制
SB	点动控制按钮	点动操作
FU1	主熔断器	主电路短路保护
FU2	控制熔断器	控制电路短路保护

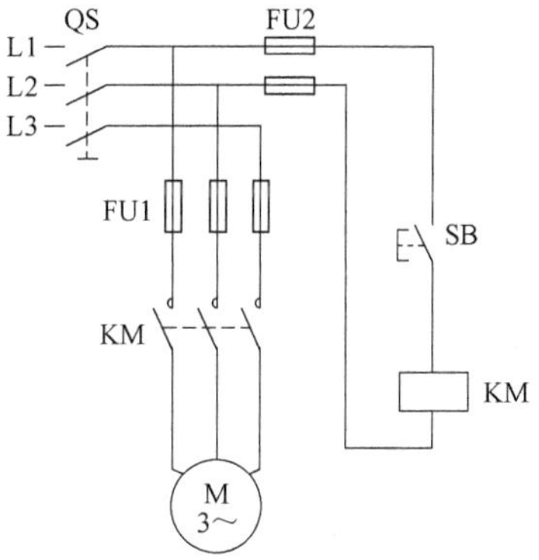

图 2-10　三相异步电动机继电—接触器点动控制电路

PLC 由输入接口接收主令控制信号，运行控制程序后通过输出接口驱动负载，由负载决定生产设备的工作状态。因此，用 PLC 实现图 2-10 所示电路控制功能时，需要将主令器件起动按钮 SB 与 PLC 输入端口连接，并将 KM 接触器线圈接至输出端口。

>>> **小提示**　由于接触器线圈额定工作电压、电流较高，对 PLC 内部的输出继电器触点容易造成损坏。通常使用直流 24V 继电器连接 PLC 输出口，再利用继电器动合触点控制接触器线圈的通电。

2.2.2　PLC 的输入/输出分配

PLC 输入/输出的分配可以采用输入/输出分配表或输入/输出接线图的形式，分配表见表 2-3。

表 2-3　PLC 控制电动机点动运行的输入/输出分配表

输　入			输　出		
元件	作用	输入点	元件	作用	输出点
SB	点动	X0	KM（或 KA）	控制电动机	Y1

三菱 FX 系列 PLC 实现三相异步电动机点动运行控制的输入/输出接线方法如图 2-11 所示，可采用两种方法实现：方法一：PLC 驱动中间继电器，由继电器辅助触点控制交流接触器；方法二：PLC 直接驱动交流接触器。

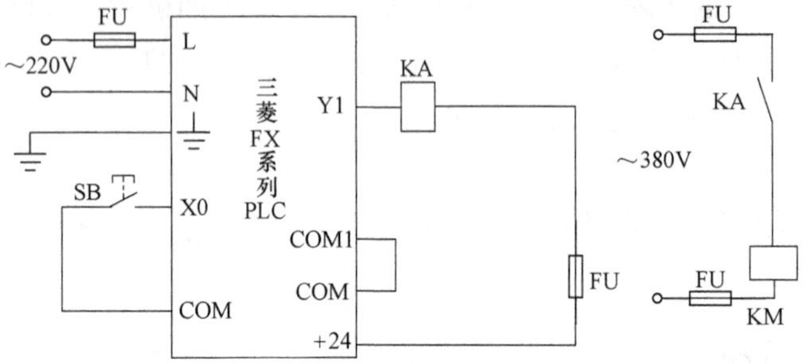

a) 方法一

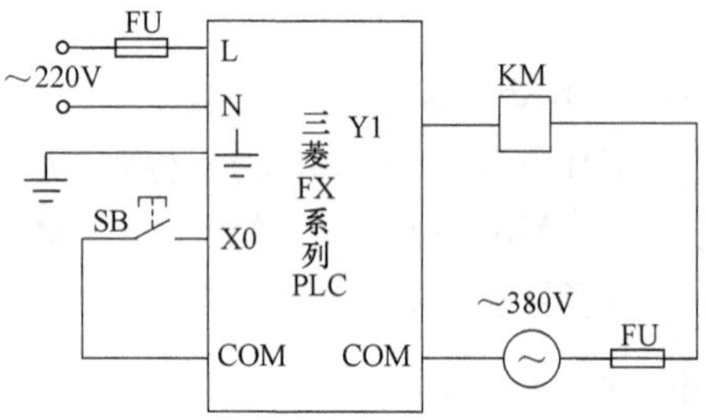

b) 方法二

图 2-11　PLC 电源及输入/输出元器件接线图

2.2.3　安装电器元件

1. 布置电器元件

根据实训板或网孔板尺寸布置电器元件位置，如图 2-12 所示。

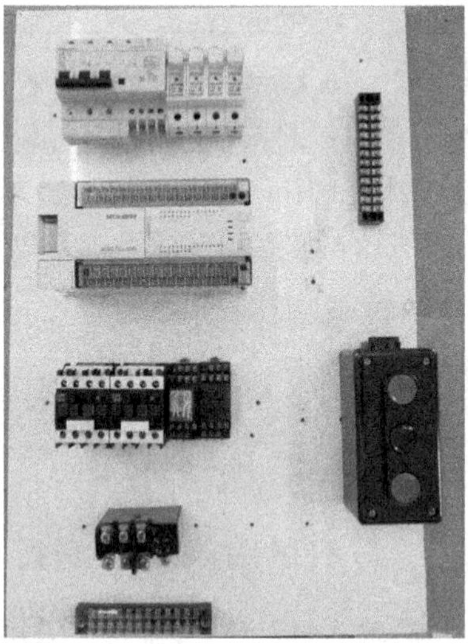

图 2-12　根据实训板尺寸布置电器元件

2. 安装线槽

初步放置和分布好电器元件后，接下来就要根据板面电器元件分布情况，切割和固定线槽，过程如图 2-13 所示。

3. 安装和固定元件

点动控制电路板安装和固定元件后外观如图 2-14 所示。

（1）PLC 的安装和固定　FX 系列 PLC 安装方法有底板安装和 DIN 导轨安装两种。

1）底板安装：利用 PLC 机体外壳四个角上的安装孔，用规格为 M4 的螺钉直接固定在底板上。

2）DIN 导轨安装：使用 DIN 轨道固定，安装固定挂钩向下拉出，如图 2-15 所示，放入导轨后再将挂钩向上复位，如图 2-16 所示。这与低压断路器、交流接触器、直流继电器使用 DIN 挂钩安装方法相同。

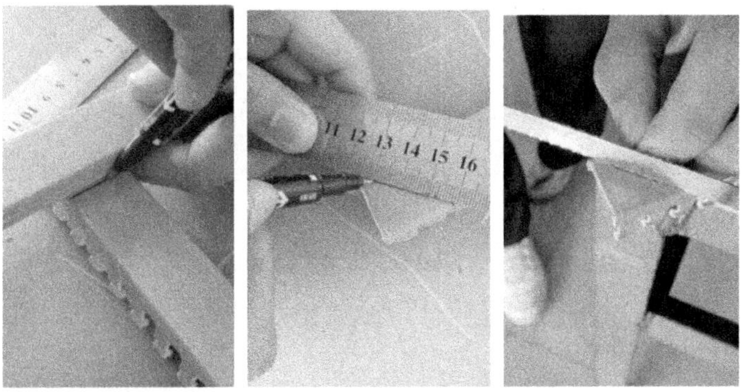

a) 画线1　　b) 画线2　　c) 锯割

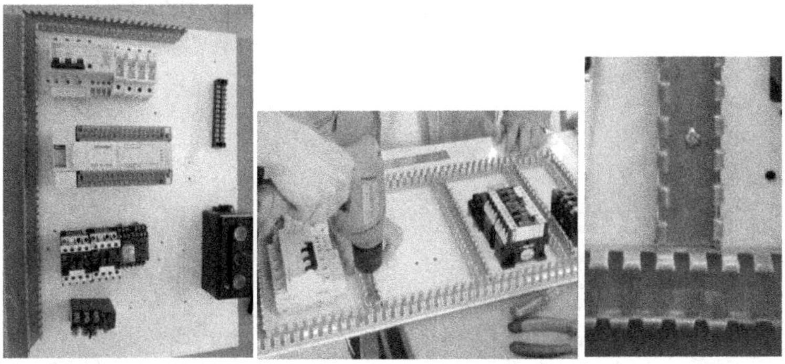

d) 线槽定位　　e) 钻孔　　f) 螺钉固定

图 2-13　切割和安放线槽图

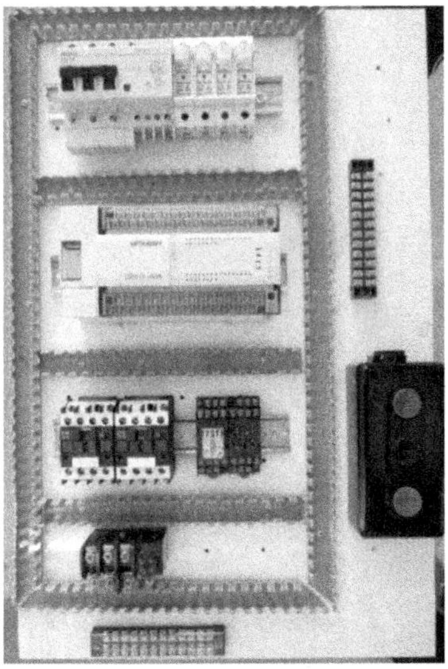

图 2-14　元件安装完毕后外观图

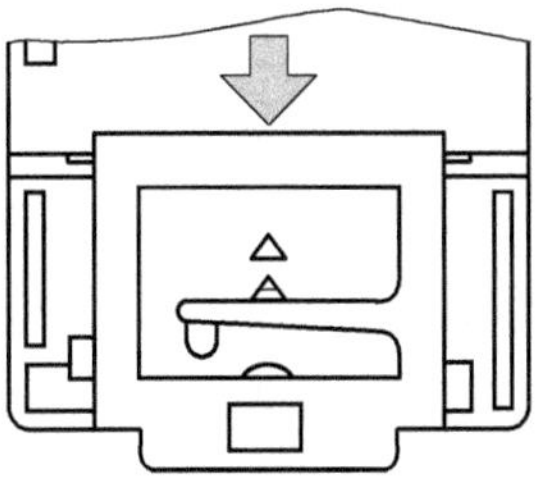

图 2-15　PLC 使用 DIN 导轨安装挂钩拉出

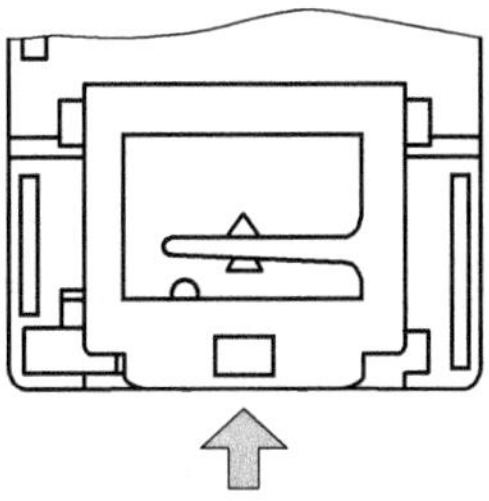

图 2-16　进入导轨后挂钩复位

（2）交流接触器的安装和固定　交流接触器安装时应注意以下事项：

1）接触器一般应安装在垂直面上，倾斜度不得超过 5°，若有散热孔，则应将有孔的一面放在垂直方向上，以利散热。

2）安装和接线时，注意不要将零件失落或掉入接触器内部，安装孔的螺钉应装有弹簧垫圈和平垫圈，并拧紧螺钉以防振动松脱。

3）接触器除可用螺钉安装外，还可用 DIN（35mm）国际标准卡轨安装。

4）安装前应检查技术数据，如额定电压、额定电流、操作频率等是否与电源相符。

5）安装时，应按规定的安装条件安装，接触器线圈的接线端 A1 符号应朝上方。

接触器的电磁线圈额定电压有 36V、110V、220V、380V 等，电磁线圈允许在额定电压的 80% ~105% 范围内使用，参照图如图 2-17 所示，安装和使用时应加以注意。

（3）直流继电器的安装和固定

1）安装前应检查技术数据，如额定电压、额定电流、操作频率等是否与电源相符。

2）继电器可以配不同的插座，有不同的安装方式，如采用图 2-18 所示的插座安装，可用 DIN（35mm）国际标准卡轨安装。

图 2-17 交流接触器电磁线圈不同工作电压的参照图

图 2-18 继电器安装在插座后外观图

（4）低压断路器的安装和固定

1）低压断路器应垂直安装，且安装平整，固定后不应有附加机械应力。

2）电源进线应接在低压断路器的上端，负载线接在下端。

3）DZ47LE 型断路器可用 DIN（35mm）国际标准卡轨安装。

>> **小提示** 安装前应对电器元件进行检验，安装电动机时，应连接电动机和按钮金属外壳的保护接地线。

2.2.4 安装电气线路

1. 安装三相异步电动机主电路

三相异步电动机主电路由电源引入线、低压断路器、交流接触器和三相异步电动机组成，接线图如图 2-19 所示。

低压断路器 1、3、5 端子接电源入线，负载端由漏电脱扣器 2、4、6 端子接出，不可接错，否则会将其烧坏。

由于主电路电流较大，应连接交流接触器主触头，主触头标注有 L1、L2、L3 入线端及 U、V、W 出线端。安装时应注意标注 13、14 的为辅助触点，由于可通过电流较小，不能用于主电路的连接。

2. 连接 PLC 电源及输入/输出元器件

PLC 电源及输入/输出元器件接线如图 2-20 所示。

（1）电源接线 PLC 供电电源为 50Hz、220V ± 10% 的交流电，使用直径为 0.2cm 的双绞线为电源线。另有直流 24V 输出接线端，该接线端可为传感器提供直流 24V 电源。

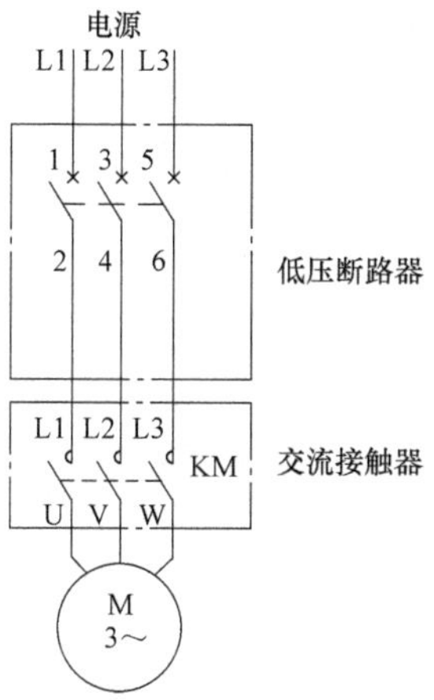

图 2-19 三相异步电动机主电路接线图

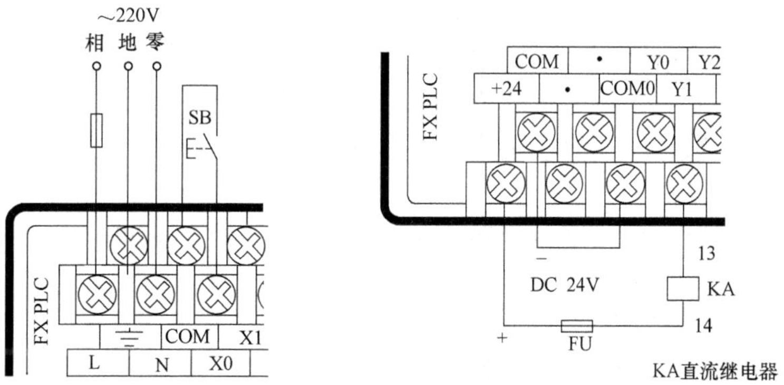

图 2-20 PLC 电源及输入/输出元器件接线图

（2）接地 为了抑制加在电源及输入端、输出端的干扰，应给 PLC 接上专用地线，接地点应与动力设备（如电动机）的接地点分开，如图 2-21a 所示。若达不到这种要求，也必须做到与其他设备共用接地，如图 2-21b 所示。禁止与其他设备串联接地，如图 2-21c 所示。且接地点应尽可能靠近 PLC。

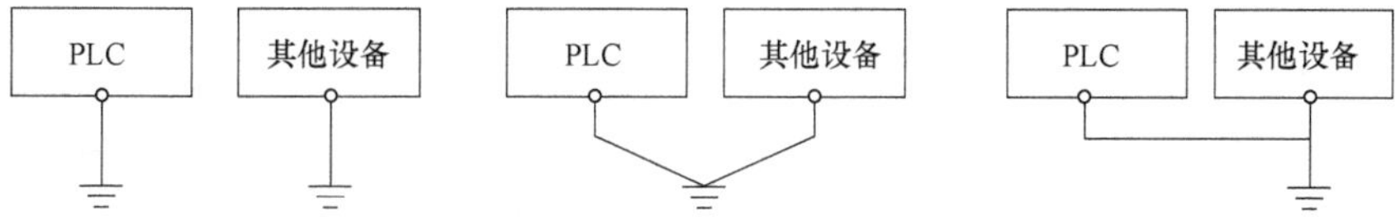

a) 专用接地(最好) b) 共用接地(可用) c) 公共接地(不可)

图 2-21 PLC 接地方式

小提示 国际电工委员会规定的接地线采用黄绿双色线，并已为国际通用，不能使用其他颜色的导线代替。

3. 连接直流中间继电器与交流接触器

直流中间继电器接线应注意电源的极性，如使用带指示灯直流继电器，引脚 14 应接电源的“+”极，引脚 13 接电源的“-”极，否则没有接通指示功能，同时还应注意电源电压与线圈电压是否一致。如使用同一公共点的动合、动断触点控制动合和动断转换信号时，应注意触点中心公共点接线。

欧姆龙 MYJ 系列中间继电器引脚和插座接线端口如图 2-22、图 2-23 所示。

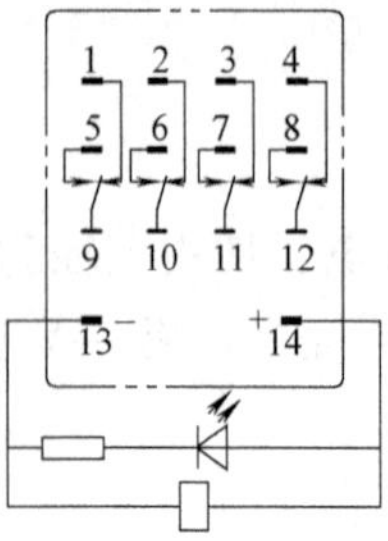

图 2-22 MYJ 系列 24V 直流继电器引脚图

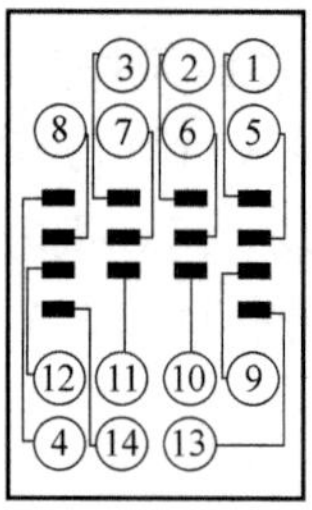

图 2-23 MYJ 系列直流继电器插座接线端口

交流接触器标有 A1、A2 的为线圈接线端，为了用户安装连接方便，交流接触器设有两个 A2 端，连接电源时应特别注意。同时连接电路时，还应注意线路电压与线圈的额定电压是否相同。

直流中间继电器动合触点与交流接触器线圈连接如图 2-24 所示。

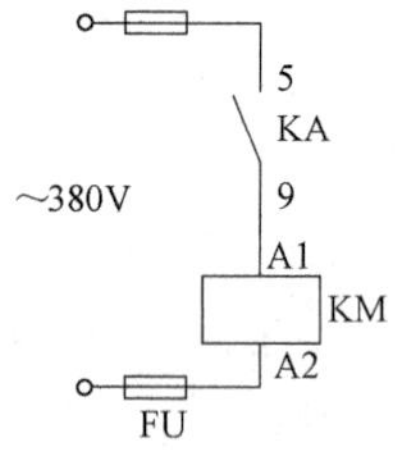

图 2-24 直流中间继电器与交流接触器线圈连接

4. 线路连接

按图 2-19 连接主电路，按图 2-11b 连接 PLC 控制电路。连接完毕后的电气控制板如图 2-25 所示，盖上线槽面盖后如图 2-26 所示。

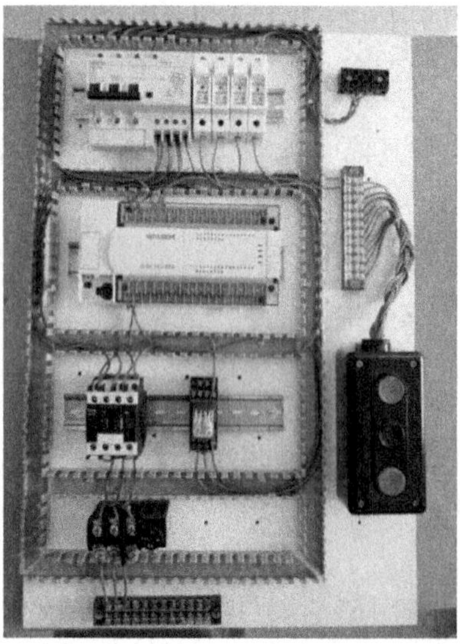

图 2-25 电气控制板

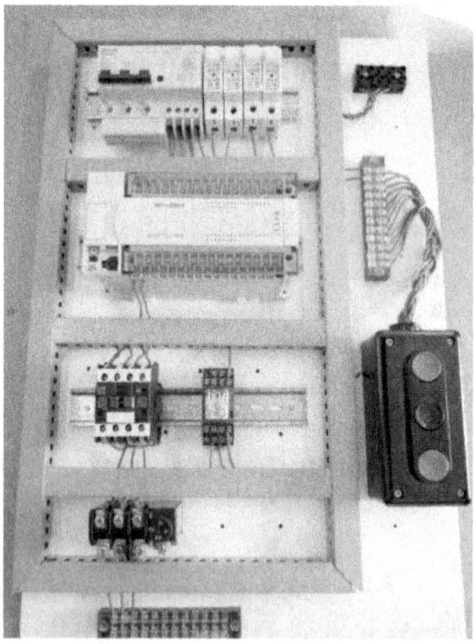

图 2-26 盖上线槽面盖图

>> **小提示**

各电器元件接线端子引出导线的走向，以元件的水平中心线为界限：在水平中心线以上，接线端子引出的导线必须进入元件上面的线槽；在水平中心线以下，接线端子引出导线必须进入元件下面的线槽。任何导线都不允许从水平方向进入线槽内。线槽布线须留有一定长度的备用导线。

>> **小提示**

1. 安装注意事项

1）导线与端子或接线桩连接时，不得压绝缘层、不反圈，露铜不能过长。

2）一个电器元件接线端子上的连接导线不得多于两根，每节接线端子板上的连接导线一般只允许连接一根。

布线时严禁损伤线芯和导线绝缘层。

2. 电路检查

1）按电路图或接线图从电源端开始，逐段核对接线及接线端子入线号是否正确，有无错接、漏接之处，检查导线连接点是否符合要求，压接是否牢固，接触是否良好，以免带负载运行时产生电弧现象。

2）用万用表检查线路的通断情况。检查时，应选用倍率适当的电阻挡，并进行校零，以防短路故障的发生。

3）用兆欧表检查线路的绝缘电阻，不得小于1MΩ。

任务 2.3　设计 PLC 控制程序

PLC 程序设计的方法有经验法、翻译法、解析法和流程图法等。现以翻译法设计三相异步电动机点动运行控制程序。

翻译法是将继电—接触器控制电路图直接转换为 PLC 梯形图的程序设计方法。对于有继电—接触器控制系统基础的初学者来说，翻译法是一种常用的方法。

使用翻译法编程时，应根据输入/输出分配表或输入/输出接线图将继电—接触器控制电路中触头和线圈用对应的 PLC 软触点和软元件替代。由图 2-11b 可知，输入元件 SB 的动合触点和输入端 X0 相连，而控制三相异步电动机运转的接触器 KM 由输出继电器 Y1 控制，即输出继电器 Y1 得电，接触器 KM 吸合，电动机运转。继电器控制电路经替换后得到的 PLC 控制梯形图程序如图 2-27 所示。

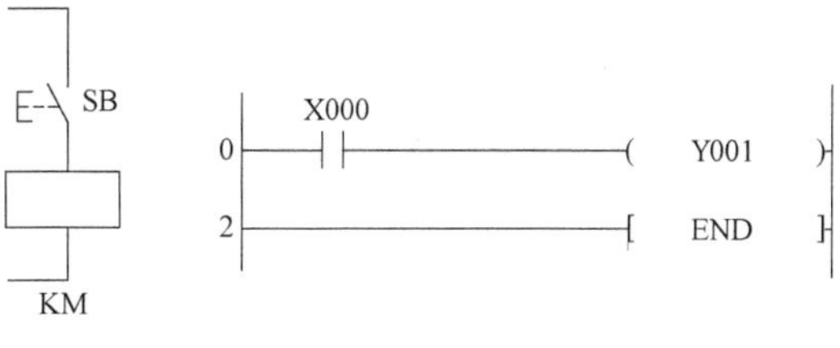

图 2-27　继电器点动控制与 PLC 控制对照图

在图 2-27 中，“END”为程序结束指令。

任务 2.4　输入 PLC 控制程序

2.4.1　认识三菱 PLC 编程软件（GX Developer 软件）

三菱公司的 FX 系列 PLC 编程软件常用有 SWOPC-FXGP/WIN-C 和 GX Developer 两种，本书采用 GX Developer 软件编程。

GX Developer 编程软件支持 FX_0、FX_{0N}、FX_1、FX_2/FX_{2C}、FX_{1S}、FX_{1N}、FX_{2N}/FX_{2NC} 和

FX$_{3U}$系列三菱 PLC 以及监控 PLC 中各软件的实时状态。此编程软件的介绍如下。

1. GX Developer 的编程环境

双击桌面中 GX Developer 的小图标即可进入编程环境，出现初始启动画面，单击初始启动界面菜单栏中“工程”菜单并在下拉菜单条中选取“创建新工程”菜单条，如图 2-28所示，即出现图 2-29 所示，PLC 型号选择对话框。

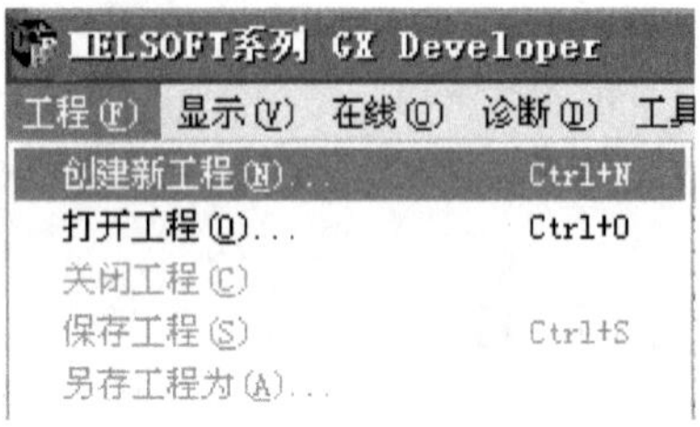

图 2-28 创建新工程

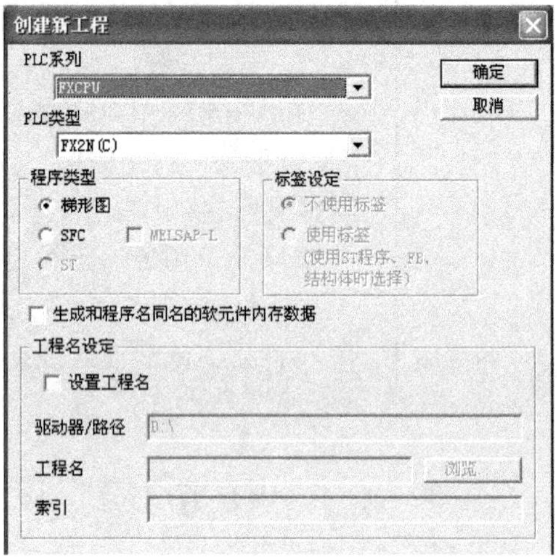

图 2-29 PLC 型号选择对话框

根据所选机型的型号，选择好机型，鼠标单击“确认”按钮后，则出现程序编辑的图 2-30所示主界面。

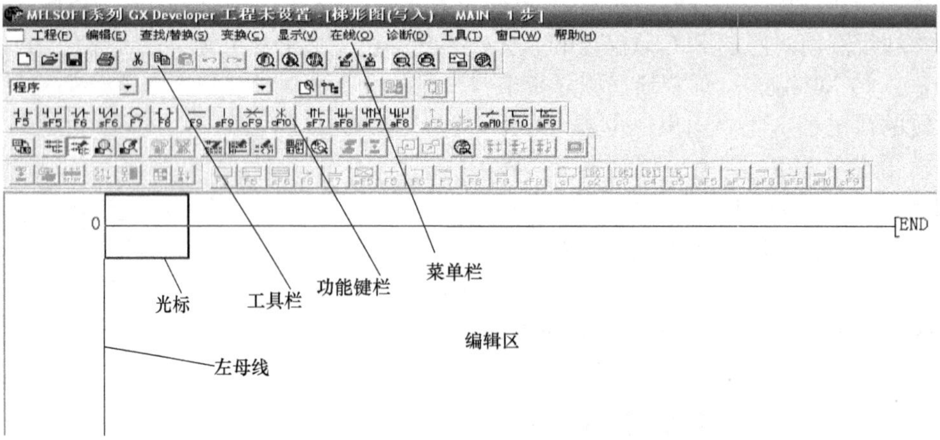

图 2-30 GX Developer 主界面

2. 主界面分区简介

主界面含以下几个分区：菜单栏（包括 10 个主菜单项），工具栏（快捷操作窗口），用户编辑区，编辑区下边分别是功能键栏。

（1）菜单栏 菜单栏是以下拉菜单形式进行操作，菜单栏中包含“工程”、“编辑”、“工具”、“查找/替换”、“变换”、“显示”、“在线”、“诊断”等菜单项。用鼠标单击某项菜单项，弹出该菜单项的菜单条，如“工程”菜单项包含新建、打开、保存、另存为、打印、页面设置等菜单条，“编辑”菜单项包含剪切、复制、粘贴、行插入、行删除等菜单条，这两个菜单项的主要功能是管理、编辑程序文件。菜单条中的其他项目，如“视图”菜单项功能涉及编程方式的变换，“PLC”菜单项主要进行程序的下载、上传传送，“监控及调试”菜单项的功能为程序的调试及监控等操作。

（2）工具栏　工具栏提供简便的鼠标操作，将最常用的编程操作以按钮形式设定到工具栏上。可以利用菜单栏中的“视图”菜单选项来显示或隐藏工具栏。菜单栏中涉及的各种功能在工具栏中都能找到。

（3）编辑区　编辑区用来显示编程操作的工作对象。可以使用梯形图、指令表等方式进行程序的编辑工作。使用菜单栏中“视图”菜单项中的梯形图及指令表菜单条，实现梯形图程序与指令表程序的转换。也可利用工具栏中梯形图及指令表的按钮实现梯形图程序与指令表程序的转换。

（4）状态栏，功能键栏及功能图栏　编辑区下部是状态栏，用于表示编程 PLC 类型、软件的应用状态及所处的程序步数等。状态栏下为功能键栏，其与编辑区中的功能图栏都含有各种梯形图符号，相当于梯形图绘制的图形符号库。

2.4.2　编辑操作 PLC 编程程序

采用梯形图编程是在编辑区中绘出梯形图，打开“工程”菜单项目中的新文件，主窗口左边可以见到一根竖直的线，这就是梯形图中左母线。蓝色的方框为光标，梯形图的绘制过程是取用图形符号库中的符号（见图 2-31），“拼绘”梯形图的过程。譬如要输入一个动合触点，可单击功能图栏中的动合触点，也可以在“工具”菜单中选“触点”，并在下拉菜单中单击“动合触点”的符号，这时出现图 2-32 所示的对话框，在对话框中输入触点的地址及其他有关参数后单击“确认”按钮，要输入的动合触点及其他地址就出现在蓝色光标所在的位置，如图 2-33 所示。

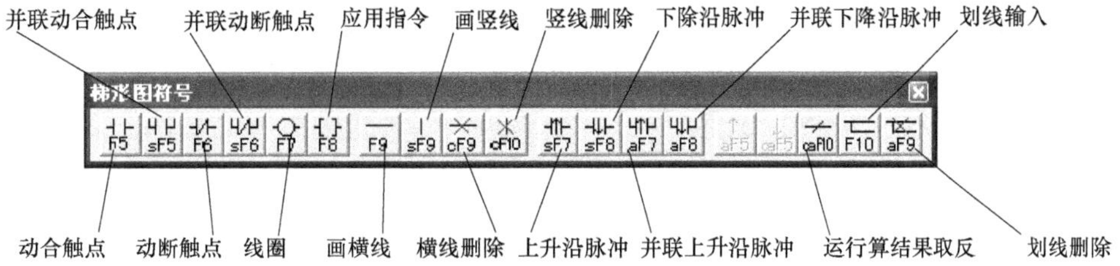

图 2-31　梯形图图形符号库及说明

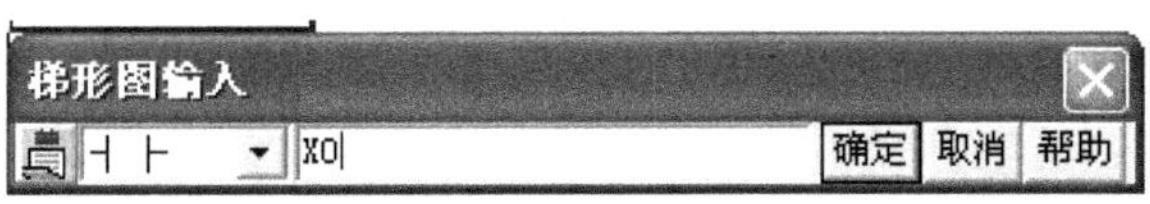

图 2-32　输入“X0”

此时单击梯形图图形符号库“线圈”，出现如图 2-34 所示的对话框，输入“Y1”，单击“确定”按钮或回车键后，完成 Y1 线圈的输入，如图 2-35 所示。

此时完成点动控制程序梯形图的输入，由于梯形图不能被 PLC 直接识别和运行，只能

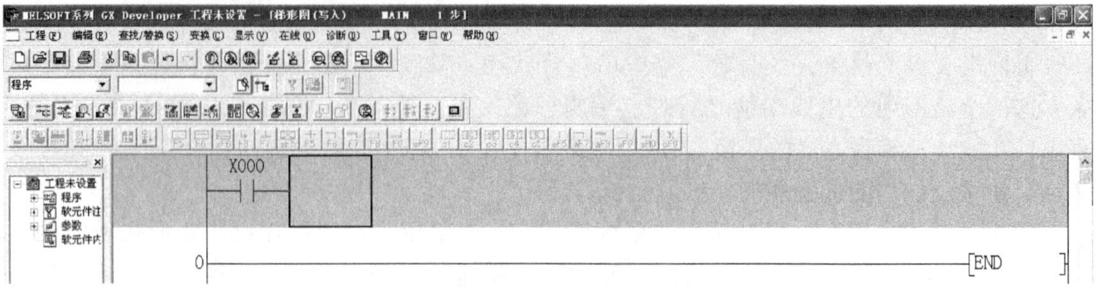

图 2-33 完成 X0 动合触点输入

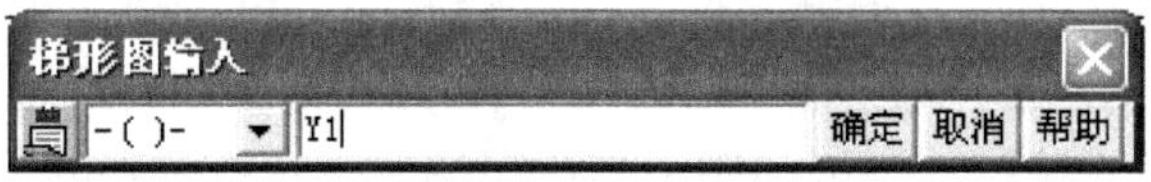

图 2-34 输入“Y1”

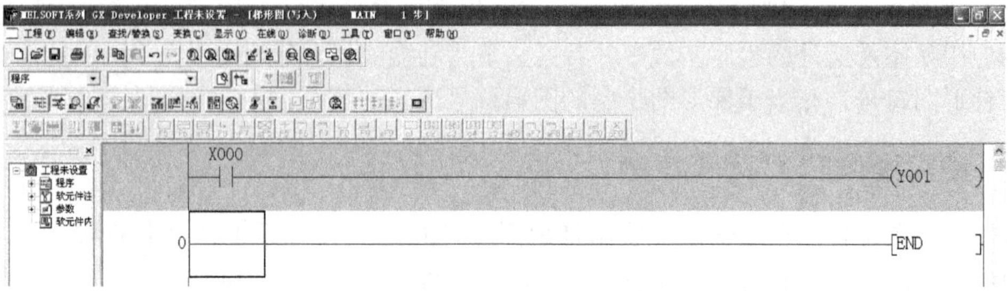

图 2-35 完成输出点“Y1”线圈的输入

转换为 PLC 能直接运行的语句指令。转换方法是，下拉菜单中“变换”后单击“变换”（见图 2-36）或直接按快捷键“F4”完成两者转换，变换完成后如图 2-37 所示，原有灰色梯形图编辑区域变白。

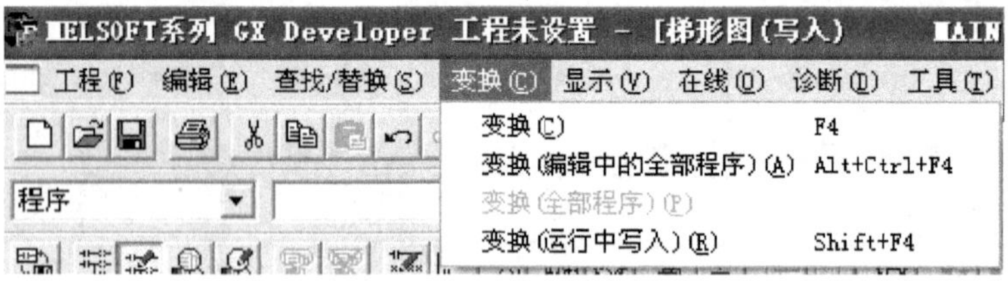

图 2-36 梯形图与语句指令转换

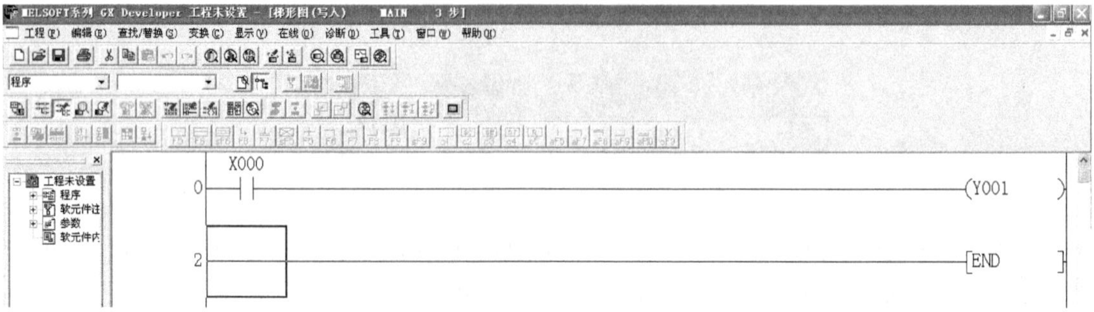

图 2-37 程序转换

单击工具栏中的“保存”按钮，弹出如图2-38所示的对话框，选定路径并取名保存程序。

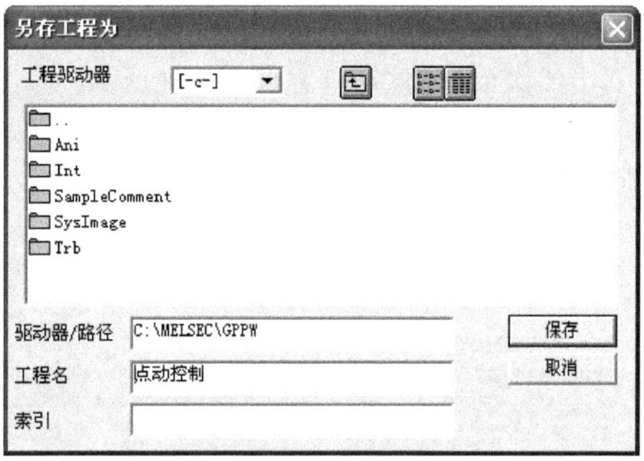

图2-38　保存程序

2.4.3　认识Gx simulator6-c仿真软件

PLC程序设计完毕后，为防止程序设计及录入过程中可能存在缺陷和错误而导致事故的发生，在程序编写完毕后传送至PLC控制电气设备的运行前，应通过仿真软件对编写的程序按控制要求及运行全过程进行仿真。

1. 启动仿真

GX Developer编程软件安装Gx simulator6-c仿真软件后，可以通过菜单栏启动仿真，如图2-39所示，也可通过功能键栏中出现“ ”梯形图逻辑测试起动/结束键启动，如图2-40所示。

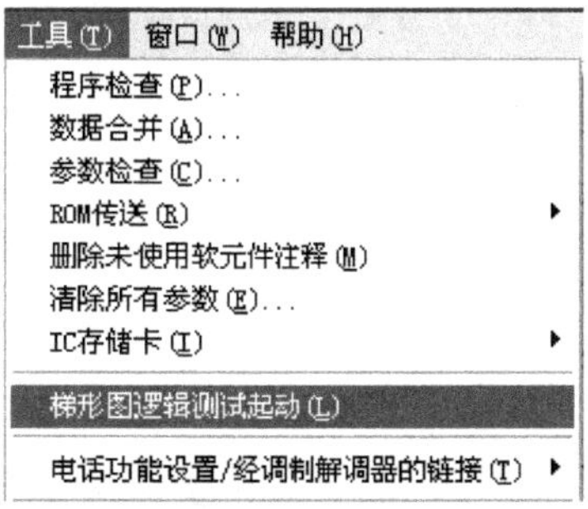

图2-39　菜单栏启动仿真

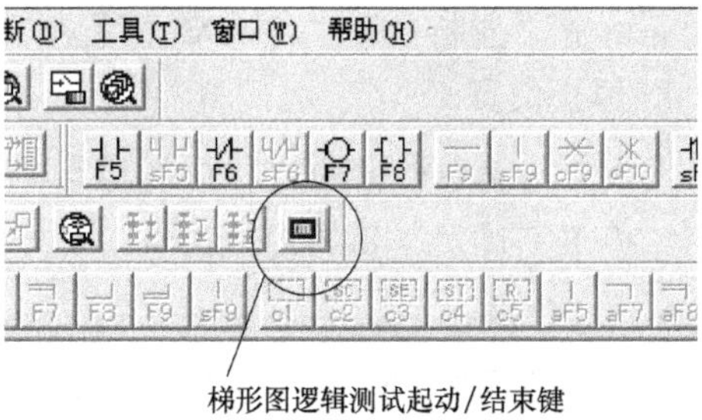

图2-40　功能键启动仿真

2. 运行状态

上面两种方法中任一种启动仿真后，都会出现运行状态显示窗口，如图2-41所示。启动仿真后，如图2-42所示程序开始模拟PLC写入过程。

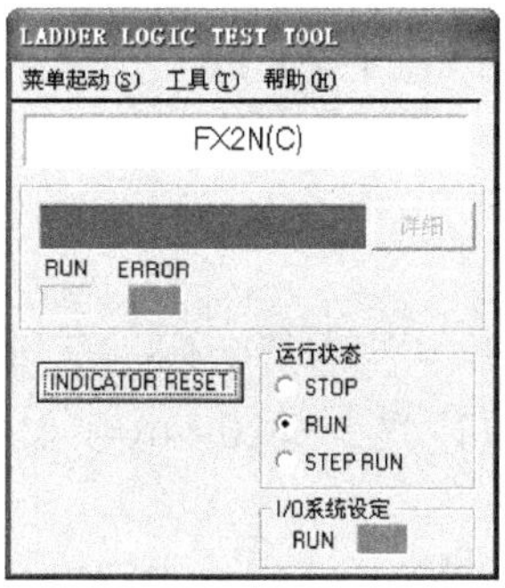

图2-41　运行状态显示窗口

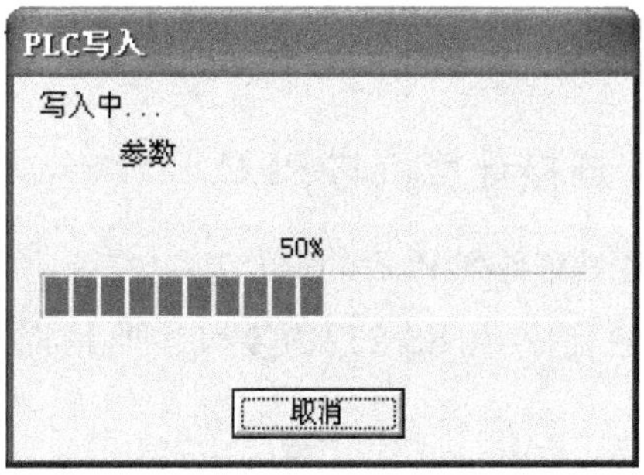

图2-42　仿真软件模拟PLC写入过程

3. 软元件测试

按图2-43所示进行强制输入程序测试，观察结果是否与设计相同。单击“软元件测试”后出现软元件测试窗口，如图2-44所示。

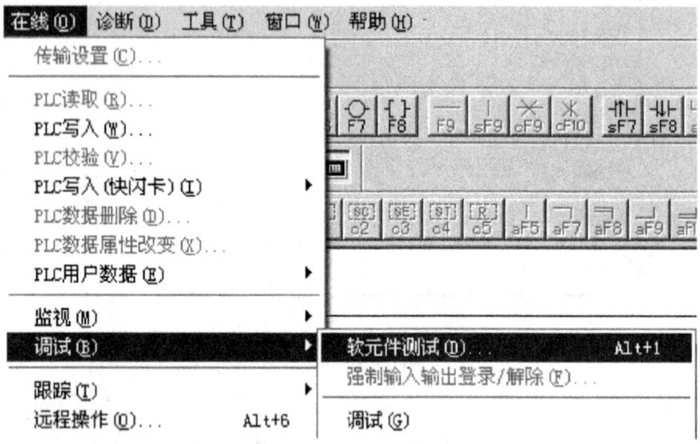

图2-43　强制输入程序测试

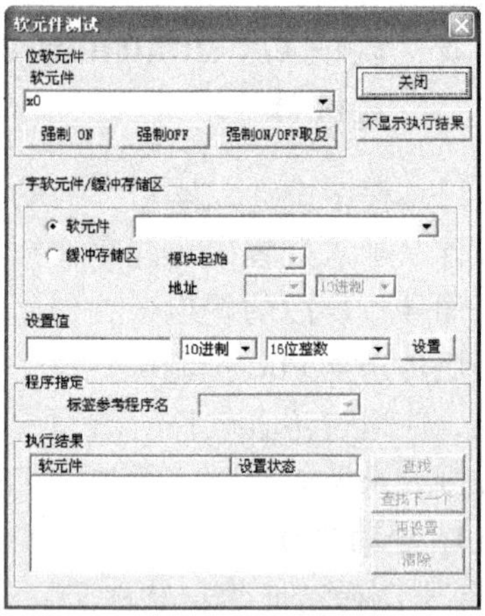

图2-44　软元件测试窗口

在测试窗口中软元件一栏输入控制的软元件名称“X0”，按下“强制ON”键，则图2-35所示梯形图如图2-45所示。此时显示“X0”接通，输出“Y1”，与PLC实际通电运行相同。单击“强制OFF”键，X0恢复断开状态，Y1停止输出信号。

4. 停止仿真

再次单击菜单栏中的“梯形图逻辑测试起动”或按下“ ”键，出现图2-46所示对话框。单击“确定”键，停止仿真。

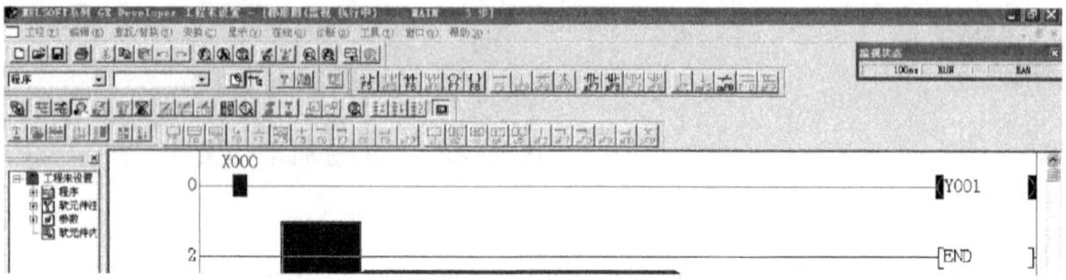

图2-45　强制接通X0后的状态

图2-46　停止仿真

任务2.5　调试与监控PLC控制程序运行

2.5.1　连接计算机与PLC

三菱FX系列PLC的通信接口主要有RS 232C、RS 422和RS485等。FX_2系列PLC与计算机通信采用RS 232C接口，通信时用一根SC-09电缆连接。SC-09电缆如图2-47所示。

SC-09电缆一端是9芯的D形插头，如图2-48a所示，应插入计算机的串行口COM1或COM2；另一端为8芯的圆形插头，如图2-48b所示，插入PLC的编程口。

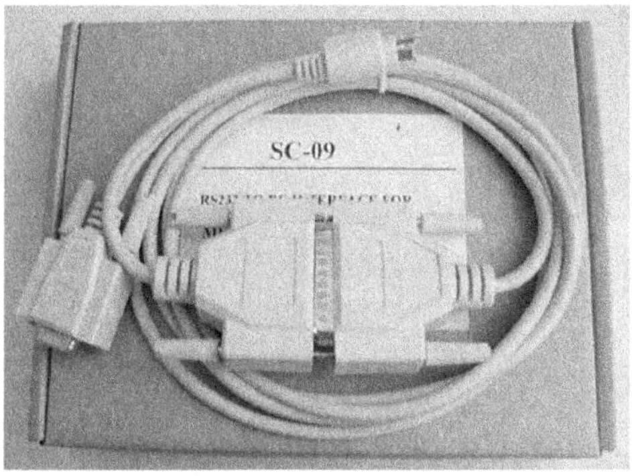

图 2-47　SC-09 电缆

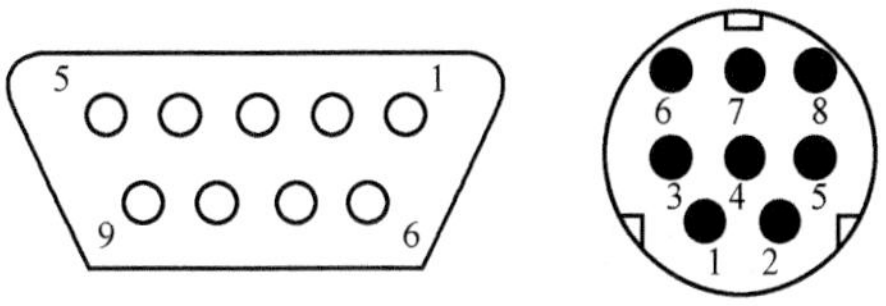

a) 计算机端，RS232插头　　b) PLC端，RS422插头

图 2-48　SC-09 电缆接口

>> **小提示**　　在断电状态下 SC-09 电缆 PLC 端插头插入 PLC 编程口，插入前先找出其缺口位置和方向是否与编程电缆相一致，对应好位置后才能插入，否则容易把插针弄断。

2.5.2　写入 PLC 控制程序

具体写入步骤如下：

1）将 PLC 方式转换开关拨至“STOP”，单击菜单栏“在线”→“PLC 写入”，如图 2-49 所示。

2）写入结束后，会出现如图 2-50 所示的 PLC 写入对话框。

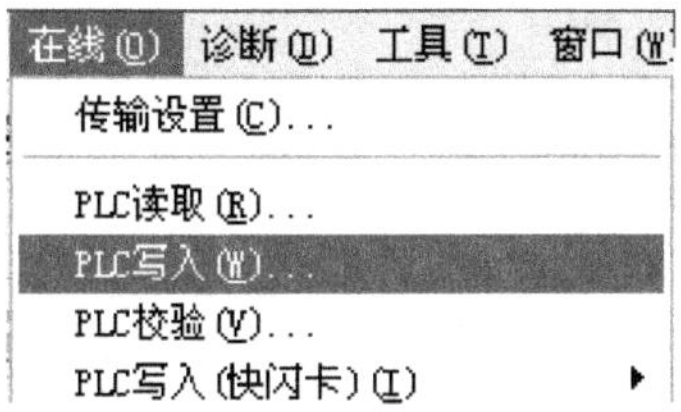

图 2-49　传送程序

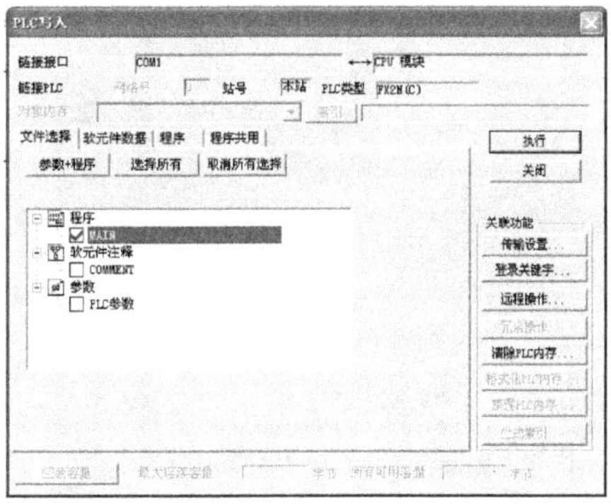

图 2-50　PLC 写入对话框

在“程序”选项中勾选“□MAIN”，单击“执行”按钮，出现如图 2-51 所示对话框，选“是”后出现如图 2-52 所示的进度条。完成后显示如图 2-53 所示“已完成”对话框。

图 2-51　是否执行 PLC 写入选择

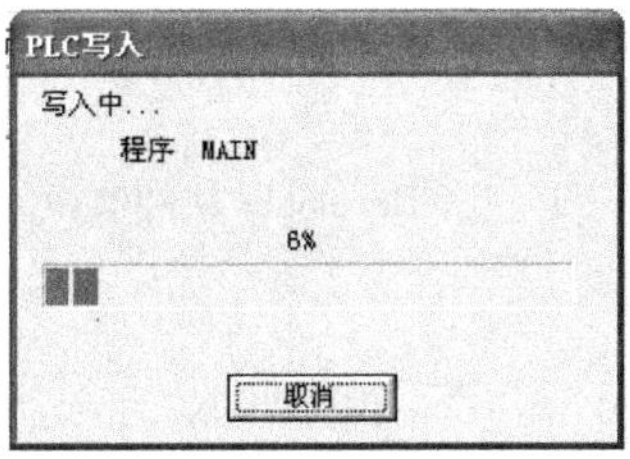

图 2-52　写入程序和核对程序进度条

图 2-53　程序输入完成后显示图

3）程序写入完毕后，将PLC运行方式转换开关拨至“RUN”，单击菜单栏“在线”→“监视”→“监视模式”。画面上方出现如图2-54所示监控指示，程序写入过程结束。

图2-54 监视状态指示

2.5.3 通电调试

1. 按下起动按钮SB

当电动机需要点动时，先合上低压断路器，此时电动机尚未接通电源。按下起动按钮SB，如图2-55所示。

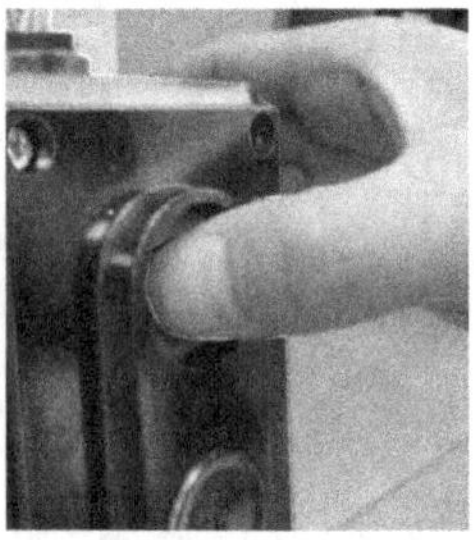

图2-55 按下起动按钮

2. PLC输入/输出显示及现场监控

PLC输入接口IN“0”指令灯亮，如图2-56a所示，表示信号已输入“X0”；输出接口OUT指令灯“1”亮，如图2-56b所示，表示PLC“Y1”输出接通对外输出开关信号。此时软件监视状态的界面显示相关触头的接通或分断状态，如图2-57所示，图中处于接通状态的触头中间出现了深色（蓝色）方块。

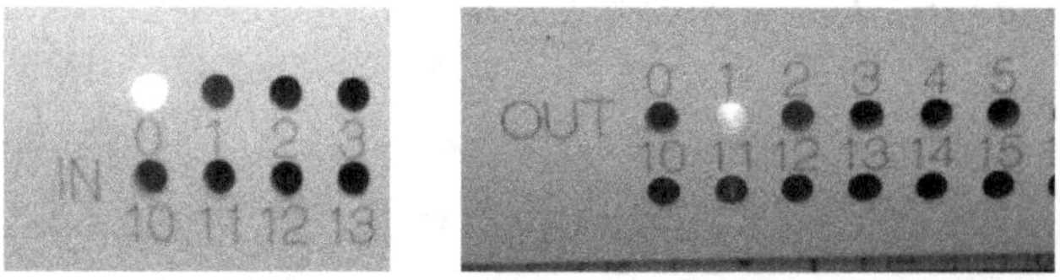

a) b)

图2-56 PLC输入/输出状态指示

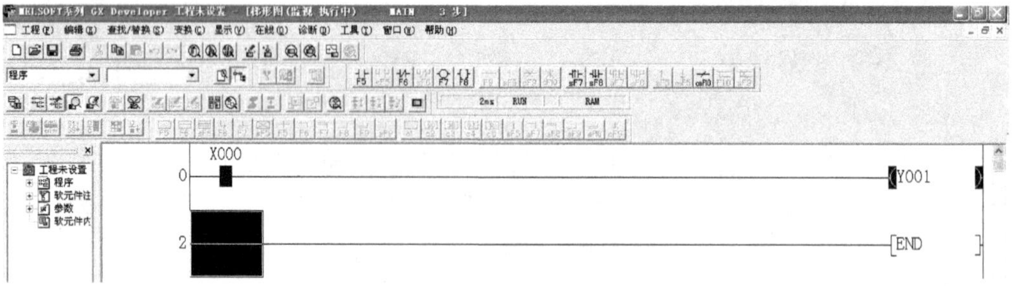

图2-57 GX Developer软件监视实况

3. 直流继电器线圈通电

通电后，直流继电器指示灯亮，如图2-58所示。

4. 交流接触器线圈通电

交流接触器动作，三对主触点由图2-59a所示断开状态变为图2-59b所示吸合状态。

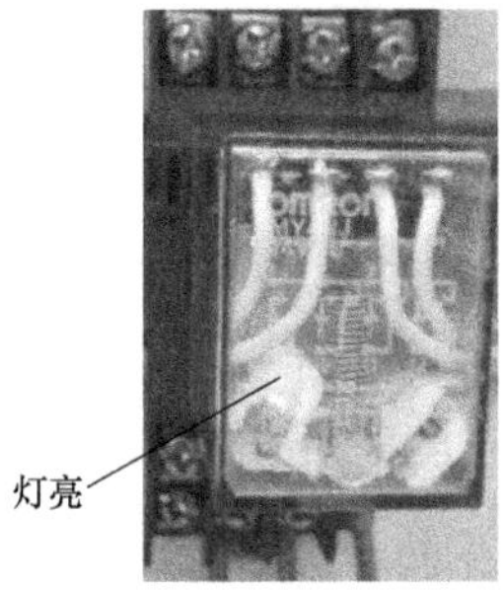

图 2-58　直流继电器通电指示

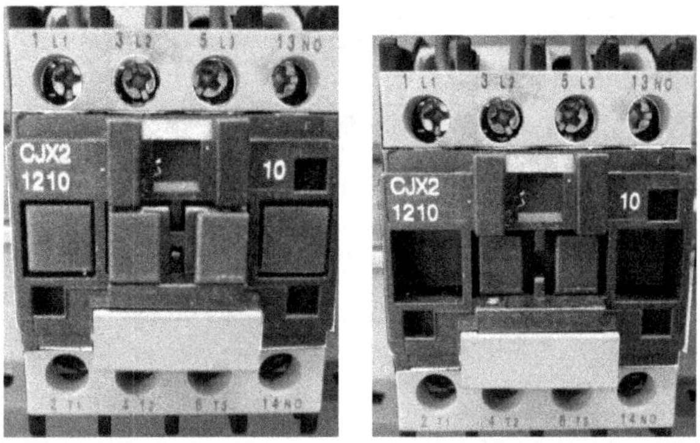

a) 断开状态　　b) 吸合状态

图 2-59　交流接触器动作

5. 电动机点动运行

电动机接通电源起动运转。当电动机需要停转时，松开起动按钮 SB，PLC 输入端口 IN “0” 指令灯灭，表示输入信号已断开，输出端口 OUT 指令灯 “1” 灭，表示 PLC “Y1” 停止输出对外开关信号，直流继电器线圈断电，动合触点断开，交流接触器线圈失电，在复位弹簧作用下主触点复位，切断电动机电源，电动机停转，完成点动控制功能。

6. 故障分析

若出故障，应分别检查硬件电路接线和梯形图是否有误，修改后，应重新调试，直至系统按要求正常工作。

任务评价

自我评价

项目内容	配分	评分标准	扣分	得分
元件识别与检测	30	(1)能正确区分，并说明其特点，出现一个错误扣 1~2 分 (2)能正确分析工作过程检测原理，出现一个错误扣 1~2 分		
电器元件安装	30	(1)不能正确安装，每个扣 1~3 分 (2)接线错误，每线扣 1~3 分		
PLC 安装与连接	20	(1)能正确安装与调试，得 20 分 (2)操作失误或传感器不能进行相关的检测，每次扣 3~5 分		
安全、文明操作	20	(1)违反操作规程，产生不安全因素，可酌情扣 7~10 分 (2)着装不规范，可酌情扣 3~5 分 (3)迟到、早退、工作场地不清洁，每次扣 1~2 分		
总评分 =（1~5 项总分）×40%				

签名：________________　________年__月__日

小组评价

项　目　内　容	配分	评分
实训记录与自我评价情况	20	
对实训室规章制度的学习与掌握情况	20	
相互帮助与协作能力	20	
安全、质量意识与责任心	20	
能否主动参与整理工具、器材与清洁场地	20	
总评分 =（1 ~ 5 项总分）×30%		

参加评价人员签名：________________ ____年__月__日

教师评价

教师总体评价意见：	
教师评分(30)	
总评分 = 自我评分 + 小组评分 + 教师评分	

教师签名：__________ ____年____月____日

任务3　应用基本指令实现电动机单向连续运行

任务要求

应用 PLC 基本指令实现三相异步电动机单向连续运行控制。

课时分配

建议课时：4 课时。

学习目标

应知

（1）掌握三菱 FX_{2N} 系列 PLC 常用基本逻辑指令。

（2）掌握梯形图和指令编程的规则、编程技巧和方法。

（3）掌握 GX Developer 软件梯形图与指令程序设计的基本方法。

应会

（1）能合理选用热继电器、熔断器为电路提供过载和短路保护。

（2）会应用基本指令及梯形图进行程序设计。

（3）会安装调试 PLC 控制电动机单向连续运行电路。

（4）能运用 GX Developer 编程软件设计控制程序、模拟运行、写入 PLC 进行调试、运行监控功能。

任务介绍

三相异步电动机单向连续运行控制电路是典型电动机控制电路。本任务利用 PLC 控制三相异步电动机单向连续运行，讲解三菱 PLC 的部分基本指令及应用，安装控制电路并调试。所用工具与器材明细见表 3-1。

表 3-1　工具与器材明细表

序号	类别	名　称	规格型号	数量	备注
1	工具	电钻		1 台	
2		钻头	ϕ5mm	1 支	
3		电工常用工具		1 套	
4		指针式万用表	500 型或 MF—47 型	1 台	
5	器材	三菱 PLC	FX_{2N}—48MR	1 台	
6		按钮	LA4—3H	1 组	
7		交流接触器	CJX2—1810	1 个	

（续）

序号	类别	名　称	规格型号	数量	备注
8	器材	热继电器	JR36—20	1个	
9		直流继电器	欧姆龙 MY4NJ、PYF14A—E底座	1套	
10		带漏电保护断路器	DZ47LE	1个	
11		熔断器	RT18—32	4个	
12		DIN标准导轨	35mm	条	
13		线槽		3m	
14		多股导线		若干	
15		基板		块	
16	设备	三相异步电动机	JW7124　550W	台	

安装完成后的实物如图3-1所示。

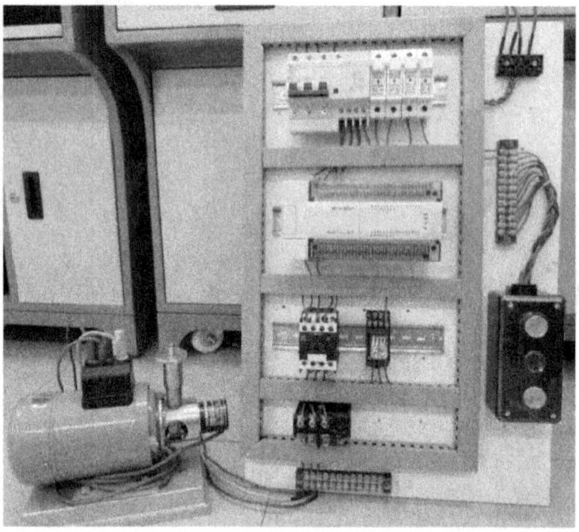

图3-1　PLC控制三相异步电动机电气控制板

任务3.1　选择与检测电器元件

3.1.1　热继电器

热继电器是利用流过继电器的电流所产生的热效应而反时限动作的自动保护电器。所谓反时限动作，是指电器的延时动作时间随通过电路电流的增加而缩短。

热继电器主要与接触器配合使用，用作电动机的过载保护、断相保护、电流不平衡运行的保护及其他电气设备发热状态的控制。

1. 外形、结构及符号

热继电器的形式有多种，按其结构和动作原理常用的有：

（1）双金属片式　利用双金属片受热弯曲推动杠杆使触头动作。

（2）热敏电阻式　利用电阻值随温度变化而变化的特性制成的热继电器。

（3）易熔合金式　利用过载电流发热使易熔合金达到某一温度值时，合金熔化而使继电器动作。

（4）电子式　利用电子线路来实现热双金属片式继电器功能。

热继电器的文字符号为 FR，常用热继电器的外形和图形符号如图 3-2 所示。

a) 电子式热继电器　　b) 双金属片式热继电器　　c) 图形符号

图 3-2　常用热继电器的外形和图形符号

目前使用最普遍的是双金属片式热继电器，结构如图 3-3 所示。

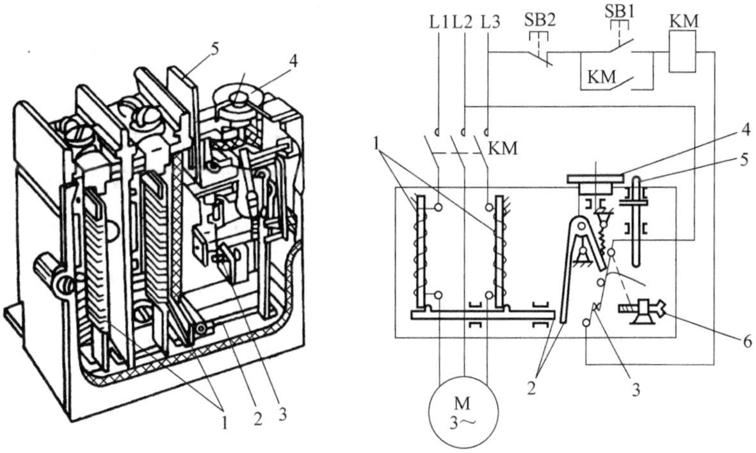

a)　　b)

图 3-3　双金属片式热继电器的结构示意图

1—热元件　2—传动机构　3—动断触点　4—电流整定按钮　5—复位按钮　6—限位螺钉

使用时热元件串联在主电路中，动断或动合触点串联在控制电路中。当电动机过载时，流过电阻丝的电流超过热继电器的整定电流，电阻丝发热增多，温度升高，由于两块金属片的热膨胀程度不同而使主双金属片向侧弯曲，从而传动机构推动动断触点断开、动合触点接通，从而切断主电路，实现对电动机过载保护。

2. 型号含义与选择方法

（1）型号含义　热继电器的型号含义如下：

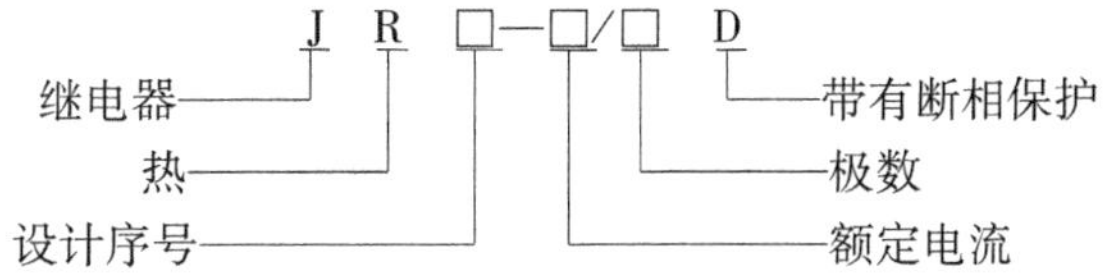

例如 JR16—20/3D 型，表示为 JR16 系列热继电器，额定电流为 20A，三极结构，带断相保护装置。

一种型号的热继电器可配有若干种不同规格的热元件，并有一定的调节范围。调节范围在热继电器调节旋钮或拨杆上标注。例如热元件额定电流为 11A，电流调节范围为 6.8～11A。

（2）选择方法　选择热继电器时，主要根据所保护的电动机额定电流来确定热继电器的规格和热元件的电流等级。

1）根据电动机的额定电流选择热继电器的规格。一般应使热继电器的额定电流略大于电动机的额定电流。

2）根据需要的整定电流值选择热元件的编号和电流等级。

一般情况下，热元件的整定电流应为电动机额定电流的 0.95～1.05 倍。

3）根据电动机定子绕组的连接方式选择热继电器的结构形式，即定子绕组作Y联结的电动机选用普通三相结构的热继电器，而作△联结的电动机应选用三相结构带断相保护装置的热继电器。

（3）使用限制　对于频繁正反转和频繁起动、制动的电动机，不宜采用热继电器来保护。

本任务控制电动机型号为 JW7124、功率为 550W 的三相异步电动机，Y联结，额定电流为 1.6A。

根据电动机的额定电流，选择额定电流为 20A 的热继电器，其整定电流可取电动机的额定电流 1.6A，根据热元件的等级选用 1.6A（调节范围为 1～1.6A）或 2.4A（调节范围为 1.5～2.4A），电动机Y联结，无须采用带断相保护装置的热继电器。因此，应选用型号为 JR36-20 型热继电器，热元件的额定电流选用 2.4A。

3. 检测方法

1）外观检查热继电器是否完整无缺，各接线端和螺钉是否完好。

2）用万用表 R×10 挡检测各主触头、动断辅助触头进、出线端电阻的阻值，正常情况下应 $R=0$。

3.1.2　熔断器

熔断器在控制系统中主要是用作短路和过载保护的电器，使用时串联在被保护的电路中，当电路发生短路故障，通过熔断器的电流达到或超过某一规定值时，以其自身达到的热量使熔体熔断，从而自动分断电路，起动保护作用。

1. 外形、结构及符号

熔断器主要由熔体（或称熔丝）和安装熔体的熔管（或称熔座）两部分部分组成。熔

a) RL1 系列螺旋式　b) RT18 圆筒形帽　c) RM10 无填料封闭管式　d) RT0 系列有填料封闭管式　e) 电气符号

图 3-4　常用熔断器外形及其电气符号

体由铅、锡、锌、银、铜及其合金制成，常做成丝状、片状或栅状。熔管是装熔体的外壳，由陶瓷、绝缘钢纸制成，在熔体熔断时兼有灭弧作用。熔断器的文字符号为 FU，常用熔断器外形及其电气符号如图 3-4 所示。

熔断器按结构形式分为半封闭瓷插式、无填料封闭管式、有填料封闭管式、自复式熔断器等。

2. 型号含义与选择方法

（1）型号含义　熔断器型号含义如下：

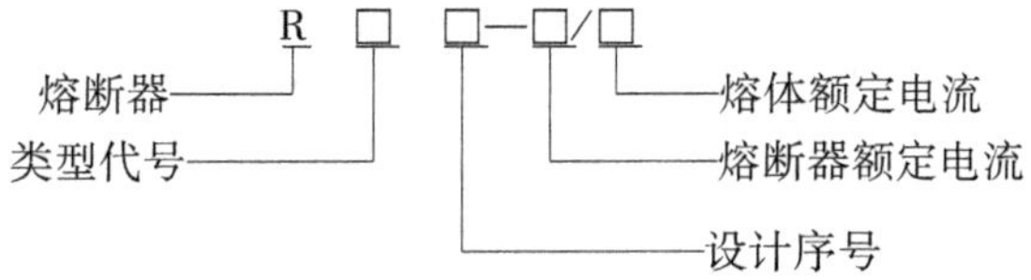

类型代号含义如下：

C——插入式，M——无填料封闭管式，L——螺旋式，S——快速式，T——有填料封闭管式，Z——自复式。

（2）选择方法　选择熔断器主要是选择熔断器的类型、额定电压、额定电流及熔体的额定电流。

1）根据使用场合选择熔断器的类型。

对于功率较小的照明电路或电动机的保护，宜采用 RC1A 系列插入式熔断器或 RM10 系列无填料封闭管式熔断器；对于短路电流较大的电路或有易燃气体的场合，宜采用具有高分断能力的 RL 系列螺旋式熔断器或 RT 系列有填料封闭管式熔断器；对于保护硅整流器件及晶闸管的场合，应采用快速熔断器 RLS 或 RS 系列。

2）熔断器的额定电压必须等于或高于电路的额定电压，额定电流必须等于或高于电路的额定电流。

3）熔体额定电流的选择应根据实际使用情况按以下原则进行计算：

对于照明、电热设备等电流较平稳、无冲击电流的负载短路保护，熔体的额定电流应等于或稍大于负载的额定电流。

对一台不经常起动且起动时间不长的电动机进行短路保护，熔体的额定电流 I_{RN} 应大于或等于 1.5 ~2.5 倍电动机额定电流 I_N，即

$$I_{RN} \geqslant (1.5 \sim 2.5) I_N$$

对于频繁起动或起动时间较长的电动机，其系数应增加到 3 ~3.5，即

$$I_{RN} \geqslant (3 \sim 3.5) I_N$$

对于多台电动机短路保护，熔体的额定电流应等于或大于其中最大容量电动机的额定电流 I_{Nmax} 的 1.5 ~2.5 倍，再加上其余电动机的额定电流的总和 $\sum I_N$，即

$$I_{RN} \geqslant (1.5 \sim 2.5) I_{Nmax} + \sum I_N$$

4）熔断器分断能力应大于电路中可能出现的最大短路电流。

3. 检测方法

1）外观检查熔断器是否完整无缺，各接线端和螺钉是否完好。

2）检查熔断器的熔体是否完好，方法是：

① 用万用表 R ×1 挡检测，正常情况下应 $R=0$。

② 可直接查看带有熔断指示的熔体，如 RL1、RTO 系列。

任务 3.2　安装三相异步电动机单向连续运行控制电路

3.2.1　控制要求

图 3-5 是三相异步电动机单向连续运行控制电路，SB2 是起动按钮，SB1 是停止按钮，按照电动机的控制要求，当按下起动按钮 SB2 时，KM 线圈得电并自锁，电动机起动并连续运行；当按下停止按钮 SB1 或热继电器 FR 动作时，电动机停止运行。

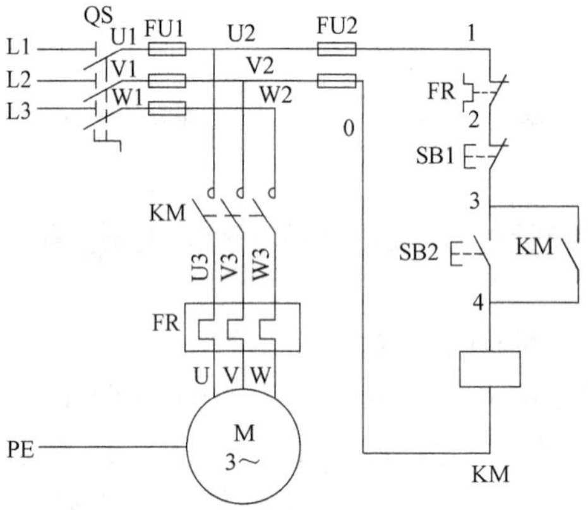

图 3-5　三相异步电动机单向连续运行控制电路

图 3-5 中主要元器件及其功能见表 3-2。

表 3-2　图 3-5 中主要元器件及其功能

代号	名称	作用	代号	名称	作用
KM	交流接触器	正转控制	FR	热继电器	过载保护
SB1	停止按钮	停止控制	FU1	主熔断器	主电路短路保护
SB2	正转起动按钮	正转起动控制	FU2	控制熔断器	控制电路短路保护

3.2.2　PLC 的输入/输出分配

根据以上分析可知：输入信号有 SB1、SB2 和 FR，输出信号有 KM，从而确定 PLC 的输入/输出分配，它可采用输入/输出分配表或输入/输出接线图的形式。

PLC 控制电动机单向连续运行的输入/输出分配表见表 3-3。

表 3-3　PLC 控制电动机单向连续运行的输入/输出分配表

输　入			输　出		
元件	作用	输入点	元件	作用	输出点
SB1	停止	X0	KM（或 KA）	电机运行控制	Y1
SB2	起动	X1			
FR	热继电器	X2			

三菱 FX 系列 PLC 实现三相异步电动机单向连续运行控制的输入/输出接线方法如图 3-6 所示，其中方法一为 PLC 驱动中间继电器，由继电器辅助触点控制交流接触器；方法二为

PLC 直接驱动交流接触器。

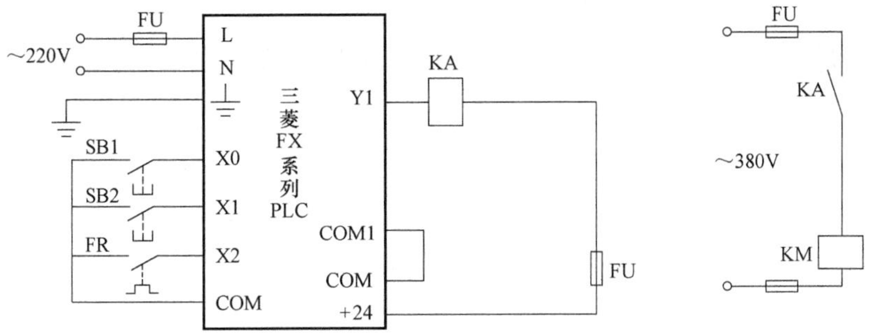

a) 方法一

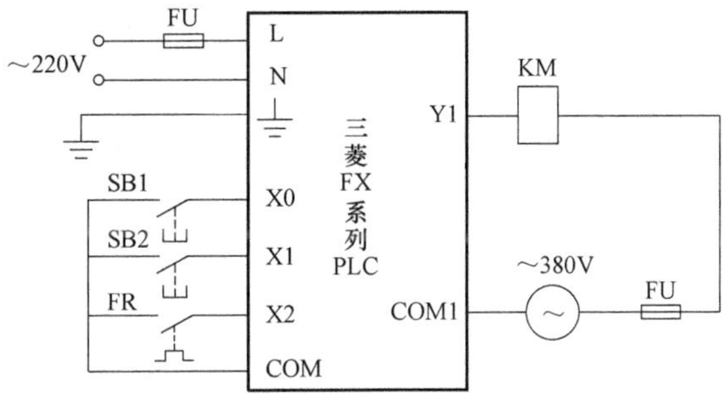

b) 方法二

图 3-6 PLC 电源及输入/输出元器件接线图

3.2.3 安装电器元件，连接电气线路

参照任务 2.2 中电器元件和电气线路的安装要求，在安装好的点动控制电路板上安装停止按钮、热继电器，并根据线路图连接电路。

>> **小提示**

1）热继电器的热元件应串联在主电路中。

2）热继电器的整定电流应按电动机的额定电流进行调整，绝对不允许弯折双金属片。

3）在一般情况下，热继电器应置于手动复位的位置上，若需自动复位时，可将复位调节螺钉沿顺时针方向向里旋。

4）热继电器因电动机过载动作后，若需再次起动电动机，必须等待热元件冷却后，才能使热继电器复位。

5）电动机及按钮的金属外壳必须可靠接地。

任务 3.3 学习 PLC 的基本逻辑指令（一）

基本逻辑指令是 PLC 中最基础的编程语言，掌握了基本逻辑指令也就初步掌握了 PLC

的使用方法。三菱 FX_{2N} 系列 PLC 基本逻辑指令共有 27 条，下面分别结合具体的项目要求说明相关指令的含义和梯形图编制的基本方法。

3.3.1 逻辑取（LD、LDI）与线圈驱动（OUT）指令

LD：逻辑取动合触点指令，用于动合触头与左母线的连接，即逻辑运算起始于动合触点。

LDI：逻辑取动断触点指令，用于动断触头与左母线的连接，即逻辑运算起始于动断触点。

OUT：输出指令，用于线圈驱动，将逻辑运算结果驱动一个指定线圈。

逻辑取指令 LD、LDI 与线圈驱动指令 OUT 应用如图 3-7 所示。

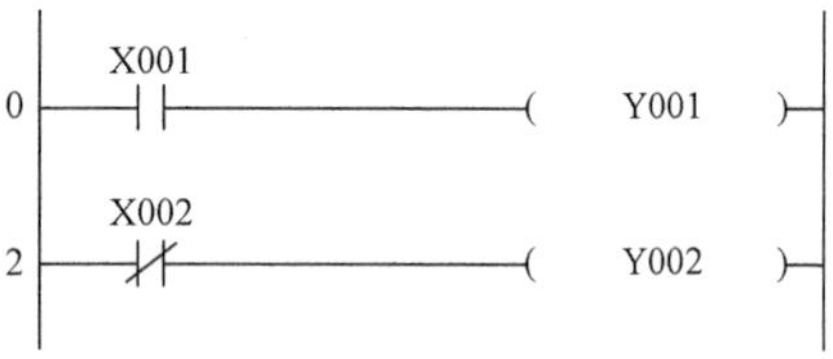

a) 梯形图

步号	指令	操作元件	注释
0	LD	X001	取X1动合触点
1	OUT	Y001	驱动Y1线圈输出
2	LDI	X002	取X2动断触点
3	OUT	Y002	驱动Y2线圈输出

b) 指令语句

图 3-7　LD、LDI 及 OUT 指令应用

说明：

1）LD、LDI 的操作元件为输入继电器 X、输出继电器 Y、辅助继电器 M、状态继电器 S、定时器 T、计数器 C 的触点。

2）LD、LDI 除用于触点与左母线的连接外，还可与后面介绍的 ANB、ORB 指令配合使用于各分支的起始位置。

3）OUT 指令的操作元件为 Y、M、S、T、C 的线圈，但 OUT 指令不能驱动输入继电器 X。

3.3.2 触点串联（AND、ANI）指令

AND：“与”操作指令，用于单个动合触点的串联。

ANI：“与非”操作指令，用于单个动断触点的串联。

触头串联指令 AND、ANI 应用如图 3-8 所示。

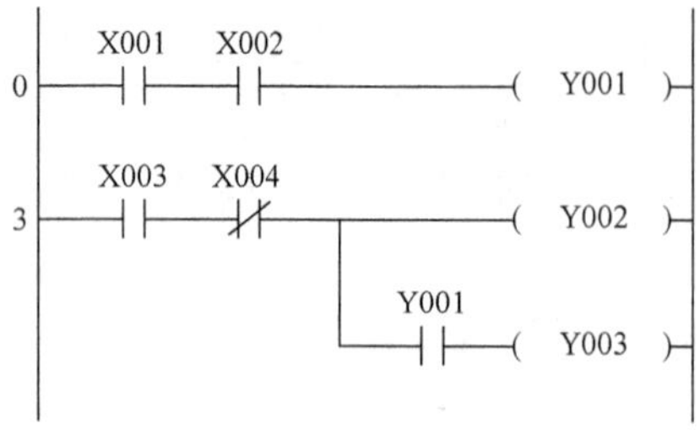

a) 梯形图

步号	指令	操作元件	注释
0	LD	X001	取X1动合触点
1	AND	X002	串联 X2 动合触点
2	OUT	Y001	驱动 Y1 线圈输出
3	LD	X003	取 X3 动合触点
4	ANI	X004	串联 X4 动断触点
5	OUT	Y002	驱动 Y2 线圈输出
6	AND	Y001	串联 Y1 动合触点
7	OUT	Y003	驱动 Y3 线圈输出

b) 指令语句

图 3-8　AND、ANI 指令应用

说明：

1）AND、ANI 指令操作元件为 X、Y、M、S、T、C 的触点。

2）AND、ANI 指令可连续重复使用，用于单个触点的连续串联，使用次数不限。

3.3.3　触点并联（OR、ORI）指令

OR：“或”操作指令，用于单个动合触点的并联。

ORI：“或非”操作指令，用于单个动断触点的并联。

触头并联指令 OR、ORI 应用如图 3-9 所示。

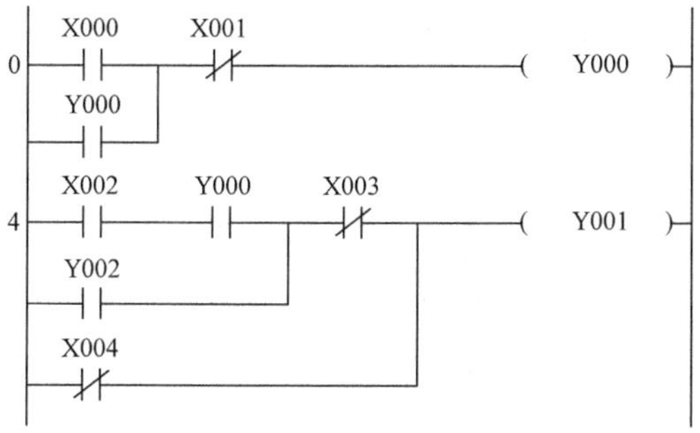

a) 梯形图

步号	指令	操作元件	注释
0	LD	X000	取X0动合触点
1	OR	Y000	并联Y0动断触点
2	ANI	X001	串联X1动断触点
3	OUT	Y000	驱动Y0线圈输出
4	LD	X002	取X2动合触点
5	AND	Y000	串联Y0动合触点
6	OR	Y002	并联Y2动合触点
7	ANI	X003	串联X3动断触点
8	ORI	X004	并联X4动断触点
9	OUT	Y001	驱动Y1线圈输出

b) 指令语句

图 3-9　OR、ORI 指令应用

说明：

1）OR、ORI 指令的操作元件为 X、Y、M、S、T、C 的触点。

2）OR、ORI 指令可将触点并联于以 LD、LDI 为起始的电路块。

3）OR、ORI 指令可连续重复使用，用于单个触点的连续并联，使用次数不限。

任务 3.4　设计 PLC 控制程序

1. 利用继电—接触器控制电路直接转换的方法

根据图 3-5 由翻译法容易得出 PLC 控制电动机单向连续运行的梯形图程序，如图 3-10 所示。

分析方法与继电—接触器控制分析方法相同。

在梯形图中，应将并联支路多的电路块尽量靠近左母线，图 3-10 就可转换成图 3-11。

可以看出，图 3-11 对应的指令语句比图 3-10 所对应的指令语句步数少，省去了 ANB 指令，得到了简化。

2. 采用 SET、RST 指令编程

三相异步电动机单向连续运行控制也可采用 SET、RST 指令进行编程，如图 3-12 所示。

在采用继电—接触器控制电路直接转换得来的梯形图中，用 X0 和 X2 的动断触点；而在第二种方法中，用 X0 和 X2 的动合触点，且它们的外部输入接线完全相同，但它们都能达到相同运行的目的，这是为什么？请读者自行思考。

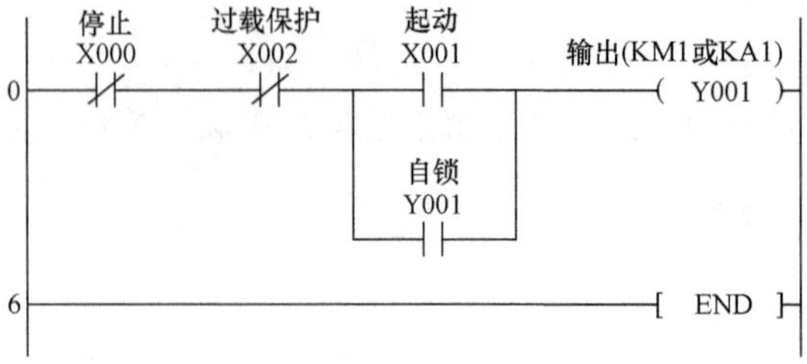

0	LDI	X000
1	ANI	X002
2	LD	X001
3	OR	Y001
4	ANB	
5	OUT	Y001
6	END	

a) 梯形图　　b) 指令语句

图 3-10　PLC 控制三相异步电动机单向连续运行的梯形图程序

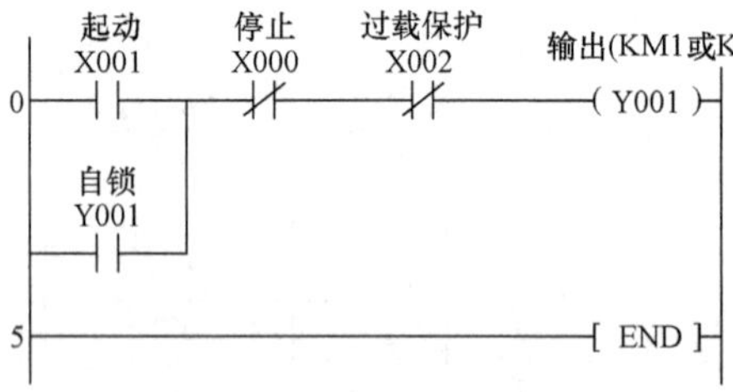

0	LD	X001
1	OR	Y001
2	ANI	X000
3	ANI	X002
4	OUT	Y001
5	END	

a) 梯形图　　b) 指令语句

图 3-11　修改后的梯形图程序

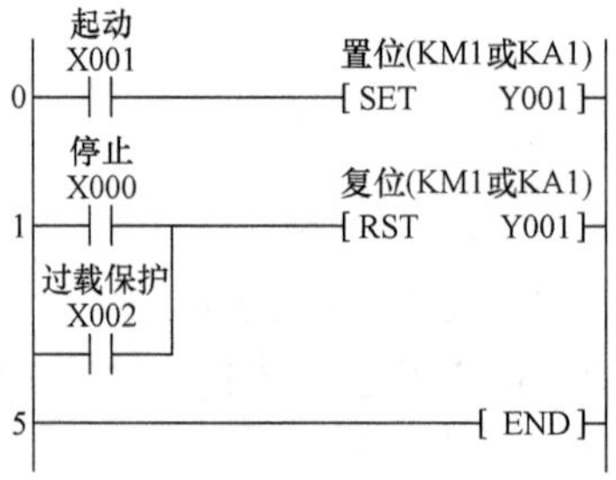

0	LD	X001
1	SET	Y001
2	LD	X000
3	OR	X002
4	RST	Y001
5	END	

a) 梯形图　　b) 指令语句

图 3-12　应用 SET、RST 指令

任务 3.5　输入 PLC 控制程序

首先，打开 GX Developer 程序并创建新工程，操作方法如任务 2。

程序输入方法如下：

1. 在梯形图中输入指令

1）在键盘上输入“LD X1”指令，如图 3-13 所示。

2）按回车键输入指令，并将光标点在 X1 的下方，输入“OR Y1”指令，如图 3-14 所示。

3）按回车键输入指令，并将光标点在 X1 动合触点的右方，然后键入“ANI X0”指令，如图 3-15 所示。

4）按上述方法，将图 3-11 所示的三相异步电动机单向连续运行控制程序输入完毕并转

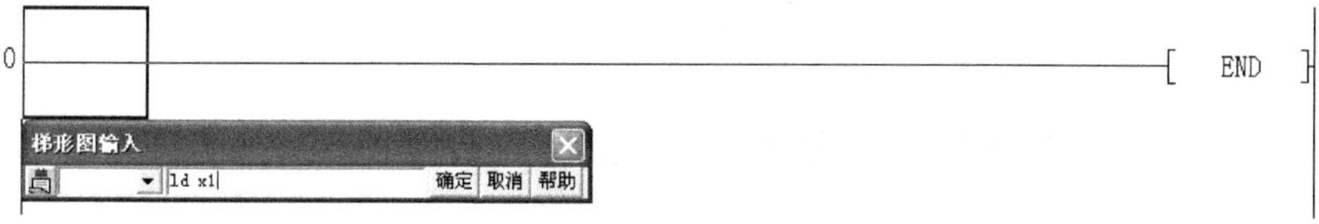

图 3-13　键入“LD X1”指令

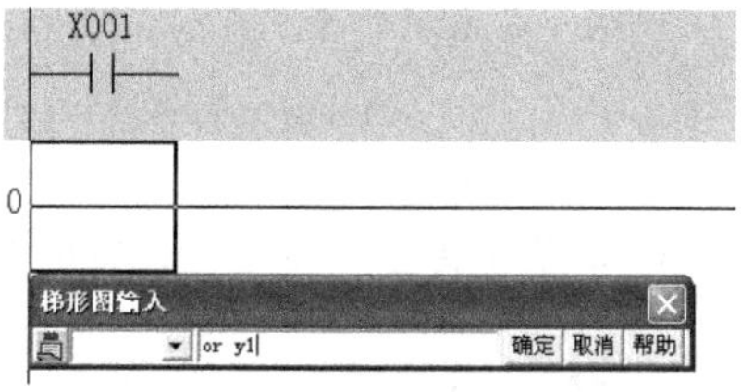

图 3-14　键入“OR Y1”指令

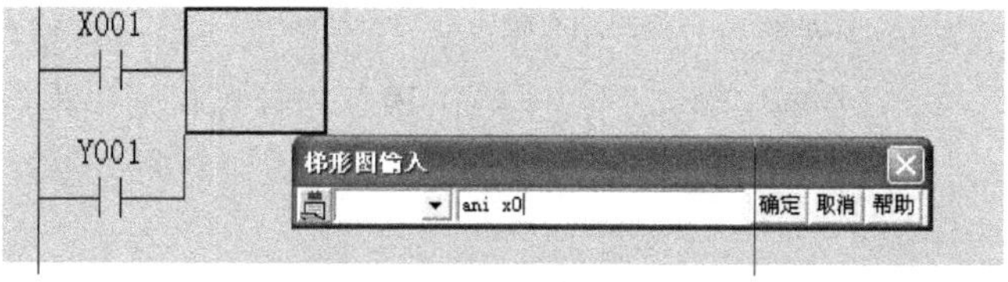

图 3-15　键入“ANI X0”指令

换，如图 3-16 所示。

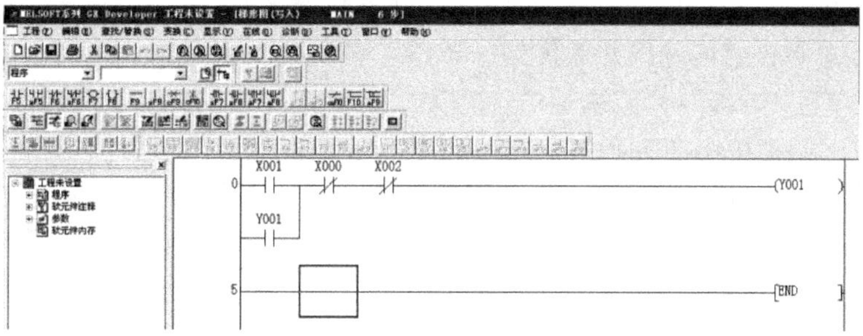

图 3-16　转换后的程序梯形图

2. 直接输入指令语句

在功能栏中找到“”梯形图/列表显示转换快捷键，单击后在光标处直接输入指令语句，每输入完成一条指令语句并按回车键，可再次输入下一条指令语句。输入完成后的指令语句如图 3-17 所示。

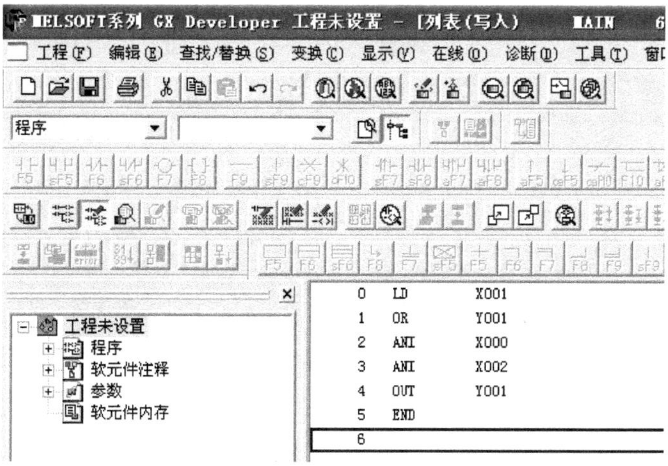

图 3-17　输入完成后的指令语句

再次按下“”梯形图/列表显示转换快捷键，查看梯形图。

任务3.6 运行、调试PLC控制程序

运行并调试任务3.5编制的PLC控制程序，具体步骤如下：

1）使用GX Simulator6-c仿真软件对程序进行仿真运行，测试功能是否达到设计要求，如不能达到要求应作相应修改，直至仿真结果与系统要求一致。

2）在断电状态下，连接好PLC与计算机通信电缆。

3）将PLC运行模式选择开关拨到“STOP”位置，此时PLC处于停止状态，可以进行程序编写。

>> **小提示** 在使用GX Developer软件时，可强行在运行状态下将PLC程序写入。

4）执行“在线”→“PLC写入”，将程序文件下载到PLC中。

5）将PLC运行模式的选择开关拨到“RUN”位置，使PLC进入运行方式。

6）单击菜单栏“在线”→“监视”→“监视模式”，监控运行中各输入、输出元器件通断状态。

7）分别按下起动按钮SB2和停止按钮SB1，对程序进行调试运行，观察程序运行情况。若出故障，应分别检查硬件电路接线和梯形图是否有误，修改后，应重新调试，直至系统按要求正常工作。

任务评价

自我评价

项目内容	配分	评分标准	扣分	得分
仿真软件的使用	30	(1)能正确程序,出现一个错误扣1~2分 (2)能正确分析工作过程检测原理,出现一个错误扣1~2分		
相关指令的输入	30	(1)不能正确输入,每个扣1~3分 (2)程序出错扣30分		
PLC安装与连接	20	(1)能正确安装与调试,得20分 (2)操作失误,每次扣3~5分		
安全、文明操作	20	(1)违反操作规程,产生不安全因素,可酌情扣7~10分 (2)着装不规范,可酌情扣3~5分 (3)迟到、早退、工作场地不清洁,每次扣1~2分		
			总评分=(1~5项总分)×40%	

签名：________ ____年__月__日

小组评价

项目内容	配分	评分
实训记录与自我评价情况	20	
对实训室规章制度的学习与掌握情况	20	
相互帮助与协作能力	20	
安全、质量意识与责任心	20	
能否主动参与整理工具、器材与清洁场地	20	
	总评分=(1~5项总分)×30%	

参加评价人员签名：________ ____年__月__日

教师评价

教师总体评价意见：

教师评分(30)	
总评分 = 自我评分 + 小组评分 + 教师评分	

教师签名：____________ ____________年____月____日

知识拓展

尽管梯形图程序与继电—接触器控制电路十分相似，但在图 3-10 与图 3-11 比较中可发现仍存在一些差异，因此在梯形图设计时，应遵循其基本设计原则，主要有以下几点：

1）梯形图程序起始于左母线，终止于右母线，应按自上而下，从左至右的方式编制。逻辑线圈应和右母线直接相连，中间不能有任何元件。图 3-18a 应转换成图 3-18b。

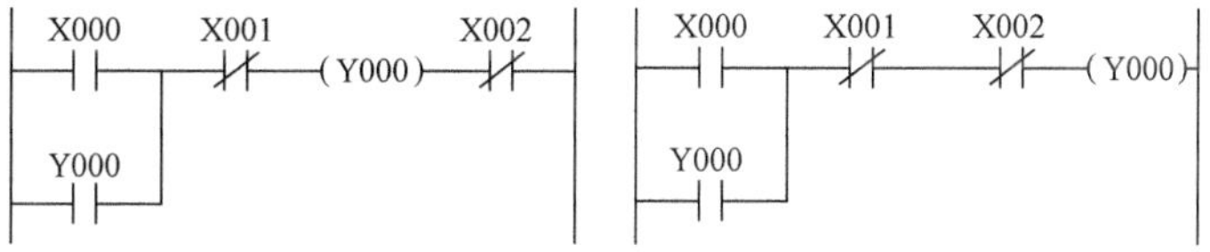

a) b)

图 3-18 线圈与右母线中间不能有元件

2）几条支路并联时，串联触点多的支路尽量放在上方，图 3-19a 应转换成图 3-19b。

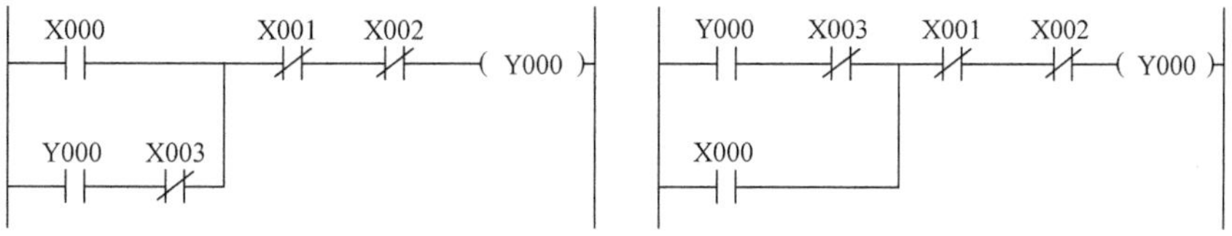

a) b)

图 3-19 串联触点多的支路放在上方

3）并联电路块串联时，并联支路多的电路块尽量靠近左母线。图 3-20a 应转换成图 3-20b。

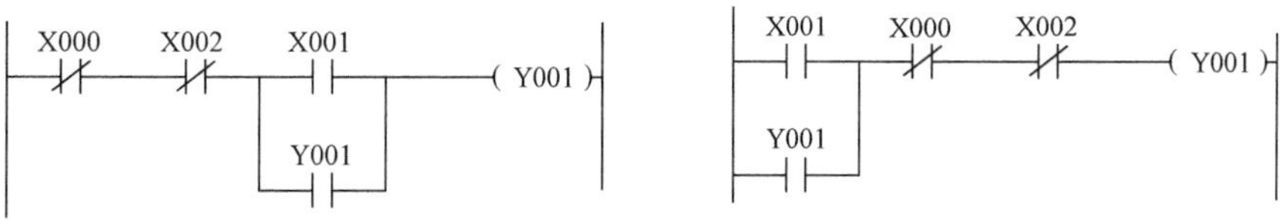

a) b)

图 3-20 并联支路多的电路块靠近左母线

4）桥式电路应转换为连接关系更明确的电路，图3-21a应转换成图3-21b。

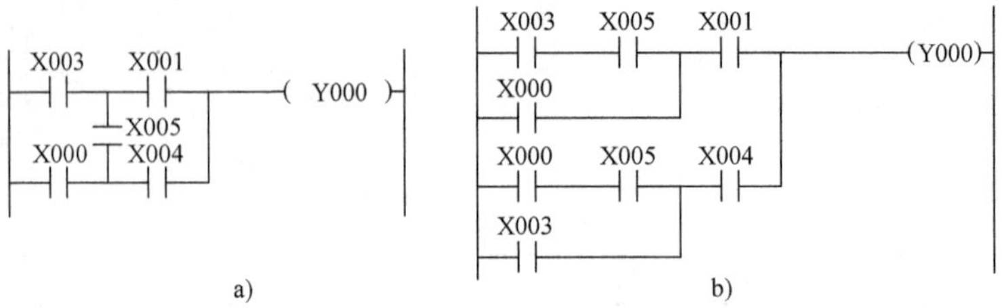

图3-21　桥式电路转换

5）在梯形图中一般不宜出现双线圈。

任务4　应用基本指令实现电动机正反转控制运行

任务要求

应用 PLC 基本指令实现三相异步电动机正反转运行控制。

课时分配

建议课时：4 课时。

学习目标

应知

（1）掌握三菱 FX_{2N}系列 PLC 常用基本逻辑指令。

（2）掌握 GX Developer 软件的梯形图与指令程序设计方法。

应会

（1）能合理选用低压电器元件。

（2）会用基本指令及梯形图对继电器—接触器控制电路进行改造。

（3）会安装调试 PLC 控制电动机正反转运行控制电路。

（4）能运用 GX Developer 编程软件设计控制程序、模拟运行、写入 PLC 进行调试、运行监控功能。

任务介绍

本任务通过使用 PLC 控制三相异步电动机正反转运行的实例，介绍三菱 PLC 的部分基本指令及应用，安装控制电路并调试。所用工具与器材明细见表 4-1。

表 4-1　工具与器材明细表

序　号	类　别	名　称	规格型号	数　量	备　注
1	工具	电钻		1 台	
2		钻头	$\phi5$	1 支	
3		电工常用工具		1 套	
4		指针式万用表	500 型或 MF—47 型	1 台	
5	器材	三菱 PLC	FX_{2N}—48MR	1 台	
6		按钮	LA4—3H	1 组	
7		交流接触器	CJX2—1810	1 个	
8		热继电器	JR36—20	1 个	

（续）

序　号	类　别	名　称	规格型号	数　量	备　注
9	器材	直流继电器	欧姆龙 MY4NJ、PYF14A—E 底座	2个	
10		带漏电保护断路器	DZ47LE	1个	
11		熔断器	RT18—32	4个	
12		DIN 标准导轨	35mm	条	
13		线槽		3m	
14		多股导线		若干	
15		基板		块	
16		三相异步电动机	JW7124　550W	台	

安装完成后的实物如图 4-1 所示。

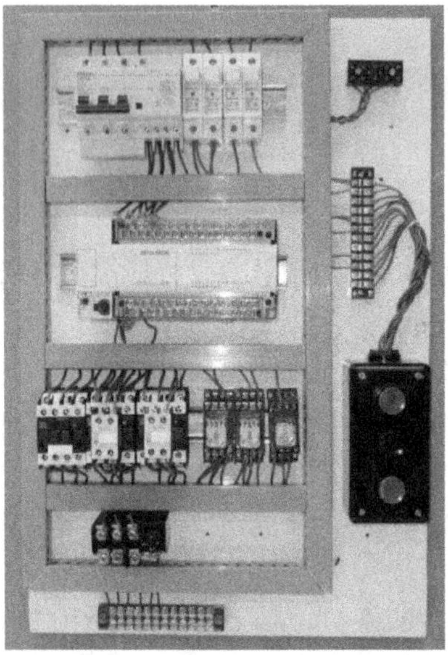

图 4-1　PLC 控制三相异步电动机正反转控制实物图

任务 4.1　安装三相异步电动机正反转控制电路

4.1.1　电动机相关知识

1. 三相异步电动机定子绕组接线方式

三相异步电动机定子绕组是电动机的电路部分，三相异步电动机的定子绕组由三相对称的绕组组成。三相绕组的各相绕组彼此独立，按互差 120°电角度嵌放在定子，各绕组起始端分别为 U1、U2、V1、V2、W1、W2，从机座上的接线盒中引出。根据要求将三相定子绕组接成星形（Y形）或三角形（△形），具体接线方式如图 4-2 所示。

电动机如果接成星形，则电动机每相绕组承受电压是电源的相电压，如果接成三角形，则电动机每相绕组承受电压是电源的线电压。具体是星形联结还是三角形联结应考虑电动机

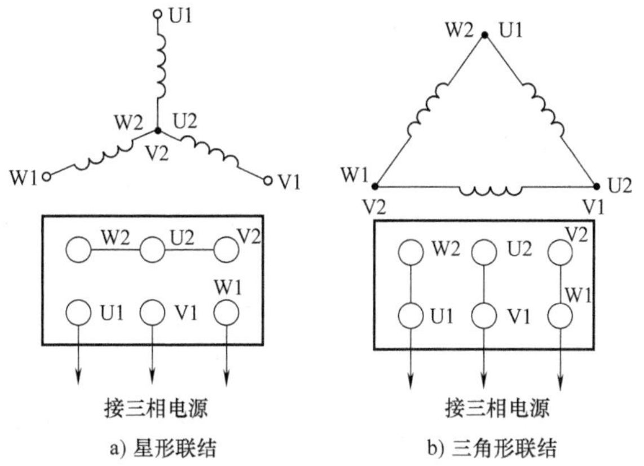

图 4-2　三相异步电动机定子绕组的接线图

的额定电压值。

例如电动机额定电压是 220V 应采用星形联结，如额定电压是 380V 应采用三角形联结。

2. 三相异步电动机正反转工作原理

图 4-3 为三相对称交流电的波形。假定电流瞬时值为正时电流方向从绕组的首端流进，尾端流出。电流瞬时值为负时则尾端流进，首端流出。电流的注入端符号用“⊗”表示，流出端用“⊙”表示。图 4-4 为定子绕组在三相对称交流电的作用下一个周期内所对应的磁场分布情况，图中交流电动机的定子上嵌放着三相对称绕组 U1—U2、V1—V2、W1—W2。

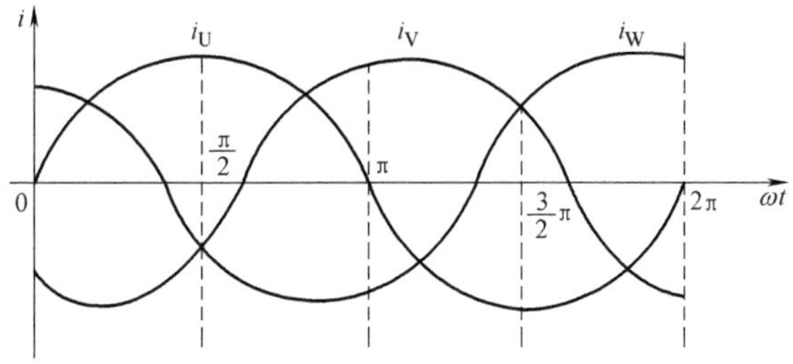

图 4-3　三相对称交流电的波形

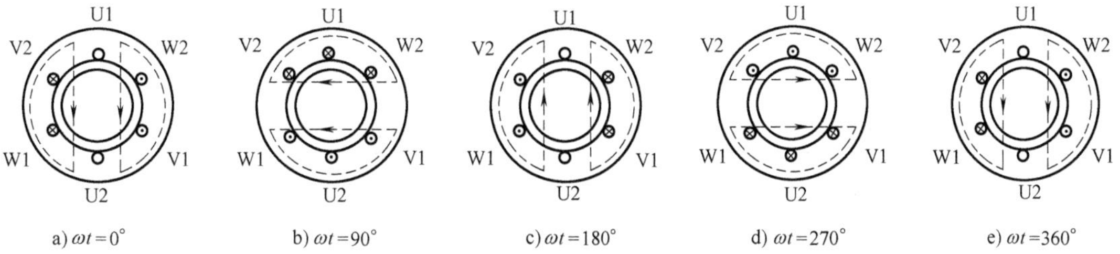

图 4-4　一个周期内定子合成磁场分布图

当 $\omega t=0$ 时，U 相电流瞬时值为 0，W 相电流瞬时值为正，电流从首端 W1 流入，用“⊗”表示，从尾端 W2 流出，用“⊙”表示；V 相电流为负，因此电流从绕组的尾端流入首端流出，故尾端 V2 应填上“⊗”，首端 V1 应填上“⊙”。从图可见，合成磁场的轴线正好位于 U 相绕组的界面上。如图 4-4a 所示。

当 $\omega t=90°$时，U 相绕组电流瞬时值为正，V 相和 W 相电流瞬时值为负，实际电流方向从 U1、V2、W2 流入，从 U2、V1、W1 流出，电流合成磁场如图 4-4b 所示，可见磁场方向已较 $\omega t=0$ 时顺时针转过 90°。

用同样方法，可以分别画出 ωt 为 180°、270°、360°时合成磁场，如图 4-4c、图 4-4d、图 4-4e 所示。

从图示可见，三相交流电通入三相绕组所形成的磁场是一个旋转磁场，而且旋转磁场的转向取决于通入三相交流电的相序，只要调换电动机任意两相绕组所接的电源接线（相序），旋转磁场即反向转动（分析方法相同）。

4.1.2 控制要求

图 4-5 是三相异步电动机正反转控制电路。按照控制要求，合上电源开关，接通三相交流电，将电压调到额定值 380V。按下正转起动按钮 SB2，观察电动机是否继续运转，记录转动方向。运转一会儿后，按下停止按钮 SB1，观察电动机是否停转。按下反转起动按钮 SB3，观察电动机是否转动，记录转动方向。按下正转起动按钮 SB2，观察电动机是否继续运转，记录转动方向。按下停止按钮 SB1 或热继电器 FR 动作时，电动机停止运行。

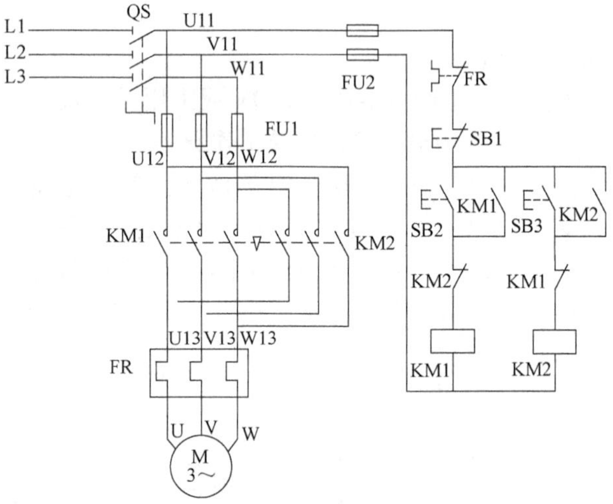

图 4-5　三相异步电动机正反转控制电路

图 4-5 中主要元器件及其功能见表 4-2。

表 4-2　主要元器件及其功能

代　号	名　称	作　用	代　号	名　称	作　用
KM1	交流接触器	正转控制	SB3	反转起动按钮	反转起动控制
KM2	交流接触器	反转控制	FR	热继电器	过载保护
SB1	停止按钮	停止控制	FU1	主熔断器	主电路短路保护
SB2	正转起动按钮	正转起动控制	FU2	控制熔断器	控制电路短路保护

4.1.3 PLC 的输入/输出分配

根据以上分析可知：输入信号有 SB1、SB2、SB3 和 FR；输出信号有 KM1、KM2，从而确定 PLC 输入/输出分配表（见表 4-3）及输入输出接线图（见图 4-6）。

表 4-3　PLC 输入/输出分配表

输入			输出		
元件	作用	输入点	元件	作用	输出点
SB1	停止	X1	KM1	电机正转运行	Y1
SB2	正转起动	X2	KM2	电机反转运行	Y2
SB3	反转起动	X3			
FR	热继电器	X0			

三菱 FX 系列 PLC 实现三相异步电动机正反转控制的输入/输出接线方法如图 4-6 所示，其中方法一为 PLC 驱动中间继电器，由继电器辅助触点控制交流接触器；方法二为 PLC 直接驱动交流接触器。

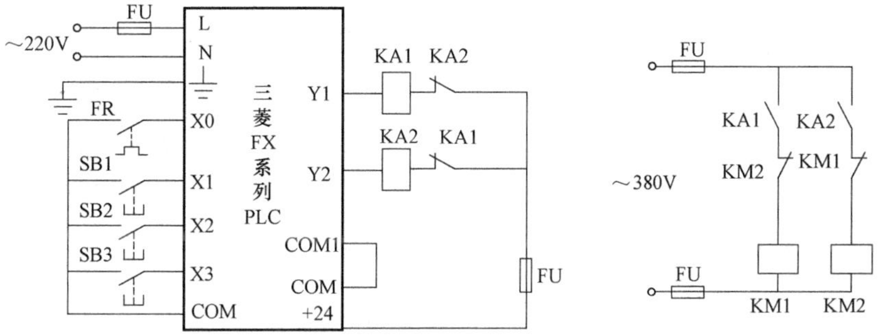

a) 方法一

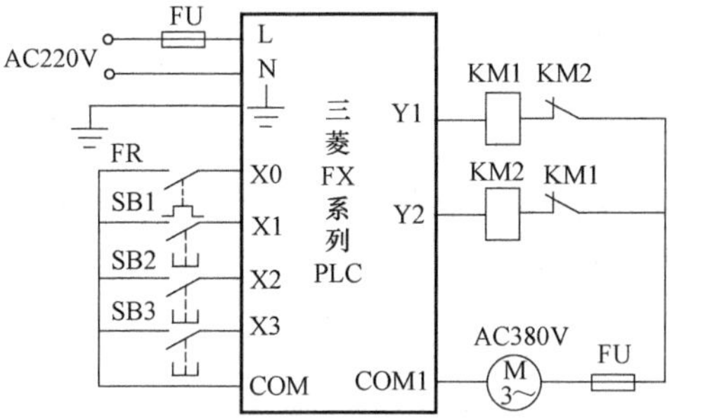

b) 方法二

图 4-6　输入/输出接线图

4.1.4　安装电器元件，连接电气线路

按任务 2.2 中电器元件和电气线路的安装要求，安装三相异步电动机正反转控制线路图（图 4-5）主电路及 PLC 电源及输入/输出元器件接线图（图 4-6）。

任务 4.2　学习 PLC 的基本逻辑指令（二）

4.2.1　串联电路块的并联（ORB）指令

ORB：串联电路块的并联指令，用于两个或两个以上串联电路块的并联。

两个或两个以上触点串联在一起的支路称为串联电路块。在串联电路块并联时，每个串联电路块都以 LD、LDI 指令起始，用 ORB 指令将两个串联电路块并联连接。

输入练习

串联电路块并联指令 ORB 应用如图 4-7 所示。

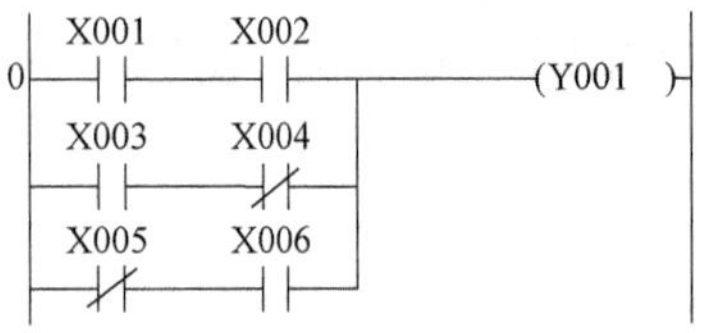

a) 梯形图

步号	指令	操作元件	注释
0	LD	X001	电路块1
1	AND	X002	
2	LD	X003	电路块2
3	ANI	X004	
4	ORB		并联电路块1和2为电路3
5	LDI	X005	电路块4
6	AND	X006	
7	ORB		并联电路块3和4
8	OUT	Y001	驱动Y1线圈输出

b) 指令语句

图 4-7 ORB 指令应用

>> 说 明

1) ORB 指令无操作元件。

2) 多个串联电路块并联时，若每并联一个电路块均使用一次 ORB 指令，则并联的电路块数没有限制。

3) 多个串联电路块并联时，也可集中连续使用 ORB 指令，但使用的次数应限制在 8 次。

4.2.2 并联电路块的串联（ANB）指令

ANB：并联电路块的串联指令，用于两个或两个以上并联电路块的串联。

两个或两个以上触点并联连接电路称为并联电路块。在并联电路块串联时，每个并联电路块都以 LD、LDI 指令起始，用 ANB 指令将两个并联电路块串联连接。

输入练习

并联电路块串联指令 ANB 应用如图 4-8 所示。

>> 说 明

1) ANB 指令无操作元件。

2) 多个并联电路块串联时，若每串联一个电路块均使用一次 ANB 指令，则串联的电路块数没有限制。

3) 多个并联电路块串联时，也可集中连续使用 ANB 指令，但使用的次数应限制在 8 次。

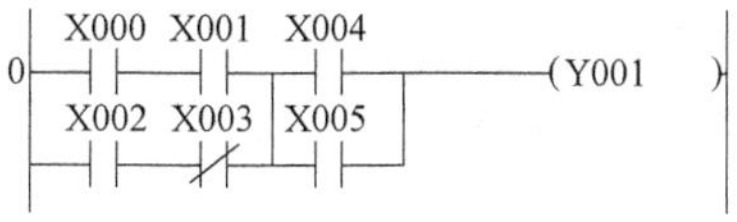

a) 梯形图

步号	指令	操作元件	注释
0	LD	X000	电路块1
1	AND	X001	
2	LD	X002	电路块2
3	ANI	X003	
4	ORB		并联电路块1和2为电路块3
5	LD	X004	电路块4
6	OR	X005	
7	ANB		串联电路块3和4
8	OUT	Y001	驱动Y1线圈输出

b) 指令语句

图 4-8　ANB 指令应用

4.2.3　置位与复位指令 SET、RST

SET：置位指令，在触发信号接通时，使操作元件接通并保持（置 1）。

RST：复位指令，在触发信号时，使操作元件断开复位（置 0）。

输入练习

置位与复位指令 SET、RST 应用及时序图如图 4-9 所示。

当 X0 的常开触头闭合时，将 Y0 置位接通并保持该状态，即使 X0 的常开触头断开，它也仍然保持输出（置 1）；当 X1 的常开触头闭合时，Y0 复位并保持该状态，即使 X1 常开触头断开，它也仍然保持断开（置 0）。也就是说，X0 接通，Y0 也保持接通，X1 接通，Y0 也马上复位断开。

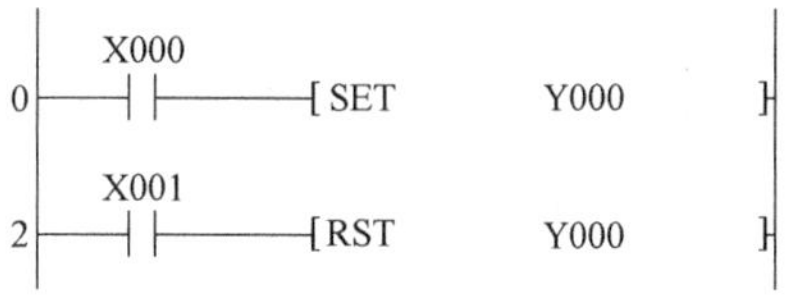

a) 梯形图

步号	指令	操作元件	注释
0	LD	X000	
1	SET	Y000	置位 Y0
2	LD	X001	
3	RST	Y000	复位 Y0

b) 指令语句

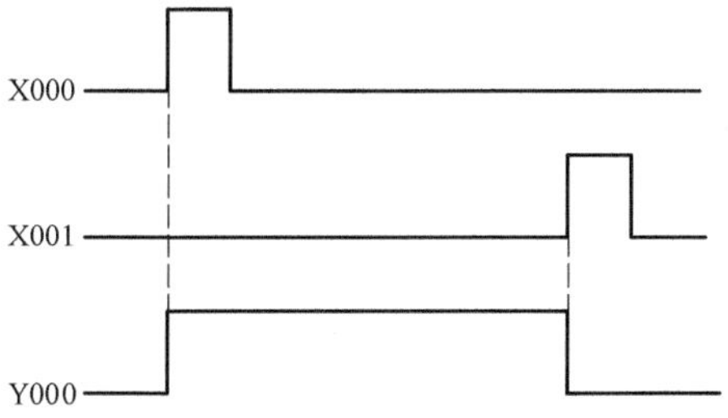

c) 时序图

图 4-9　置位/复位指令应用及时序图

>> **说 明**

1）SET 指令的操作元件为 Y、M 和 S；RST 指令的操作元件为 Y、M、S、积算定时器 T、计数器 C、数据寄存器 D、变址寄存器 V 和 Z。

2）对于同一操作元件，SET、RST 指令可多次使用，顺序可任意，SET 与 RST 之间可以插入别的程序。但对于外部输出，则只有最后执行一条指令才有效。

3）当控制触头闭合时，执行 SET 和 RST 指令，后来不管控制触头如何变化，逻辑运算结果都保持不变，且一直保持到有相反的操作到来。

4）在任何情况下，RST 指令都优先执行。计数器处于复位状态时，输入的计数脉冲不起作用。

4.2.4 多重输出电路指令（MPS、MRD、MPP）

MPS：进栈指令，用于存储当前运算结果，原来栈中内容下移。

MRD：读栈指令，用于读出栈顶的内容。

MPP：出栈指令，用于读出并清除栈顶的内容，栈中内容上移。

这三条指令可将当前接点的运算结果保存起来，当需要该接点处的运算结果时再读出，以保证多重输出正确连接。

输入练习

多重输出指令 MPS、MRD、MPP 应用如图 4-10 所示。

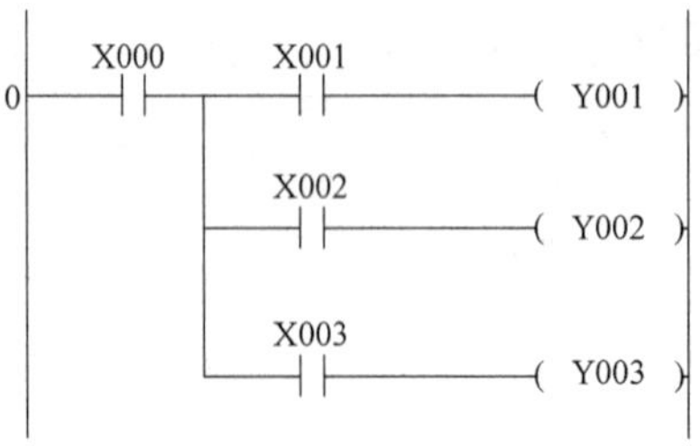

a) 梯形图

步号	指令	操作元件	注释
0	LD	X000	
1	MPS		进栈
2	AND	X001	
3	OUT	Y001	
4	MRD		读栈
5	AND	X002	
6	OUT	Y002	
7	MPP		出栈
8	AND	X003	
9	OUT	Y003	

b) 指令语句

图 4-10 MPS、MRD、MPP 指令应用

>> **说 明**

1）MPS、MRD、MPP 指令无操作元件。

2）多重输出指令为组合指令，不能单独使用；MPS、MPP 指令必须成对使用，但使用次数应少于 11 次。

3）MRD 指令可以多次出现，但应保证多重输出电路不超过 24 行。

4.2.5 主控指令（MC、MCR）

MC：主控指令，用于公共串联触点的连接，将左母线移至主控触点之后。

MCR：主控复位指令，使左母线回到使用主控指令前的位置。

输入练习

主控指令 MC、MCR 应用如图 4-11 所示。当 X1 接通时，可执行主控指令 MC N0 M100 至 MCR N0 之间的程序，其他部分不受影响，正常使用。当 X1 断开时，主控指令 MC N0 M100 至 MCR N0 之间的程序保持当前状态。

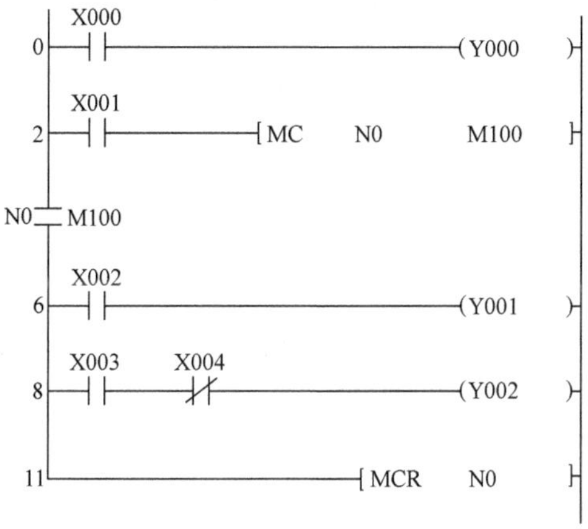

a) 梯形图

步号	指令	操作元件
0	LD	X0
1	OUT	Y0
2	LD	X1
3	MC N0 M100	
6	LD	X2
7	OUT	Y1
8	LD	X3
9	ANI	X4
10	OUT	Y2
11	MCR N0	

b) 指令语句

图 4-11 MC、MCR 指令应用

>> **说 明** 在编程时，当多个线圈受控于同一个或一组触点时，若每个线圈都串入相同触点作为控制条件，将会占用更多的存储单元，此时使用主控指令则可使程序得到优化。

任务 4.3 设计 PLC 控制程序

1. 采用继电器—接触器控制电路直接转换的方法

根据三相异步电动机正反转控制电路（图 4-5），可编写出 PLC 控制梯形图和指令程序。

根据原有的继电—接触器控制电路直接转换，可直接得梯形图和指令程序如图 4-12 所示。

2. 用基本指令编程

根据原有的继电器—接触器控制电路，在不改变其功能的情况下，通过 PLC 继电器位置的调整，可得梯形图和指令程序，如图 4-13 所示。

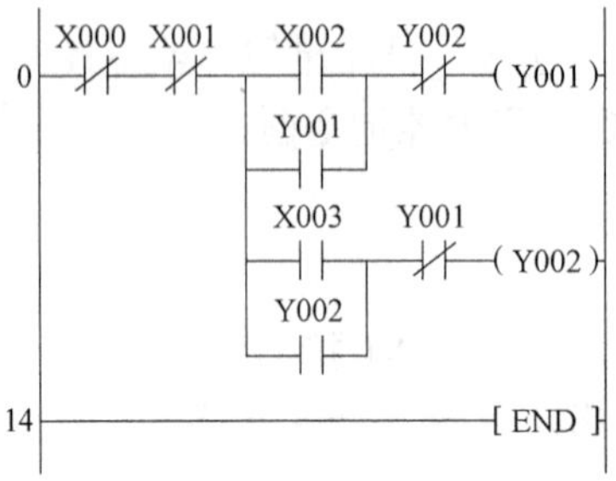

a) 梯形图

0	LDI	X000
1	ANI	X001
2	MPS	
3	LD	X002
4	OR	Y001
5	ANB	
6	ANI	Y002
7	OUT	Y001
8	MPP	
9	LD	X003
10	OR	Y002
11	ANB	
12	ANI	Y001
13	OUT	Y002
14	END	

b) 指令语句

图 4-12 应用堆栈和基本指令实现三相异步电动机正反转运行

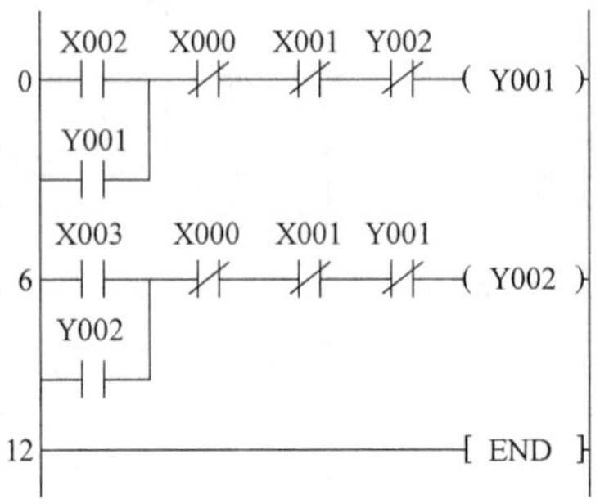

a) 梯形图

0	LD	X002
1	OR	Y001
2	ANI	X000
3	ANI	X001
4	ANI	Y002
5	OUT	Y001
6	LD	X003
7	OR	Y002
8	ANI	X000
9	ANI	X001
10	ANI	Y001
11	OUT	Y002
12	END	

b) 指令语句

图 4-13 应用基本指令实现三相异步电动机正反转运行

3. 用 SET、RST 指令编程

使用置位、复位指令编程梯形图和指令程序如图 4-14 所示。

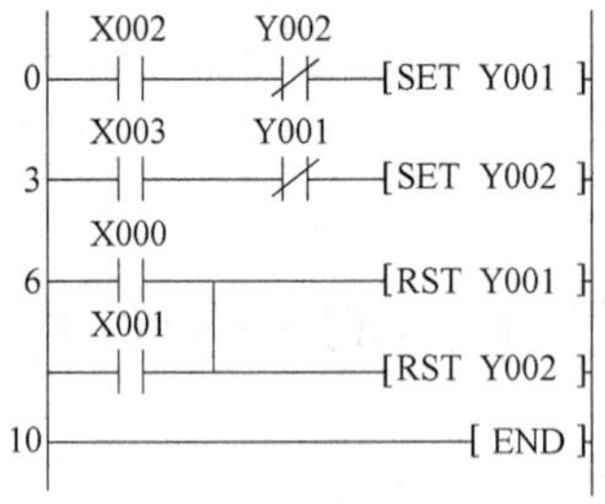

a) 梯形图

0	LD	X002
1	ANI	Y002
2	SET	Y001
3	LD	X003
4	ANI	Y001
5	SET	Y002
6	LD	X000
7	OR	X001
8	RST	Y001
9	RST	Y002
10	END	

b) 指令语句

图 4-14 应用 SET、RST 指令控制电动机正反转运行

任务 4.4 运行、调试 PLC 控制程序

调试步骤如下：

1）使用 GX Simulator6-c 仿真软件对程序进行仿真运行，测试功能是否达到设计要求，如不能达到要求应作相应修改，直至仿真结果与系统要求一致。

2）在断电状态下，连接好 PLC 与计算机通信电缆。

3）将 PLC 运行模式选择开关拨到“STOP”位置，此时 PLC 处于停止状态，可以进行程序编写。

注：在使用 GX Developer 软件时，可强行在运行状态下将 PLC 程序写入。

4）执行“在线”→“PLC 写入”，将程序文件下载到 PLC 中。

5）将 PLC 运行模式的选择开关拨到“RUN”位置，使 PLC 进入运行方式。

6）单击菜单栏“在线”→“监视”→“监视模式”，监控运行中各输入、输出元器件通断状态。

7）分别按下起动按钮 SB2、SB3 和停止按钮 SB1，对程序进行调试运行，观察程序运行情况。若出故障，应分别检查硬件电路接线和梯形图是否有误，修改后，应重新调试，直至系统按要求正常工作。

任务评价

自我评价

项目内容	配　分	评分标准	扣　分	得　分
仿真软件的使用	30	(1)能正确编制程序，出现一个错误扣 1～2 分 (2)能正确分析工作过程检测原理，出现一个错误扣 1～2 分		
相关指令的输入	30	(1)不能正确输入，每符号扣 1～3 分 (2)程序出错扣 30 分		
PLC 安装与连接	20	(1)能正确安装与调试，得 20 分 (2)操作失误，每次扣 3～5 分		
安全、文明操作	20	(1)违反操作规程，产生不安全因素，可酌情扣 7～10 分 (2)着装不规范，可酌情扣 3～5 分 (3)迟到、早退、工作场地不清洁，每次扣 1～2 分		
总评分 =（1～5 项总分）×40%				

签名：__________ ______年__月__日

小组评价

项　目　内　容	配　　分	评　　分
实训记录与自我评价情况	20	
对实训室规章制度的学习与掌握情况	20	
相互帮助与协作能力	20	
安全、质量意识与责任心	20	
能否主动参与整理工具、器材与清洁场地	20	
总评分 =（1～5 项总分）×30%		

参加评价人员签名：______________ ______年__月__日

教师评价	
教师总体评价意见：	
教师评分(30)	
总评分 = 自我评分 + 小组评分 + 教师评分	

教师签名：__________ ________年__月__日

知识拓展

在本任务中，为了让学习者能更直观地了解继电—接触器控制电路与 PLC 控制电路的共通之处，PLC 梯形图与继电—接触器控制电路所使用的动合、动断触点标号相同，这样，PLC 输入端停止按钮、热继电器使用了动合触点（图 4-6），但在实际生产过程中，由于按钮等元件触点动作顺序是：先断开动断触点，再接通动合触点，而且还可能因为接触不良、有异物堵塞等原因使动合触点不能闭合接通，造成事故，所以各类安全保护开关、停止按钮均使用动断触点，PLC 控制三相异步电动机的输入/输出接线图和控制程序如图 4-15、图 4-16 所示。

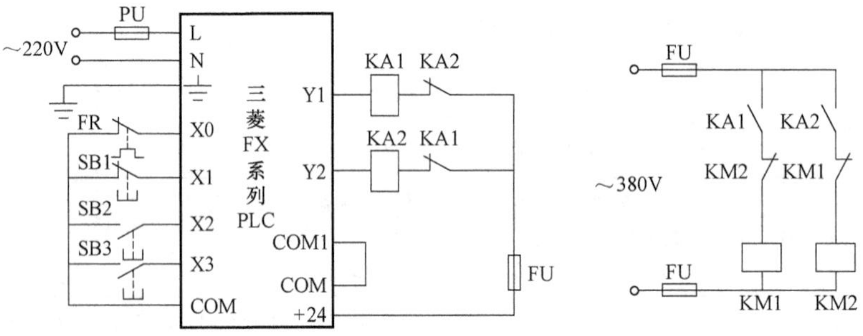

图 4-15 PLC 控制三相异步电动机输入/输出接线图

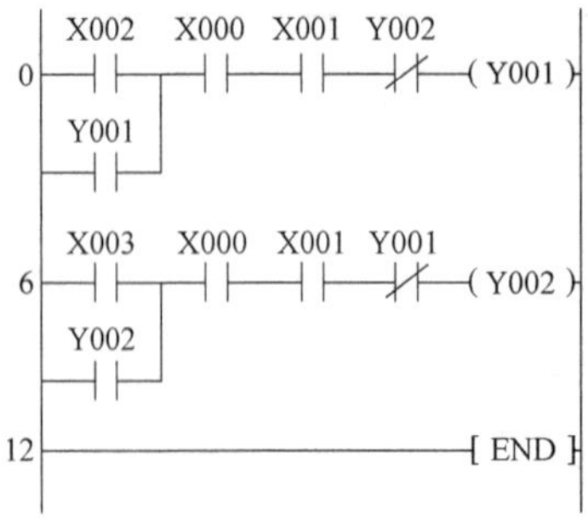

a) 梯形图

0	LD	X002
1	OR	Y001
2	AND	X000
3	AND	X001
4	ANI	Y002
5	OUT	Y001
6	LD	X003
7	OR	Y002
8	AND	X000
9	AND	X001
10	ANI	Y001
11	OUT	Y002
12	END	

b) 指令语句

图 4-16 PLC 控制三相异步电动机正反转程序

任务5　应用定时器功能实现电动机星形—三角形减压起动

任务要求

应用 PLC 的基本指令、辅助继电器及定时器功能实现三相异步电动机星形起动、三角形运行状态的自动转换。

课时分配

建议课时：4 课时。

学习目标

应知

（1）掌握三菱 PLC 常用基本逻辑指令。

（2）掌握梯形图和指令编程的规则、编程技巧和方法。

（3）掌握 GX Developer 编程软件对软元件注释方法。

应会

（1）会应用 PLC 的辅助继电器和定时器功能进行程序设计。

（2）能安装调试 PLC 控制电动机星形—三角形减压起动控制电路。

（3）能运用 GX Developer 编程软件设计控制程序、模拟运行、写入 PLC 进行调试、运行监控功能。

任务介绍

电动机星形—三角形减压起动控制电路也是典型的电动机控制电路，本任务采用 PLC 控制电动机作星形—三角形减压起动。所用工具与器材明细见表 5-1。

表 5-1　工具与器材明细表

序号	类别	名称	规格型号	数量	备注
1	工具	电钻		1 台	
2		钻头	ϕ5mm	1 支	
3		电工常用工具		1 套	
4		指针式万用表	500 型或 MF—47 型	1 台	
5	器材	三菱 PLC	FX_{2N}—48MR	1 台	
6		按钮	LA4—3H	1 组	
7		交流接触器	CJX2—1810	3 个	

（续）

序号	类别	名称	规格型号	数量	备注
8	器材	热继电器	JR36—20	1个	
9		直流继电器	欧姆龙 MY4NJ、PYF14A—E 底座	1套	
10		带漏电保护断路器	DZ47LE	1个	
11		熔断器	RT18—32	4个	
12		DIN 标准导轨	35mm	条	
13		线槽		3m	
14		多股导线		若干	
15		基板		块	
16	设备	三相异步电动机	Y112M—4　4kW △接	台	

安装完成后的实物如图5-1所示。

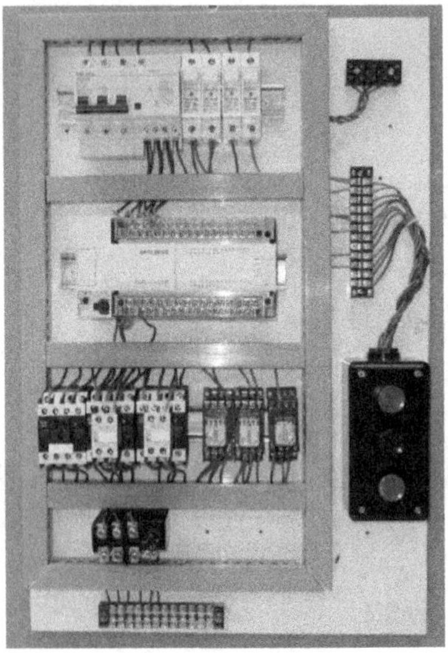

图5-1　PLC控制三相异步电动机电气控制实物图

任务5.1　安装三相异步电动机星形—三角形减压起动控制电路

5.1.1　相关知识

1. 减压起动原理

三相异步电动机起动时，加在电动机定子绕组上的电压为电动机的额定电压，属于全压起动，也叫直接起动。直接起动的优点是所用的电气设备少，线路简单、维修量小。但直接起动时的起动电流较大，一般为额定电流的4～7倍。在电源变压器容量不够大而电动机功率较大的情况下，直接起动将导致电源变压器输出电压下降，不仅会减小电动机本身的起动转矩，而且会影响同一供电线路中其他设备的正常工作。

通常规定：电源容量在 180kV · A 以上，电动机容量在 7kW 以下时，三相异步电动机可采用直接起动。较大容量的电动机起动时，需要采用减压起动的方法。减压起动就是指利用起动设备将电压适当降低后，加到电动机的定子绕组上进行起动，待电动机起动运转后，再使其电压恢复到额定电压正常运转。由于电流随电压的降低而减少，所以减压起动达到了减小起动电流的目的。但是，由于电动机的转矩与电压的平方成正比，所以减压起动也将导致电动机的起动转矩大为降低。因此，减压起动需要在空载或轻载下进行。

常见的减压起动方法有定子绕组串电阻减压起动、自耦变压器减压起动、星形—三角形减压起动、延边三角形减压起动等。其中，星形—三角形减压起动方式由于使用设备较少，价格较低，应用非常广泛，常用于三相异步电动机的空载或轻载起动。

2. 星形—三角形减压起动方法

起动时，先把三相异步电动机定子绕组作星形联结，待电动机转速升高到一定值后再改接成三角形。因此，这种减压起动方法只能用于正常运行时作三角形联结的电动机。我国生产的 Y 系列、Y2 系列三相异步电动机，凡功率在 4kW 及以上者，正常运行时，都采用三角形联结。三相异步电动机星形—三角形减压起动电路如图 5-2 所示。

起动时将星形—三角形转换开关 QS2 的手柄置于起动位，则电动机定子三相绕组的末端 U2、V2、W2 连成一个公共点，三相电源 L1、L2、L3 经开关 QS1 向电动机定子三相绕组的首端 U1、V1、W1 供电，电动机以星形联结起动。此时，加在每相定子绕组上的电压为电源线电压 U_1 的 $1/\sqrt{3}$，即每相绕组承受 220V 相电压，起动电流较小。待电动机起动即将结束时再把开关 QS2 手柄转到运行位，电动机定子三相绕组接成三角形联结，这时加在电动机每相绕组上的电压即为线电压 U_1，每相绕组承受 380V 线电压，电动机正常运行。

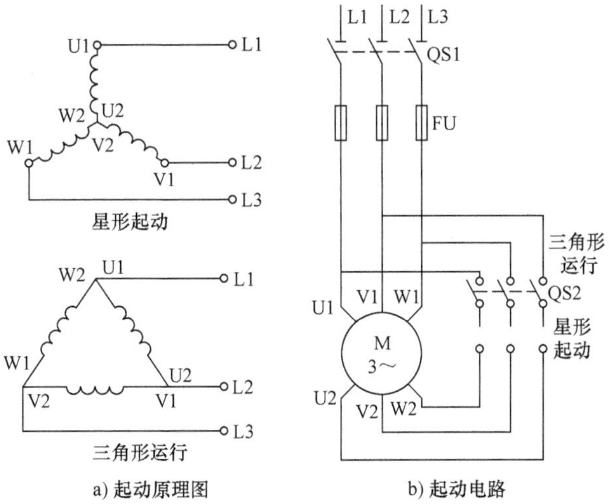

图 5-2　三相异步电动机星形—三角形减压起动电路

用星形—三角形减压起动时，起动电流为直接采用三角形联结时起动电流的 1/3，所以对降低起动电流很有效，但起动转矩也只有用三角形联结直接起动时的 1/3，即起动转矩降低很多，所以只能用于轻载或空载起动的设备上。

5.1.2 控制要求

图5-3是三相异步电动机星形—三角形减压起动继电—接触器控制电路。

SB2是起动按钮，SB1是停止按钮。按照电动机的控制要求，当按下起动按钮SB2时，交流接触器KM1线圈得电并自锁，同时起动用接触器KM3线圈、时间继电器KT线圈得电，电动机星形联结起动；开始转动5s后，KT延时到达，则KT的延时断开触点断开，KM3线圈失电，星形起动结束；同时，KT延时闭合触点闭合，接触器KM2线圈得电并自锁，电动机以三角形联结正常运行。当按下停止按钮SB1或热继电器FR动作时，电动机停止运行。

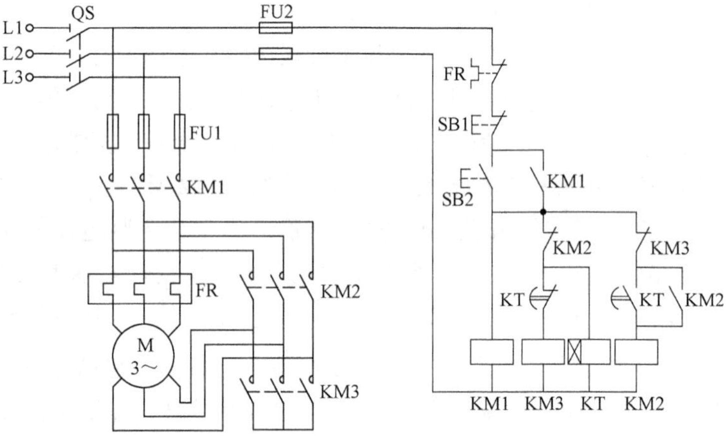

图5-3 三相异步电动机星形—三角形减压起动继电—接触器控制电路

图5-3中主要元器件及其功能见表5-2。

表5-2 图5-3中主要元器件及其功能

代号	名称	作用	代号	名称	作用
KM1	主电路交流接触器	控制主电路电源	SB1	停止按钮	停止控制
KM3	星形联结交流接触器	电动机星形起动	SB2	起动按钮	起动控制
KM2	三角形联结交流接触器	电动机三角形运行	FR	热继电器	过载保护
KT	时间继电器	星形—三角形电路延时转换控制	FU1	主熔断器	主电路短路保护
			FU2	控制熔断器	控制电路短路保护

5.1.3 PLC的输入/输出分配

根据以上分析可知：输入信号有SB1、SB2和FR；输出信号有KM1、KM2、KM3。用于计时控制的时间继电器（KT）可用PLC内部继电器，无需外接，从而确定PLC输入/输出的分配表（见表5-3）及输入/输出接线图（见图5-4）。

表 5-3　PLC 输入/输出分配表

输入			输出		
元器件	作用	输入点	元器件	作用	输出点
SB1	停止	X0	KM1(或 KA1)	主电路电源控制	Y1
SB2	起动	X1	KM2(或 KA2)	电动机星形起动控制	Y2
FR	热继电器	X2	KM3(或 KA3)	电动机三角形运行控制	Y3

三菱 FX 系列 PLC 实现三相异步电动机星形—三角形减压起动 PLC 控制的输入/输出接线图如图 5-4 所示。可用两种方法实现：PLC 驱动中间继电器，由中间继电器辅助触点控制交流接触器，如图 5-4a 所示；PLC 直接驱动交流接触器，如图 5-4b 所示。

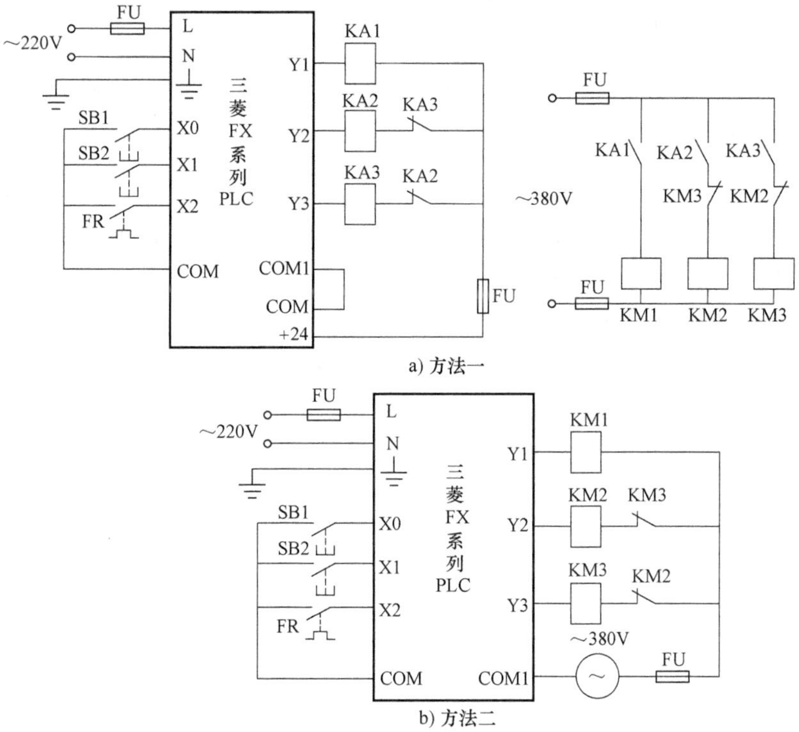

图 5-4　输入/输出接线图

5.1.4　安装电器元件，连接电气线路

参照任务 2.2 中电器元件和电气线路的安装要求，根据 PLC 控制三相异步电动机星形—三角形减压起动 PLC 控制的输入/输出接线图（见图 5-4），安装交流接触器及继电器控制线路。

>> 小提示

1）用星形—三角形减压起动控制电动机，必须有 6 个出线端子，且定子绕组在三角形接法时的额定电压等于三相电源线电压。

2）主电路接线时应保证电动机三角形接法的正确性，即 KM3 接触器主触头闭合时，应保证电动机定子绕组 U1 与 W2、V1 与 U2、W1 与 V2 相连接。

3）接触器 KM2 的进线必须从电动机定子绕组的末端引入，若误将其从首端引入，则在 KM2 吸合时，会产生三相电源短路的事故。

任务5.2 学习PLC的基本逻辑指令（三）

5.2.1 辅助继电器

辅助继电器相当于继电—接触器控制电路的中间继电器，经常用作状态暂存、移位运算。每个辅助继电器都有无数个常开、常闭触点可供PLC内部编程时使用，但不能直接驱动外部负载，外部负载的驱动必须由输出继电器进行。

三菱FX_{2N}系列PLC的辅助继电器分为通用辅助继电器、停电保持辅助继电器和特殊辅助继电器三种，它们均以十进制数编号。

>> **小提示** 除输入（X）/输出（Y）继电器外，其他所有的软元件元件号均按十进制编号。

1. 通用辅助继电器

通用辅助继电器的元件编号为M0～M499，共500点，编程时每个通用辅助继电器的线圈仍由OUT指令驱动，而其触点的状态取决于线圈的通、断。

通用辅助继电器的应用如图5-5所示。

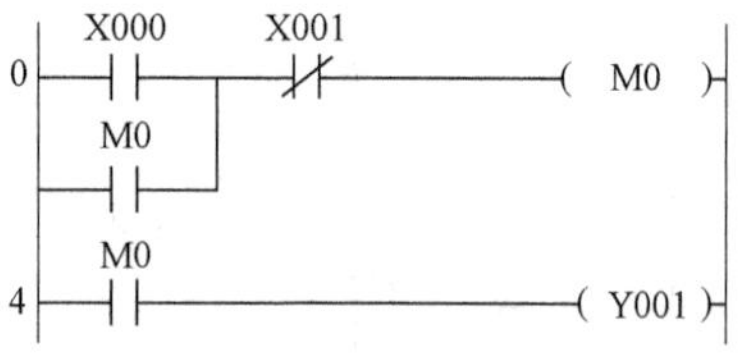

a) 梯形图

0	LD	X000
1	OR	M0
2	ANI	X001
3	OUT	M0
4	LD	M0
5	OUT	Y001

b) 指令语句

图5-5 通用辅助继电器的应用

2. 停电保持辅助继电器

停电保持辅助继电器的元件编号为M500～M1023，共524点，用于保存停电瞬间的状态，并在来电后继续运行。停电保持辅助继电器由PLC内装的后备电池供电。

停电保持辅助继电器的应用如图5-6所示。X000接通后，M600动作，其后即使X000再断开，M600的状态也能保持。因此，若停电导致X000断开，再来电运行时，M600也能保持动作，但是，X001的常闭触点若断开，M600就复位。

3. 特殊辅助继电器

在PLC中一般都有一些被赋予特定功能的辅助继电器，称为特殊辅助继电器，三菱FX_{2N}系列PLC的特殊辅助继电器的编号为M8000～M8255，共256点，可以分成以下两大类：

（1）只能利用其触点的特殊辅助继电器　这类辅助继电器的线圈由PLC系统驱动，用户只可以利用其触点。

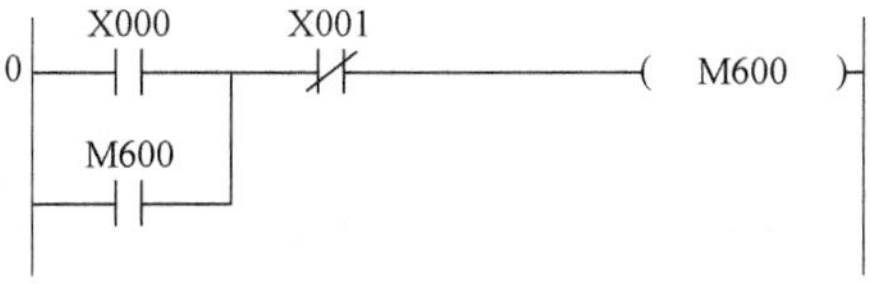

a) 梯形图

0	LD	X000
1	OR	M600
2	ANI	X001
3	OUT	M600

b) 指令语句

图 5-6　停电保持辅助继电器的应用

例如：M8000　运行（RUN）监控（PLC 运行开始瞬间接通，接通后始终闭合）

M8002　初始脉冲（PLC 运行开始瞬间接通，仅闭合一个扫锚周期就断开）

M8012　100ms 时钟脉冲

只利用触点的特殊辅助继电器的应用如图 5-7 所示。PLC 运行时，M8002 接通一个扫描周期，Y000 接通自锁并输出，直到 X001 断开。M8000 在 PLC 运行时接通，驱动 Y001 输出。

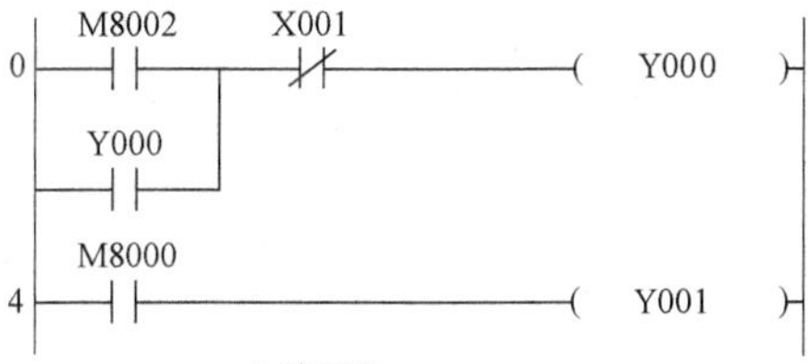

a) 梯形图

0	LD	M8002
1	OR	Y000
2	ANI	X001
3	OUT	Y000
4	LD	M8000
5	OUT	Y001

b) 指令语句

图 5-7　只利用触点的特殊辅助继电器的应用

（2）可驱动线圈型特殊辅助继电器　这类辅助继电器可以驱动线圈。

例如：M8030　使 BATT LED（锂电池电量低指示灯）熄灭

M8033　PLC 停止时输出保持

M8034　禁止输出

M8039　定时扫描

可驱动线圈型特殊辅助继电器的应用如图 5-8 所示。X000 闭合时，特殊辅助继电器 M8034 线圈接通，无论 Y000 原来是何种状态，都禁止输出。

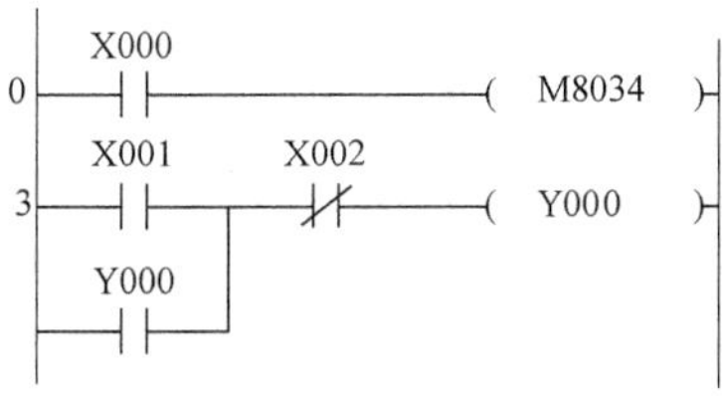

a) 梯形图

0	LD	X000
1	OUT	M8034
3	LD	X001
4	OR	Y000
5	ANI	X002
6	OUT	Y000

b) 指令语句

图 5-8　可驱动线圈型特殊辅助继电器的应用

5.2.2 定时器

定时器作为时间元件主要用于定时控制，每个定时器也有线圈和无数个触点可供用户编程使用。编程时其线圈仍由 OUT 指令驱动，但用户必须设定其定时值。三菱 FX_{2N} 系列 PLC 的定时器为增定时器，当其线圈接通时，定时器当前值由 0 开始递增，直到当前值达到设定值时，定时器触点动作。与继电—接触器控制电路不同的是，PLC 中无失电延时定时器，若需使用可通过编程实现。定时器以十进制数编号，可分为通用定时器和积算定时器两类。

1. 通用定时器

通用定时器的编号为 T0 ~ T245 共 246 点，按定时单位不同，可分为 100ms 定时器和 10ms 定时器。

（1）100ms 定时器　100ms 定时器的编号为 T0 ~ T199，共 200 点，定时单位为 0.1s，最大设定值为 K32767，即定时时间为 0.1 ~3276.7s。

（2）10ms 定时器　10ms 定时器的编号为 T200 ~ T245，共 46 点，定时单位为 0.01s，最大设定值为 K32767，即定时时间为 0.01 ~327.67s。

图 5-9 所示为通电延时定时器应用及其动作时序图，X000 闭合时，T0 线圈接通开始计时，5s（50 ×0.1s）后定时器 T0 动作，其动合触点闭合，驱动 Y001 输出。当 X001 闭合时，T200 线圈接通开始计时，1s（100 ×0.01s）后定时器 T200 动作，其动合触点闭合，驱动 Y002 输出。若定时器 T0（T200）在计时期间内 X000（X001）断开或 PLC 断电，则定时器 T0（T200）复位，其当前值恢复为 0。

图 5-10 所示为断电延时定时器应用及其动作时序图。X000 动合触点闭合，驱动 Y000 接通输出，Y000 动合触点闭合自锁；X000 动断触点断开，定时器 T1 线圈未能接通计时。当 X000 动合触点分断，Y000 自锁回路保持 Y000 继续输出，X000 动断触点接通，定时器 T1 线圈接通开始计时，5s 后，定时器 T1 动作，切断回路，Y000 停止输出，定时器 T1 复位，恢复为 0。

图 5-11 所示为振荡电路应用及其动作时序图。X000 闭合后，T0 线圈接通开始计时，2s 后定时器 T0 动作，其动合触点闭合，T1 线圈接通开始计时，并驱动 Y000 输出；1s 后定时器 T1 动作，切断 T0 线圈回路，T0 动合触点复位，T1 线圈及 Y000 复位。改变 T0、T1 的参数值，可以调整 Y000 输出脉冲宽度。

2. 积算定时器

积算定时器所计时间为线圈接通的累计时间，若在计时期间线圈断开或 PLC 断电，定时器并不复位，而保持当前值不变。当线圈再次接通或 PLC 上电时定时器继续计时，直到累计时间达到设定值定时器动作。积算定时器按定时单位不同可分为 1ms 积算定时器和 100ms 积算定时器。

（1）1ms 定时器　1ms 定时器的编号为 T246 ~ T249，共 4 点，定时单位为 0.001s，最大设定值为 K32767，即定时时间为 0.001 ~32.767s。

（2）100ms 定时器　100ms 定时器的编号为 T250 ~ T255，共 6 点，定时单位为 0.1s，最大设定值为 K32767，即定时时间为 0.1 ~3276.7s。积算定时器应用及其动作时序图如图 5-12 所示。

如图 5-12 所示，输入 X000 接通时间累计达到 25s 后，T250 动作，其动合触点接通，驱动 Y000 输出；X001 闭合，定时器 T250 复位，当前值恢复为 0，Y000 线圈停止输出。

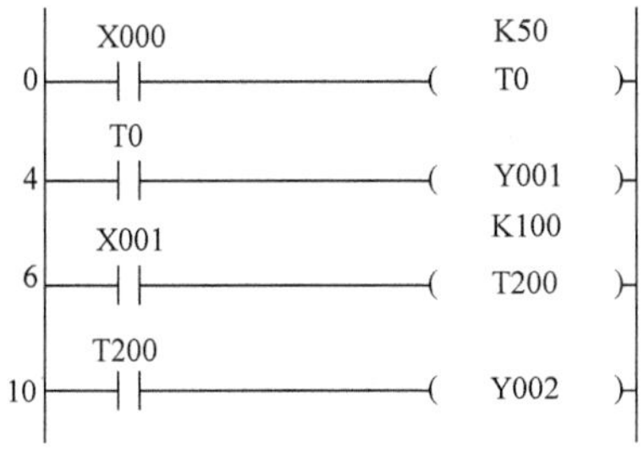

a) 梯形图

0	LD	X000	
1	OUT	T0	K50
4	LD	T0	
5	OUT	Y001	
6	LD	X001	
7	OUT	T200	K100
10	LD	T200	
11	OUT	Y002	

b) 指令语句

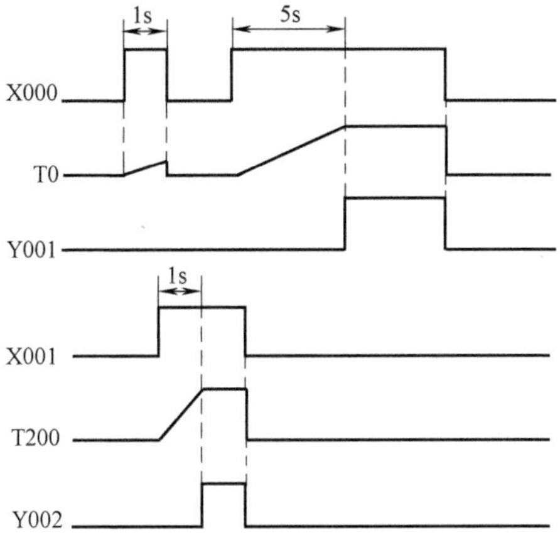

c) 时序图

图 5-9　通电延时定时器应用及其动作时序图

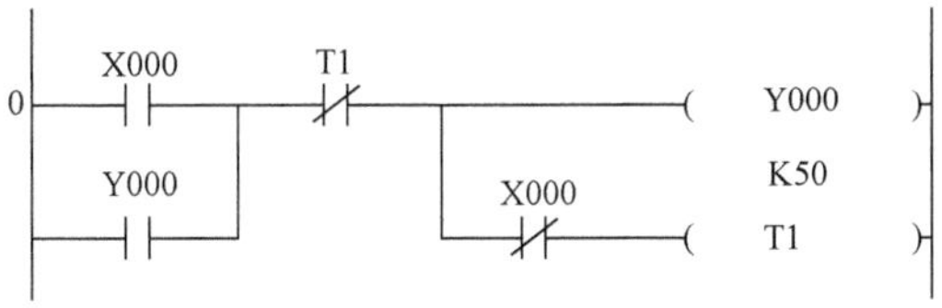

a) 梯形图

0	LD	X000	
1	OR	Y000	
2	ANI	T1	
3	OUT	Y000	
4	ANI	X000	
5	OUT	T1	K50

b) 指令语句

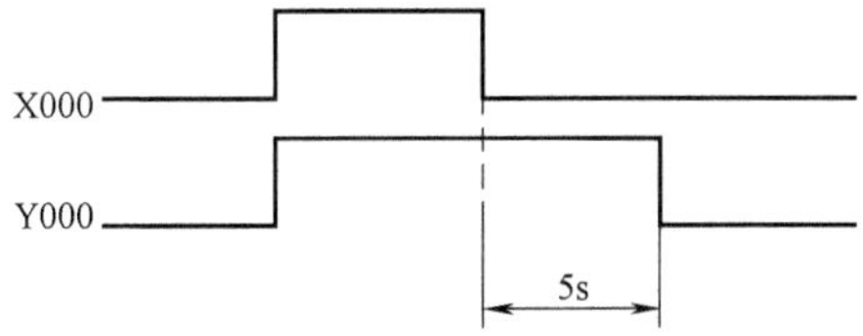

c) 时序图

图 5-10　断电延时定时器应用及其动作时序图

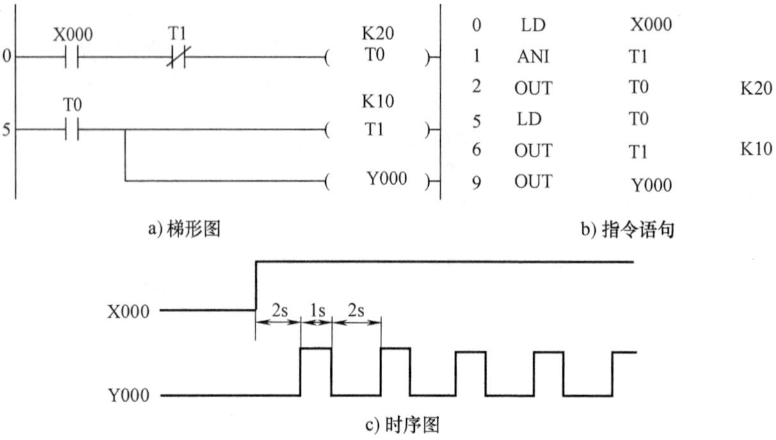

图 5-11　振荡电路应用及其动作时序图

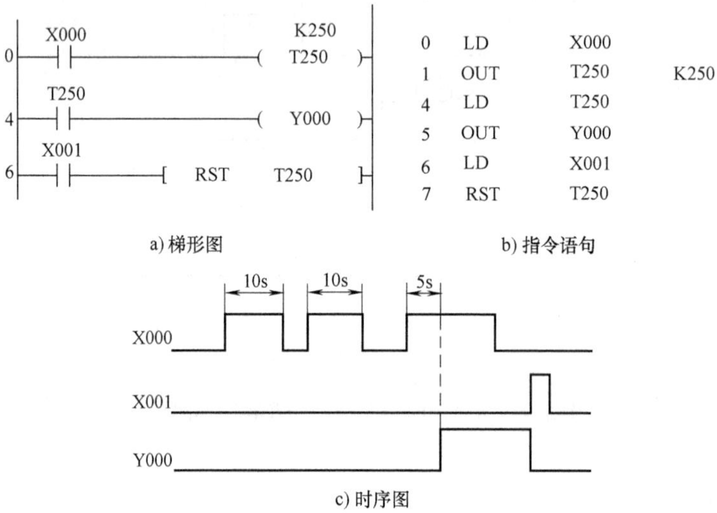

图 5-12　积算定时器应用及其动作时序图

任务 5.3　设计 PLC 控制程序

1. 采用继电—接触器控制电路直接转换的方法

根据三相异步电动机星形—三角形减压起动的工作原理和动作情况，可编写出 PLC 控制梯形图和指令程序。

（1）用堆栈指令和基本指令编程　根据原有的继电—接触器控制电路，通过相应的转换，可得梯形图和指令程序如图 5-13 所示。

（2）用辅助继电器优化程序　在图 5-13 中，用到了 ANB、MPS 等指令，可进一步将梯形图和指令语句优化，如图 5-14 所示。

（3）用主控触点指令优化程序　若用主控触点指令优化程序，可得到图 5-15 所示的梯

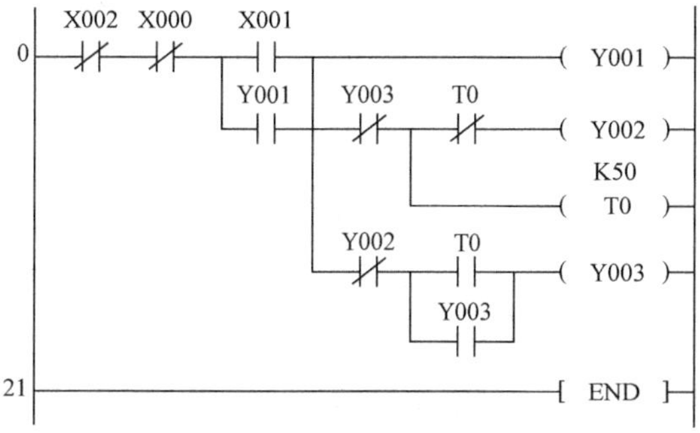

a) 梯形图

0	LDI	X002	
1	ANI	X000	
2	LD	X001	
3	OR	Y001	
4	ANB		
5	OUT	Y001	
6	MPS		
7	ANI	Y003	
8	MPS		
9	ANI	T0	
10	OUT	Y002	
11	MPP		
12	OUT	T0	K50
15	MPP		
16	ANI	Y002	
17	LD	T0	
18	OR	Y003	
19	ANB		
20	OUT	Y003	
21	END		

b) 指令语句

图 5-13　应用堆栈和基本指令实现三相异步电动机星形—三角形减压起动

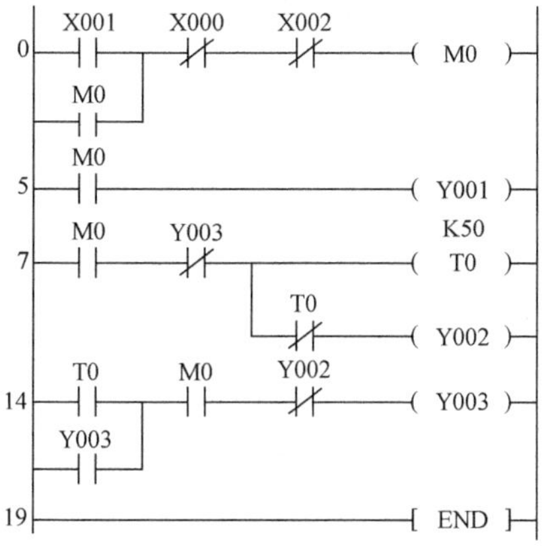

a) 梯形图

0	LD	X001	
1	OR	M0	
2	ANI	X000	
3	ANI	X002	
4	OUT	M0	
5	LD	M0	
6	OUT	Y001	
7	LD	M0	
8	ANI	Y003	
9	OUT	T0	K50
12	ANI	T0	
13	OUT	Y002	
14	LD	T0	
15	OR	Y003	
16	AND	M0	
17	ANI	Y002	
18	OUT	Y003	
19	END		

b) 指令语句

图 5-14　应用辅助继电器优化后的梯形图和指令语句

形图和指令语句。

2. 经验法

星形—三角形减压起动控制电路工作过程如图 5-16 所示。在图中发现，无论是星形起动还是三角形运行，KM1 线圈均处于接通状态，而星形起动的 KM2 与三角形运行的 KM3 不能同时接通，根据上述特点，设计梯形图和指令如图 5-17 所示。

通过图 5-17 可以发现经验法设计的程序较前面所述的几种由继电—接触器控制电路直接转换来的 PLC 控制程序要有所简化。

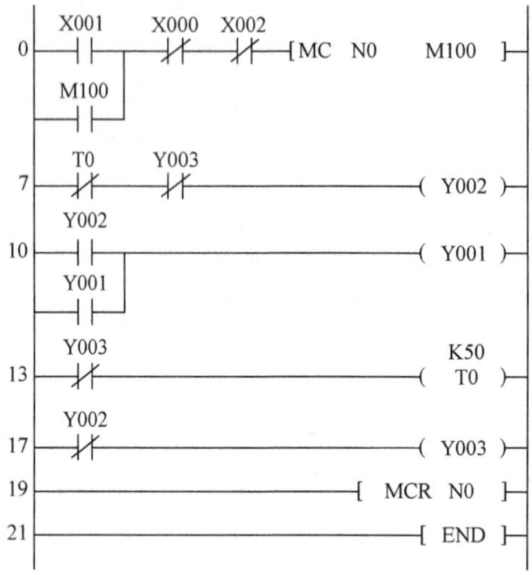

a) 梯形图

0	LD	X001	
1	OR	M100	
2	ANI	X000	
3	ANI	X002	
4	MC	N0	M100
7	LDI	T0	
8	ANI	Y003	
9	OUT	Y002	
10	LD	Y002	
11	OR	Y001	
12	OUT	Y001	
13	LDI	Y003	
14	OUT	T0	K50
17	LDI	Y002	
18	OUT	Y003	
19	MCR	N0	
21	END		

b) 指令语句

图 5-15　用主控触点指令优化后的梯形图和指令语句

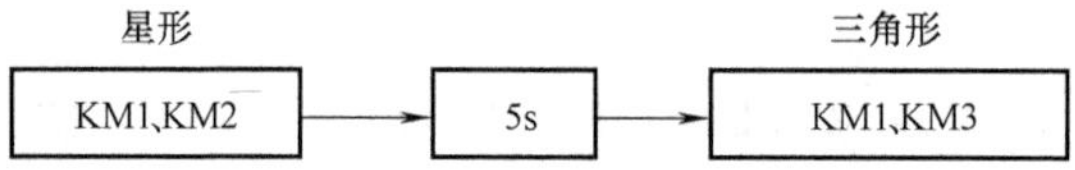

图 5-16　星形—三角形减压起动控制电路工作过程

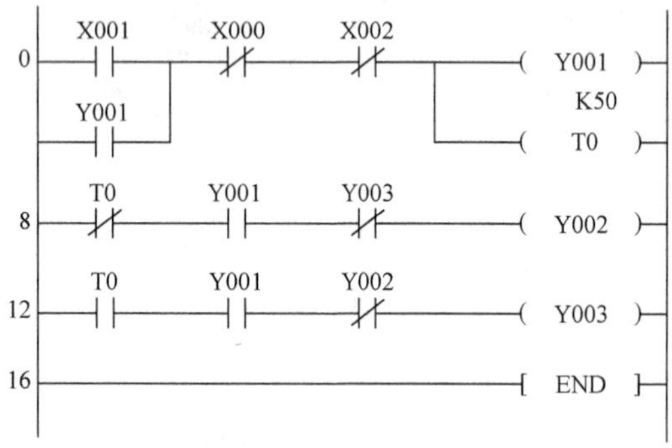

a) 梯形图

0	LD	X001	
1	OR	Y001	
2	ANI	X000	
3	ANI	X002	
4	OUT	Y001	
5	OUT	T0	K50
8	LDI	T0	
9	AND	Y001	
10	ANI	Y003	
11	OUT	Y002	
12	LD	T0	
13	AND	Y001	
14	ANI	Y002	
15	OUT	Y003	
16	END		

b) 指令语句

图 5-17　经验法设计三相异步电动机星形—三角形减压起动控制程序

任务 5.4　运行、调试 PLC 控制程序

调试步骤如下：

1）使用 GX Simulator6-c 仿真软件对程序进行仿真运行，测试功能是否达到设计要求，

如不能达到要求应作相应修改，直至仿真结果与系统要求一致。

2）在断电状态下，连接好 PLC 与计算机的通信电缆。

3）将 PLC 运行模式选择开关拨到“STOP”位置，此时 PLC 处于停止状态，可以进行程序编写。

4）执行“在线”→“PLC 写入”，将程序文件下载到 PLC 中。

5）将 PLC 运行模式选择开关拨到“RUN”位置，使 PLC 进入运行状态。

6）单击菜单栏“在线”→“监视”→“监视模式”，监控运行中各输入、输出元器件通断状况。

7）分别按下起动按钮 SB2 和停止按钮 SB1，对程序进行调试运行，观察程序运行情况。若出故障，应分别检查硬件电路接线和梯形图是否有误，修改后，应重新调试，直至系统按要求正常工作。

任务评价

自我评价

项目内容	配分	评分标准	扣分	得分
仿真软件的使用	30	(1)能正确编制程序,出现一个错误扣 1～2 分 (2)能正确分析工作过程检测原理,出现一个错误扣 1～2 分		
相关指令的输入	30	(1)不能正确输入,每个扣 1～3 分 (2)程序出错扣 30 分		
PLC 安装与连接	20	(1)能正确安装与调试,得 20 分 (2)操作失误,每次扣 3～5 分		
安全、文明操作	20	(1)违反操作规程,产生不安全因素,可酌情扣 7～10 分 (2)着装不规范,可酌情扣 3～5 分 (3)迟到、早退、工作场地不清洁,每次扣 1～2 分		
			总评分 =(1～5 项总分)×40%	

签名：______________ ________年__月__日

小组评价

项 目 内 容	配分	评分
实训记录与自我评价情况	20	
对实训室规章制度的学习与掌握情况	20	
相互帮助与协作能力	20	
安全、质量意识与责任心	20	
能否主动参与整理工具、器材与清洁场地	20	
	总评分 =(1～5 项总分)×30%	

参加评价人员签名：______________________________ ________年__月__日

教师评价

教师总体评价意见：	
教师评分(30)	
总评分 = 自我评分 + 小组评分 + 教师评分	

教师签名：__________ __________年____月____日

知识拓展

PLC 程序输入参照任务 2、任务 3 梯形图及指令语句的输入方法，并在程序输入完毕后添加软元件的注释。软元件注释方法如下：

1）单击“软元件注释”→双击“COMMENT”出现元件注释栏，根据输入继电器连接信号，在相应位置输入相应元件作用，如图 5-18 所示。

图 5-18 注释栏输入元件

2）在“软元件名”中键入其他元件名，如“Y000”等，按回车键或显示键。如图 5-19所示。

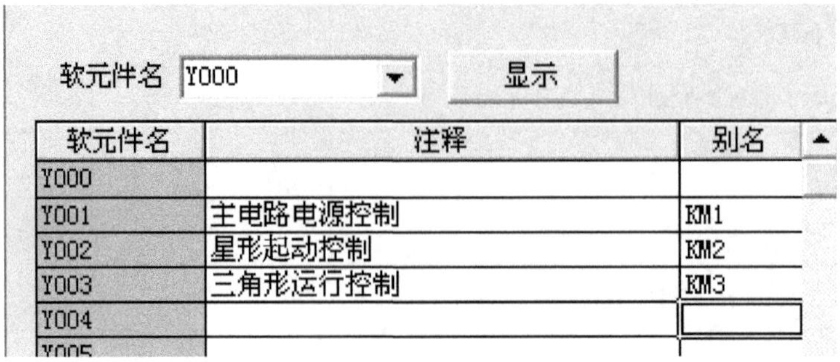

图 5-19 其他元件在注释栏显示

3）按下“程序”，双击“MAIN”显示程序，在菜单栏中单击“显示”→“注释显示”及“别名显示”，显示注释及别名状态如图5-20所示。这样在运行监控过程中就会较为直观了解各元件的状态。

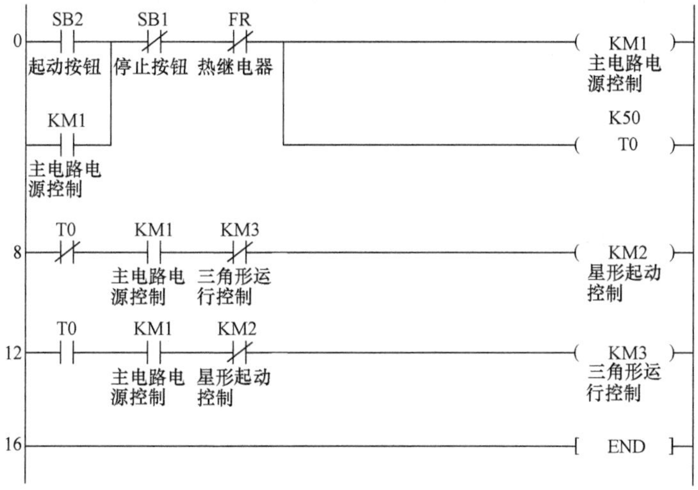

图5-20　显示注释及别名状态

任务6　应用PLC实现常用机床的电气改造

任务要求

应用 PLC 实现对 C6132 车床的电气改造。

课时分配

建议课时：10 课时。

学习目标

应知

（1）了解 C6132 车床的电气控制原理图。

（2）掌握 C6132 车床的工作原理及结构。

（3）掌握三菱 FX_{2N}系列 PLC 常用基本逻辑指令。

（4）掌握 GX Developer 软件梯形图与指令程序设计。

应会

（1）能简单操作 C6132 车床。

（2）会应用基本指令及梯形图对 C6132 车床的电气控制电路进行改造。

（3）会安装调试 PLC 控制 C6132 车床的运行控制电路。

（4）能运用 GX Developer 编程软件设计控制程序、模拟运行、写入 PLC 进行调试、运行监控功能。

任务介绍

本任务通过应用 PLC 实现对机械加工设备中常用的 C6132 车床进行电气改造。在任务的实施过程中，我们需要了解机床的工艺特点、加工原理、结构特点与电气控制之间的关系，从控制要求出发来解析电气控制设计的逻辑思路，实现机械与电气控制有机结合。所用工具与器材明细见表 6-1。

表 6-1　工具与器材明细表

序号	类别	名称	规格型号	数量	备注
1	工具	电工常用工具		1 套	
2		指针式万用表	500 型或 MF—47 型	1 台	
3	器材	三菱 PLC	FX_{2N}—48MR	1 台	
4		按钮	LA4—3H	1 组	

（续）

序号	类别	名称	规格型号	数量	备注
5		急停按钮	LA37—B5S5	1 个	
6		旋钮式按钮	LA28—11X	2 个	
7		交流接触器	CJX2—1810	6 个	
8		热继电器	JR36—20	2 个	
9		直流继电器	OMRON MY4NJ、PYF14A—E 底座	7 个	
10	器材	带漏电保护断路器	DZ47LE	1 个	
11		熔断器	RT18—32	10 个	
12		DIN 标准导轨	35mm	2 条	
13		线槽		3m	
14		多股导线		若干	
15		基板		块	
16	设备	普通车床	C6132 车床	台	

C6132 车床外观如图 6-1 所示。

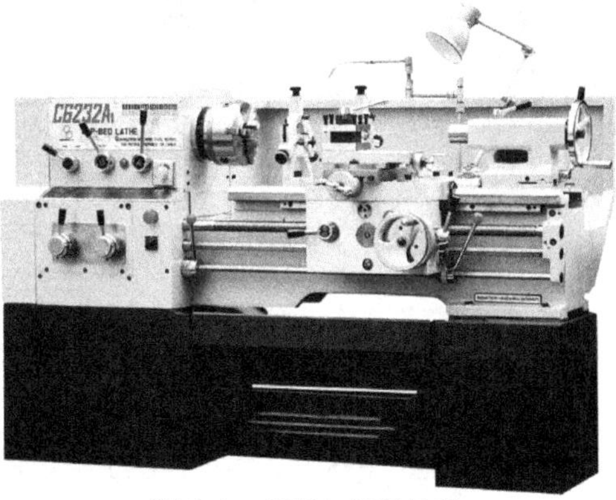

图 6-1　C6132 车床外观

任务 6.1　认识 C6132 车床电气控制系统

6.1.1　C6132 车床概述

车床是一种应用极为广泛的金属切削机床，能够车削外圆、内圆、端面、螺纹等，并可用钻头、绞刀等进行加工。

1. C6132 车床的主要结构及运动形式

C6132 型普通车床主要由床身、主轴箱、进给箱、刀架、丝杠、光杆和尾架等部分组成。

普通车床有两个主要的运动部分：一是车床主轴运动，即卡盘或顶尖带着工件的旋转运动，另一个是溜板带着刀架的直线运动，称为进给运动。

2. C6132 车床电气控制系统的特点

1）主轴电动机 M1 采用双速电动机，应用转换开关进行“高速——停止——低速”转换，主轴电动机主要实现主轴带动工件转动以及刀具自动进给运动。电动机采用直接起动的方式，还可以通过操作杆进行“正转——停止——反转”转换，实现正反两个方向转动。

2）车削加工中，为防止刀具和工件的温度过高，延长刀具使用寿命，提高加工质量，车床附有一台单向旋转的冷却泵电动机机 M2，提供冷却液。

3）车床照明采用 60W 螺口白炽灯和 36V 安全电压供电。

6.1.2　C6132 车床中的电器元件

1. 组合开关

组合开关又称为转换开关，是一种多触点、操作方便、安装灵活的手动电器。在设备自动控制系统中一般用做电源引入开关或电路功能切换开关，也可以直接用于控制小容量交流电动机的不频繁操作。组合开关如图 6-2 所示。

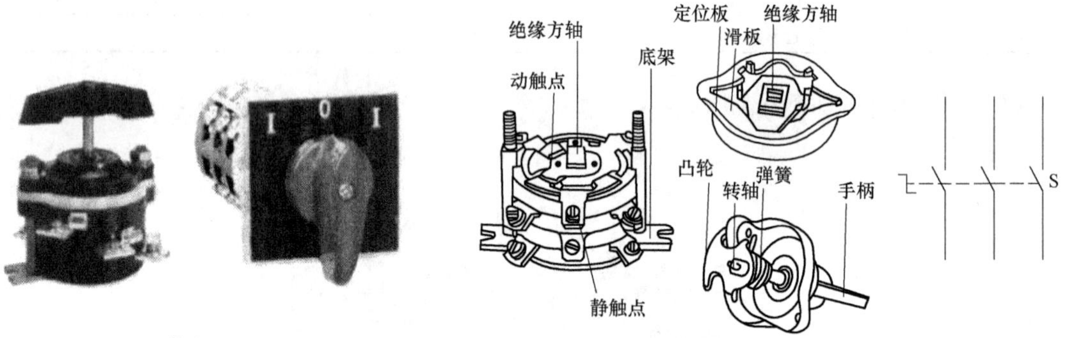

a) 外形图　　b) 结构图　　c) 符号

图 6-2　组合开关

组合开关由动触点、静触点、绝缘方轴、手柄、定位机构和外壳组成。它的触点分别叠装在数层绝缘座内，动触点与方轴相连。手柄和转轴在平行于安装面的平面内沿顺时针或逆时针转动 90°，带动动触点分别与对应的静触点同时接触或分离，实现接通或分断电路的目的。

2. 万能转换开关

万能转换开关用于不频繁接通与断开的电路，实现换接电源和负载，是一种多挡式、控制多回路的主令电器。万能转换开关如图 6-3 所示。

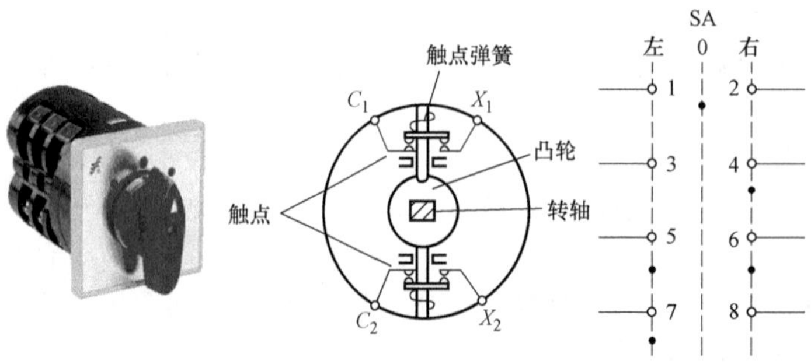

触点	挡位 左	0	右
1–2		×	
3–4			×
5–6	×		×
7–8	×		

a) 外形图　　b) 结构图　　c) 图形及文字符号　　d) 触点接线

图 6-3　万能转换开关

万能转换开关由转轴、凸轮、触点弹簧、触点和手柄等组成。当将手柄转动到不同的挡位时，转轴带着凸轮转动，使一些触头接通，另一些触点断开。万能转换开关具有寿命长，使用可靠、结构简单等优点，适用于交流 50Hz、380V，直流 220V 及以下的电源引入；5kW 以下小容量电动机的直接起动；电动机的正、反转控制及照明控制的电路中，但每小时的转换次数不宜超过 15 ~20 次。

图 6-3d 中显示万能转换开关的挡位、触点数目及接通状态，表中用“×”表示触点接通，否则为断开，由接线表才可画出其图形符号。

3. 行程开关

行程开关又称为位置开关或限位开关，触点的动作不是靠手去操作，而是利用机械设备某些运动部件的碰撞完成操作。它主要用于限制机械运动的行程或位置，实现工作台的自动停车、反转或变速。常用的行程开关有直动式、滚动式、微动式及接近开关。其外形如图 6-4 所示。

a) 直动式行程开关　b) 滚动式行程开关　c) 微动式行程开关　d) 接近开关

图 6-4　几种常见行程开关的外形

本任务选用机械式直动式行程开关，用于防护罩安全门开关，当防护罩打开后，自动切断电气回路，保证人身安全。直动式行程开关结构如图 6-5 所示，它的动作与按钮相似，只是它用运动部件上的撞块来碰撞行程开关的推杆。它具有结构简单，成本较低等优点，但它的触点分合速度取决于撞块的移动速度。若撞块移动得太慢，则触点就不能瞬时切断电路，使电弧在触点上停留得时间过长，易烧蚀触点。

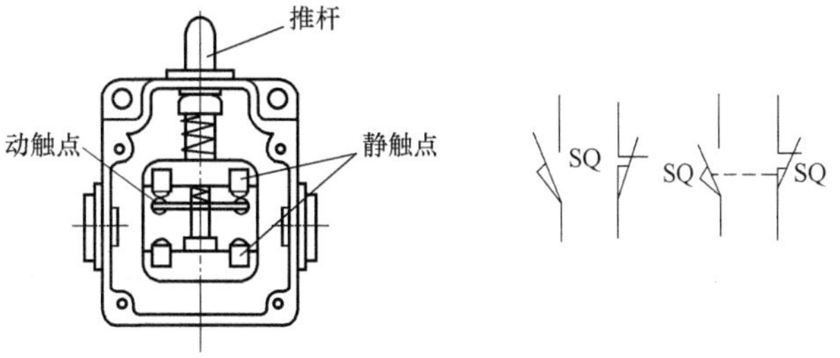

a) 直动式行程开关　b) 符号

图 6-5　直动式行程开关结构和符号

6.1.3　C6132 车床的主轴电机

C6132 车床的主轴电机采用双速电动机，双速电动机属于异步电动机变极调速，是通过改变定子绕组的连接方法达到改变定子旋转磁场磁极对数，从而改变电动机的转速。

根据公式 $n=60f/p$ 可知异步电动机的同步转速与磁极对数成反比，磁极对数增加一倍，电动机额定转速 n 也将下降一半，所以改变磁极对数可以达到改变电动机转速的目的。这种调速方法是有级的，不能平滑调速，而且只适用于笼型电动机。

双速电动机的定子绕组的联接方式如图 6-6 所示。在图 6-6a 中定子绕组采用△（三角形）联结，此时电动机磁极为 4 极，同步转速为 1500r/min，电动机低速运转。在图 6-6b 中定子绕组采用Y-Y（星-星形）联结，此时电动机磁极为 2 极，同步转速为 3000r/min，电动机高速运转。

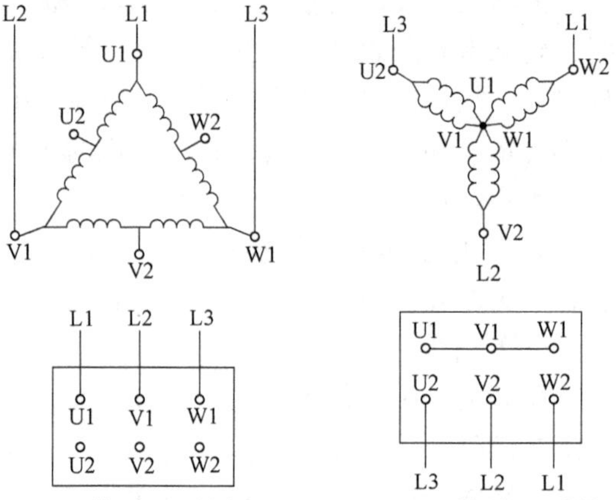

a) △接(4极)—低速　　b) Y-Y接(2极)—高速

图 6-6　4/2 极双速电动机定子绕组接线图

6.2　安装 C6132 车床电气系统及控制电路

6.2.1　控制要求

图 6-7 是 C6132 车床电气系统及其控制电路。SA1 是主轴双速电动机 M1 高、低速转换开关，通过内部接点，改变双速电动机绕组联结方式，实现转速改变。SA2 是主轴电动机正反转转换开关，按照车床起动要求，先关闭防护罩安全门（接通 SQ）并将正反转开关 SA2 调至触点“5-6 接通”位置，此时交流接触器 KM1 吸合，表示已做好工作准备。

此时若扳到正反转操作杆，则主轴电动机 M1 立即转动，主轴亦随之转动。操作手柄扳向上方时，则 KM2 吸合主轴为正转，扳向下方时，则 KM3 吸合主轴为反转。

当机床工作需要紧急停止时，可按“急停”按钮 SB1，则此时所有电动机均已断电，并且停止转动，若需再次起动，必须将操作杆手柄扳回中间位置，重复上述步骤。

需要冷却液时，可把床身前面的冷却开关 QS2，扳至接通位置，则冷却泵 M2 工作。

图 6-7 中主要元器件及其功能如表 6-2 所示。

表 6-2　图 6-7 中元器件及其功能

代号	名称	作　用	代号	名称	作　用
KM1	交流接触器	冷却水泵控制及机床通电安全保护	SQ	行程开关	挂轮箱防护罩保护
KM2	交流接触器	正转控制	SA1	万能转换开关	主轴电动机高低速转换
KM3	交流接触器	反转控制	SA2	万能转换开关	主轴电动机正反转控制
EL	照明灯	照明	FR1	热继电器	水泵电动机过载保护
M1	双速电动机	主轴运行、自动进给	FR2	热继电器	双速电动机过载保护
M2	冷却泵电动机	冷却	T	变压器	供照明灯使用
SB1	急停按钮	紧急停止控制	FU1	熔断器	全机床电路短路保护
QS1	断路器	电源总开关	FU2	熔断器	冷却泵电动机短路保护
QS2	组合开关	水泵开关	FU3	熔断器	控制电路短路保护
QS3	组合开关	照明灯开关	FU4	熔断器	照明电路短路保护

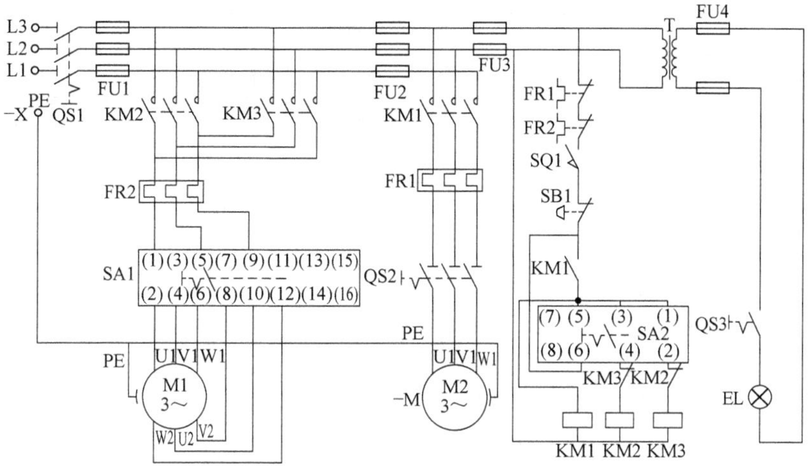

图 6-7　C6132 车床电气原理图

为了优化系统，下面对 C6132 车床电气进行改造，要求在不改变其功能的前提下，对主电路进行改造。

改造方法如下：C6132 车床原有主电路采用万能转换开关实现电机高、低速的转换，现在改为采用交流接触器实现此功能，改造后主电路如图 6-8 所示。KM4、KM5 实现电动机正、反转控制，KM1 实现双速电动机△（三角形）联结，KM2、KM3 同时接通，实现双速电动机Y-Y（星-星形）联结。

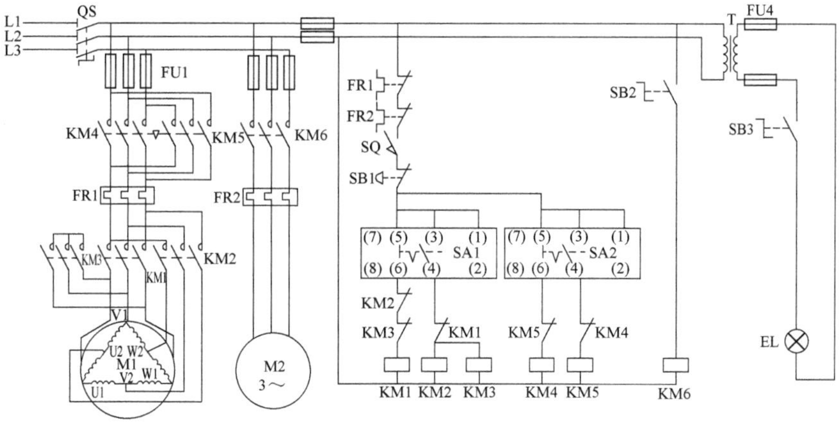

图 6-8　C6132 车床改造后车床电气原理图

冷却水泵由 KM6 控制。在改造方案中，KM1 功能还包括故障检测后再次开机，而通电安全保护功能则由 PLC 内部继电器代替。

图 6-8 中主要元器件及其功能如表 6-3 所示。

6.2.2　PLC 的输入/输出分配

根据以上分析可知，C6132 车床电路电气改造 PLC 输入/输出分配如表 6-4 所示。

表 6-3　图 6-8 中元器件及其功能

代号	名称	作　　用	代号	名称	作　　用
KM1	交流接触器	主轴电动机低速	SB3	旋钮式按钮	灯开关
KM2	交流接触器	主轴电动机高速	SQ	行程开关	挂轮箱防护罩保护
KM3	交流接触器	主轴电动机高速	FR1	热继电器	水泵电动机过载保护
KM4	交流接触器	主轴电动机正转	FR2	热继电器	双速电动机过载保护
KM5	交流接触器	主轴电动机反转	FU1	熔断器	全机床电路短路保护
KM6	交流接触器	冷却水泵运行	FU2	熔断器	冷却泵电动机短路保护
EL	照明灯	照明	FU3	熔断器	控制电路短路保护
SA1	万能转换开关	主轴电动机高低速转换	FU4	熔断器	照明电路短路保护
SA2	万能转换开关	主轴电动机正反转控制	QS	断路器	电源总开关
SB1	急停按钮	紧急停止控制	T	变压器	供照明灯使用
SB2	旋钮式按钮	冷却泵电动机开关			

表 6-4　PLC 输入/输出分配表

输　　入			输　　出		
元件	作用	输入点	元件	作用	输出点
FR1	主轴电动机过载保护	X0	KM1	主轴电动机低速	Y0
FR2	水泵电动机过载保护	X1	KM2	主轴电动机高速	Y1
SB1	急停按钮	X2	KM3	主轴电动机高速	Y2
QS	防护门开关	X3	KM4	主轴电动机正转	Y3
SA1	高低速转换开关	X4(高速)	KM5	主轴电动机反转	Y4
		X5(低速)	KM6	冷却水泵	Y5
SA2	正反转转换开关	X6(正转)	EL	照明灯	Y10
		X7(反转)			
SB2	冷却泵电动机开关	X10			
SB3	灯开关	X11			

三菱 FX 系列 PLC 实现三相异步电动机正反转控制的输入/输出接线方法如图 6-9 所示，其中方法一为 PLC 驱动中间继电器，由继电器辅助触点控制交流接触器；方法二为 PLC 直接驱动交流接触器。

>> **小提示**　PLC 输出每 4 个输出点为一个小组，共用一个公共点，即 Y0～Y3 共用 COM1，Y4～Y7 共用 COM2，Y10～Y13 共用 COM3，在本任务中，如采用方法一：PLC 驱动继电器 KA，再由继电器辅助触点控制交流接触器，继电器均采用相同电压，所以无需考虑此问题。如采用方法二：采用 PLC 直接控制交流接触器，则需注意公共点根据不同电压分组连接。

6.2.3　安装电器元件，连接电气线路

按任务 2.2 中电器元件和电气线路的安装要求，安装 C6132 普通车床电气控制电路

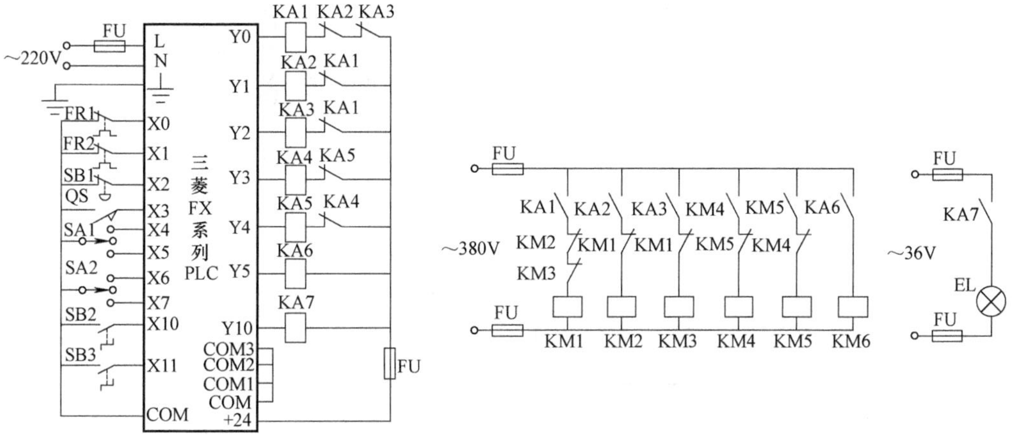

a) 方法一

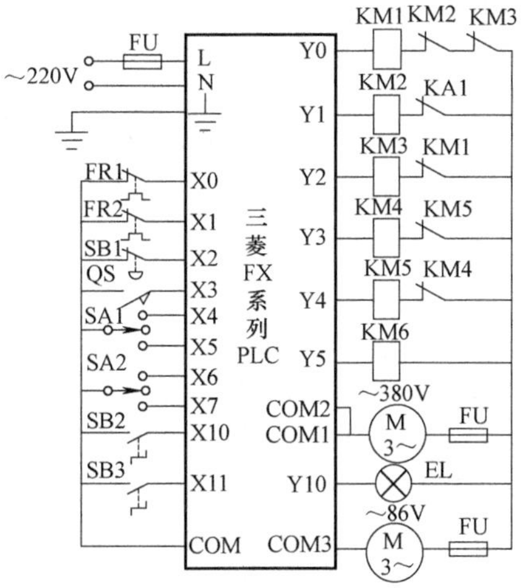

b) 方法二

图 6-9　输入/输出接线图

（图 6-8）主电路及 PLC 电源及输入/输出元器件接线图（图 6-9）。

任务 6.3　设计 PLC 控制程序

根据 C6132 车床功能要求，设计梯形图与指令语句如图 6-10 所示。程序中使用特殊继电器 M8002 在 PLC 运行后第一个扫描周期只产生一个初始脉冲，继电器 M0 置位，车床各功能正常使用。如车床使用过程中，发生过载或由于特殊紧急情况按下急停按钮，让 M0 复位，那除照明灯正常工作外，其他功能均处于停止状态。必须在排除故障或检查后重启电源，重启各功能。

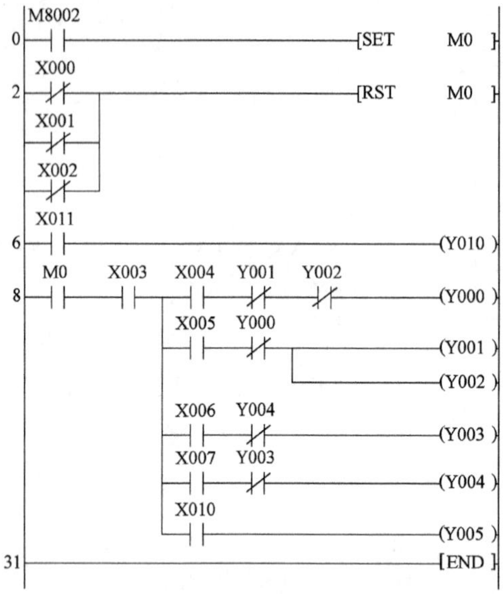

a) 梯形图

```
0  LD   M8002
1  SET  M0
2  LDI  X000
3  ORI  X001
4  ORI  X002
5  RST  M0
6  LD   X011
7  OUT  Y010
8  LD   M0
9  AND  X003
10 MPS
11 AND  X004
12 ANI  Y001
13 ANI  Y002
14 OUT  Y000
15 MRD
16 AND  X005
17 ANI  Y000
18 OUT  Y001
19 OUT  Y002
20 MRD
21 AND  X006
22 ANI  Y004
23 OUT  Y003
24 MRD
25 AND  X007
26 ANI  Y003
27 OUT  Y004
28 MPP
29 AND  X010
30 OUT  Y005
31 END
```

b) 指令语句

图 6-10　C6132 车床 PLC 控制梯形图与指令语句

任务 6.4　运行、调试 PLC 控制程序

6.4.1　程序调试

调试步骤如下：

1）使用 GX Simulator6-c 仿真软件对程序进行仿真运行，测试功能是否达到设计要求，如不能达到要求应作相应修改，直至仿真结果与系统要求一致。

2）在断电状态下，连接好 PLC 与计算机通信电缆。

3）将 PLC 运行模式选择开关拨到“STOP”位置，此时 PLC 处于停止状态，可以进行程序编写。

注：在使用 GX Developer 软件时，可强行在运行状态下将 PLC 程序写入。

4）执行“在线”→“PLC 写入”，将程序文件下载到 PLC 中。

5）将 PLC 运行模式选择开关拨到“RUN”位置，使 PLC 进入运行状态。

6）单击菜单栏“在线”→“监视”→“监视模式”，监控运行中各输入、输出元器件通断状况。

7）分别按车床运行要求模拟连接各输入器件，对程序进行调试，观察程序运行情况。若出故障，应分别检查硬件电路接线和梯形图是否有误，修改后，应重新调试，直至系统按要求正常工作。

6.4.2　车床调试

1. 通电前检查

在完成以下各部分检查后，方可接上设备工作电源通电调试。

1）在调试前必须对线路进行检查，按照接线图检查电源线和接地线是否可靠连接。

2）主电路和控制线路的接线是否正确，绝缘是否良好。

3）各开关是否处于“0”位，插头和各插接件是否全部插紧。

4）检查工作台等部件的位置是否合适，防止通电时发生失误，将机械挡位调至最低转速。

2. 通电后检查

1）接通电源后，用万用表测量电源开关进线端电压，检查是否存在断相或三相电压不平衡现象。

2）将机床防护罩门关闭（压下行程开关 SQ）。

3）将 SA1 高低速转换开关调至低速（接通 X4）或高速（接通 X5）。

4）将 SA2 正反转转换开关调至正转（接通 X6）或反转（接通 X7），主轴电机正转或反转运行，观察方向是否正确。

5）旋转 SB2，启动冷却水泵。

6）旋转 SB3，启动照明灯。

7）按下急停保护开关，机床电机停，再次起动机床电机时，需关闭车床电源总开关，重复上述操作。

任务评价

自我评价

项目内容	配分	评分标准	扣分	得分
仿真软件的使用	20	(1)能正确使用程序,操作出现一个错误扣 1 ~ 2 分 (2)能正确分析工作过程检测原理,出现一个错误扣 1 ~ 2 分		
相关指令的输入	20	(1)不能正确输入,每符号扣 1 ~ 3 分 (2)程序出错扣 20 分		
机床电路安装	20	(1)不能正确安装,每个扣 1 ~ 3 分 (2)接线错误,每线扣 1 ~ 3 分		
PLC 安装与连接	20	(1)能正确安装与调试,得 20 分 (2)操作失误,每次扣 3 ~ 5 分		
安全、文明操作	20	(1)违反操作规程,产生不安全因素,可酌情扣 7 ~ 10 分 (2)着装不规范,可酌情扣 3 ~ 5 分 (3)迟到、早退、工作场地不清洁,每次扣 1 ~ 2 分		
			总评分 = (1 ~ 5 项总分) × 40%	

签名：__________ ______年__月__日

小组评价

项目内容	配分	评分
实训记录与自我评价情况	20	
对实训室规章制度的学习与掌握情况	20	
相互帮助与协作能力	20	
安全、质量意识与责任心	20	
能否主动参与整理工具、器材与清洁场地	20	
	总评分 = (1 ~ 5 项总分) × 30%	

参加评价人员签名：__________________ ______年__月__日

教师评价

教师总体评价意见：

教师评分(30)	
总评分 = 自我评分 + 小组评分 + 教师评分	

教师签名：__________ ________年__月__日

任务7　应用计数器功能实现气缸计数运行

任务要求

应用 PLC 计数器功能实现两个双作用气缸计数运行控制。要求气缸 1 点动运行前伸三次后，气缸 2 自动前伸，按停止按钮后，气缸 2 自动复位。

课时分配

建议课时：6 课时。

学习目标

应知

（1）掌握气动系统的组成及常用气动元件。

（2）掌握三菱 PLC 的计数器功能。

（3）了解 GX Developer 编程软件功能。

应会

（1）能合理选用 PLC、继电器、接触器等电器元件。

（2）会安装与调试双作用气缸控制回路。

（3）会安装与检测气动控制电磁阀与 PLC 的连接线路。

（4）能运用 GX Developer 编程软件设计控制程序、模拟运行、写入 PLC，并进行调试、运行、监控。

任务介绍

气动装置具有结构简单、轻便、便于安装维护等特点，在自动化控制中应用广泛。本任务以双作用气缸计数运行的实例，介绍气动回路的安装、接线及调试方式以及 PLC 的计数器功能及应用。所用工具与器材明细见表 7-1。

表 7-1　工具与器材明细表

序号	类别	名　称	规格型号	数量	备注
1	工具	电工常用工具		1 套	
2		指针式万用表	500 型或 MF—47 型	1 台	
3		扳手	6 ~ 21mm	1 套	
4		内六角扳手	1.5 ~ 5mm	1 套	
5		剥线钳		1 把	
6		剪管钳		1 把	

（续）

序号	类别	名　称	规格型号	数量	备注
7	工具	套装旋具	3×100，4.5×100	2支	
8		钟表旋具	1.5×100，2×150	2支	
9		气管钳		1把	
10		斜嘴钳		1把	
11	器材	三菱PLC	FX_{2N}—48MR	1台	
12		按钮	LA4—3H	1组	
13		气管		若干	
14		双作用气缸		2个	
15		单电控二位五通电磁阀		2个	
16		多股导线		若干	

气动单元安装示意图如图7-1所示。

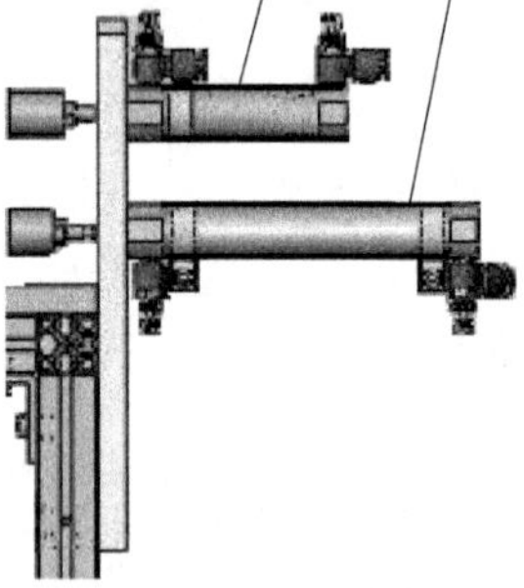

图7-1　气动单元安装示意图

任务7.1　认识气动传动系统

气动传动系统是以压缩空气为工作介质，利用空气压缩机将原动机输出的机械能转变为空气的机械能，在控制元件的作用下，通过执行元件把空气的机械能转变为运动部件机械能，从而完成直线或回转运动并对外做功。

气动传动系统除工作介质外一般由以下四个部分组成：气源装置、执行元件、控制元件、辅助元件。

1. 气源装置

气源装置用于将原动机输出的机械能转变为空气的机械能，其主要设备是空气压缩机。

2. 执行元件

执行元件用于将空气的机械能转变为运动部件的机械能，为转换装置。

3. 控制元件

控制元件用于控制压缩空气的压力、流量和流动方向，以保证执行元件具有一定的输出力和速度并按设计的程序正常工作。

4. 辅助元件

辅助元件用于保证空气系统正常工作，如管件、过滤器、干燥器、消声器和油雾器等。

7.1.1 认识气源装置

1. 空气压缩机

气源装置是为气动设备提供满足要求的压缩空气动力源。空气压缩机是产生空气动力源的设备，它的主要结构如图 7-2 所示。

图 7-2　空气压缩机

2. 气源处理装置

从空气压缩机输出的压缩空气中，含有大量的水分、油分和粉尘等污染物。质量不良的压缩空气是气动传动系统出现故障的最主要因素，它会使气动传动系统的可靠性和使用寿命大大降低。因此，压缩空气进入气动系统前应进行必要的气源处理，适当清除其中的污染物。

（1）三联件气源处理装置　工业上的气动传动系统，常常使用组合起来的气动三联件

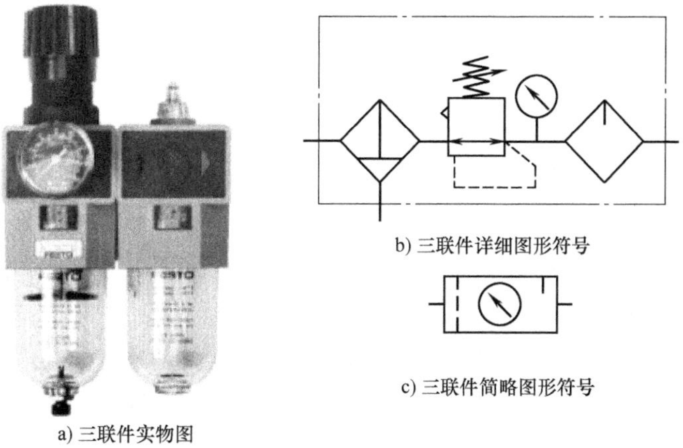

a) 三联件实物图

b) 三联件详细图形符号

c) 三联件简略图形符号

图 7-3　气动三联件组件及回路原理图

作为气源处理装置。气动三联件组件及回路原理图如图 7-3 所示，三联件分别为空气过滤器、调压阀和油雾器。

三联件在系统中的作用是：

1）空气过滤器主要用于滤除压缩空气中的水分、油滴以及杂质，以达到气动系统所需要的净化程度，属于二次过滤器。

2）减压阀主要用来调节或控制气压的变化，并保持降压后的压力值稳定为需要的值。

3）油雾器的作用是把润滑油雾化后，经压缩空气携带进入系统各润滑油部位，满足润滑的需要。

（2）二联件气源处理装置　某些场合对压缩空气还有特殊的要求——不含油气，那么，在气源处理中就不能加入油雾器，这时只能将空气过滤器和减压阀组合在一起，形成气动二联件。气动二联件的组件及回路原理图如图 7-4 所示。

过滤、调压两联件由空气过滤器、压力表、压力调节旋钮和快速气路开关组成。过滤器有滤水装置，可以除去压缩空气中的冷凝水、颗粒较大的固态杂质和油滴。过滤器底部有排水孔，当水位达到滤芯下方之前必须排出，以免被重新吸入。截止可以控制系统中的工作压力，同时能对压力的波动做出补偿。滤杯带有手动排水阀，还安装有一个快速气路开关，用于启/闭气源。

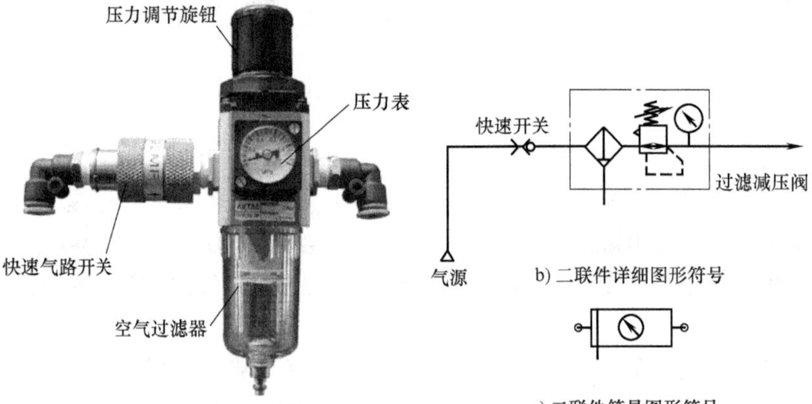

图 7-4　气动二联件的组件及回路原理图

调节压力时，把气动组件的压力调节旋钮向上拉起再旋转，向右旋转为调高出口压力，向左旋转为调低出口压力。调整压力后把压力调节旋钮压下为定位。调节压力时应逐步均匀地调至所需压力值，不应一步调节到位。

>>> **小提示**　在国际单位制中，压力的单位是帕斯卡（简称帕，Pa）。由于帕的单位太小，计量不方便，通常采用兆帕（MPa）或巴（bar）。帕或巴之间的换算关系如下：

$$1\text{bar} = 10^5\text{Pa} = 0.1\text{MPa}$$

空气压缩机提供的压力为 0.6～1.0MPa（6～10bar），工业系统使用的压力为 0.6～0.8MPa（6～8bar），调试设备时压力设定为 0.5～0.6MPa（5～6bar）。

7 TASK

7.1.2 认识气动执行元件

气动传动系统常用的执行元件有气缸和气动马达。气缸是实现直线运动、输出力和速度的元件。

1. 普通气缸分类

在结构上只有一个活塞和一个气缸杆的气缸称为普通气缸，普通气缸可分为单作用气缸和双作用气缸。两个方向上都受气压控制的气缸称为双作用气缸，只有一个方向受气压控制而另一个方向依靠复位弹簧或外力实现复位的气缸称为单作用气缸。

2. 基本结构

图 7-5 所示为单活塞杆双作用气缸的结构原理图，图 7-6 所示为单活塞杆单作用气缸的结构原理图。

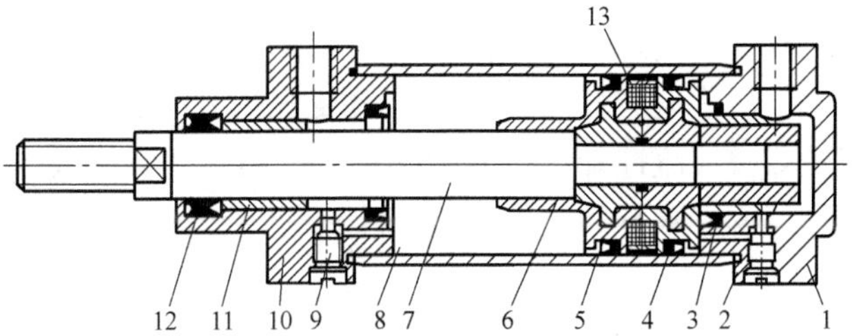

图 7-5 单活塞杆双作用气缸的结构原理图

1—后缸盖 2—密封圈 3—缓冲密封圈 4—活塞密封圈 5—活塞 6—缓冲柱塞 7—活塞杆 8—缸筒 9—缓冲节流阀 10—前缸盖 11—导向套 12—防尘密封圈 13—永久磁铁环

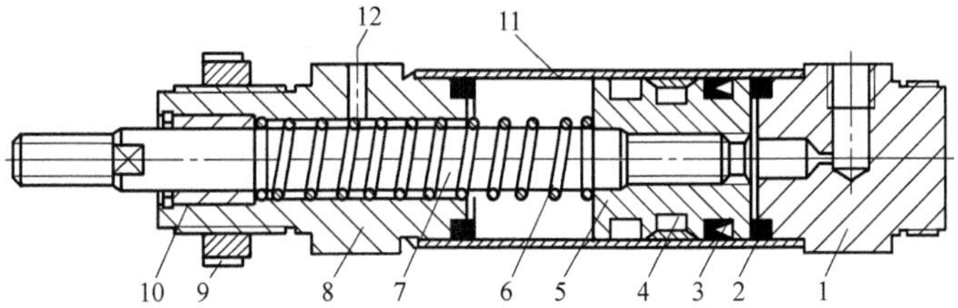

图 7-6 单活塞杆单作用气缸的结构原理图

1—后缸盖 2—橡胶缓冲垫 3—活塞密封圈 4—导向环 5—活塞 6—复位弹簧 7—活塞杆 8—前缸盖 9—固定螺母 10—导向套 11—缸筒 12—呼吸孔

3. 图形符号

普通气缸的图形符号如图 7-7 所示。

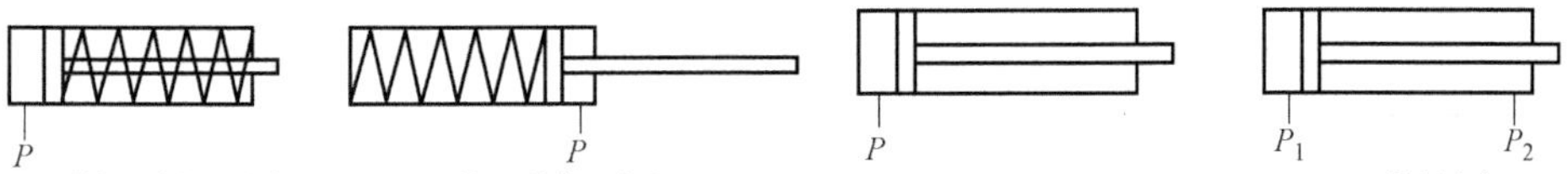

a) 预缩型单作用气缸 b) 预伸型单作用气缸 c) 靠外力复位的单作用气缸 d) 双作用气缸

图 7-7 普通气缸的图形符号

7.1.3 认识气动控制元件

气动控制元件包括压力控制阀、流量控制阀、方向控制阀等。

1. 压力控制阀

气动系统常用的压力控制阀有减压阀、溢流阀等。

1）减压阀的作用是降低来自空气压缩机的压力，并使这一部分的压力保持稳定。

2）溢流阀的作用是当系统压力超过调定值时，便自动排气，使系统的压力下降安全，也称为安全阀。

2. 流量控制阀

流量控制阀是由单向阀和节流阀并联而成的，常用于控制气缸的运动速度，所以也称为速度控制阀或单向节流阀。

单向节流阀的功能是靠单向型密封圈来实现的。图 7-8 所示是一种单向节流阀的外形、剖面图及图形符号。当空气从气缸排气口排出时，单向型密封圈在封堵状态，单向阀关闭，这时只能通过调节手轮，使节流阀杆上下移动，改变气流开度，从而达到节流作用。反之，在进气时，单向型密封圈被气流冲开，单向阀开启，压缩空气直接进入气缸进气口，节流阀不起作用。因此，这种节流方式称为排气节流方式。

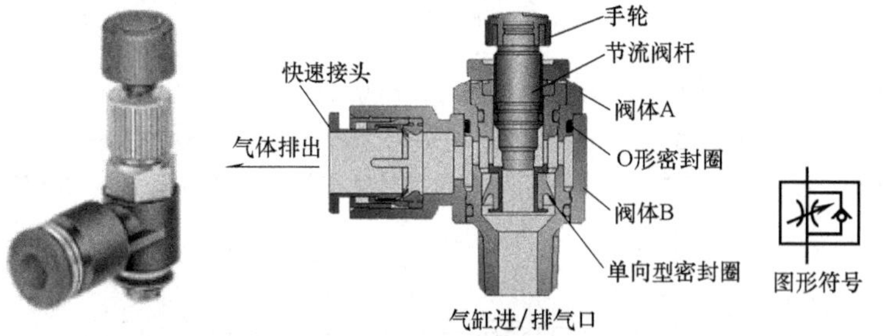

a) 外形图　　b) 剖面图　　c) 图形符号

图 7-8　可调单向节流阀的外形、剖面图及图形符号

图 7-9 所示是在双作用气缸上装两个排气型单向节流阀的连接示意图。当空气压缩机从 A 端进气、从 B 端排气时，单向节流阀 A 的单向阀开启，向气缸无杆腔快速充气。由于单向节流阀 B 的单向阀关闭，有杆腔的气体只能经节流阀排气，调节节流阀 B 的开度，便可改变气缸伸出时的运动速度。反之，调节节流阀 A 的开度则可改变气缸缩回时的运动速度。这种控制方式，活塞运行稳定，是最常用的方式。

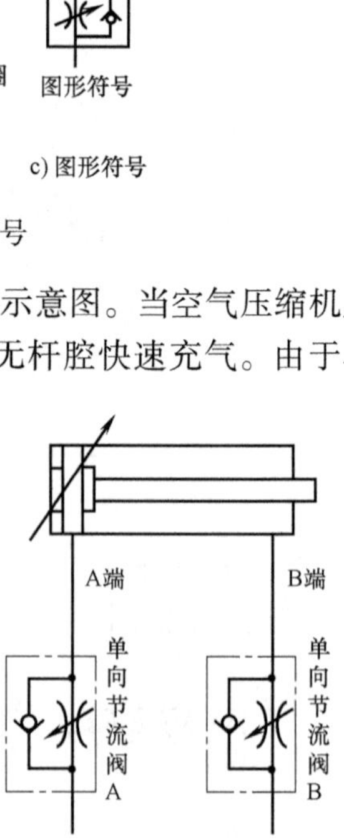

图 7-9　单向节流阀的连接示意图

3. 方向控制阀

改变双作用气缸的运动方向可采用改变气体流动方向或控制方向控制阀的通断实现。

（1）控制阀的分类

1）按控制方式分类。一般可以分为 4 种，即人力（手动、脚踏）控制、机械控制、气动控制以及电磁控制。控制方式图形符号见表 7-2。

表 7-2　按控制方式分类

人力控制	 一般手动操作	 按钮式	气动控制	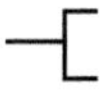 直动式	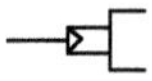 先导式
	 手柄式、带定位	 脚踏式	电磁控制	 单电控	 双电控
机械控制	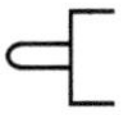 控制轴	 滚轮杠杆式		 先导式双电控、带手动	
	 单向滚轮式	 弹簧复位			

2）按气路端口数量分类。方向控制阀的气路端口（通口）分为输入口（P 口）、输出口（A 口和 B 口）和排气口（R 口或 S 口），按照各口数目之和进行分类，可以将阀分为二通阀、三通阀、四通阀、五通阀等，见表 7-3。

表 7-3　按气路端口数量分类

名　称	二通阀		三通阀		四通阀	五通阀
	常断	常通	常断	常通		
图形符号	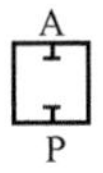	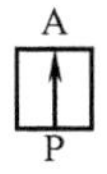	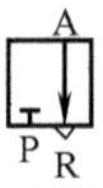	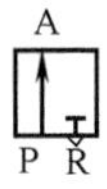		

阀中的通口除使用字母 A、B、P、R、S 等字母表示外，还可以用数字表示，见表 7-4。

表 7-4　用数字表示通口

通　　口	数字表示	字母表示	通　　口	数字表示	字母表示
输入口	1	P	排气口	5	R
输出口	2	B	输出信号清零	(10)	(Z)
排气口	3	S	控制口(1、2 口接通)	12	Y
输出口	4	A	控制口(1、4 口接通)	14	Z

3）按阀芯可变换的位置数量分类。阀芯工作位置至少有 2 个：一个是无控制信号的静态工作位置，一个是有信号的控制工作位置。一个阀的控制信号数量为 1 ~ 2 个，静态工作位置（固定的）有 0 ~ 1 个，因此，阀芯的工作位置数量为 2 ~ 3 个，对应的阀称为二位阀和三位阀，见表 7-5。

表 7-5　按阀芯可变换的位置数量分类

名　　称	符　　号	名　　称	符　　号
二位二通换向阀	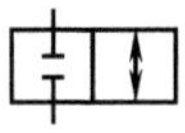	三位四通换向阀	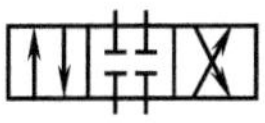
二位四通换向阀	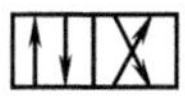	三位五通换向阀（中位加压型）	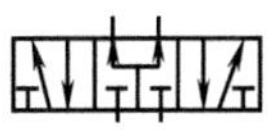

（续）

名　称	符　号	名　称	符　号
二位三通换向阀		三位五通换向阀（中位卸压型）	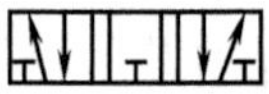
二位五通换向阀		三位五通换向阀（中位封闭型）	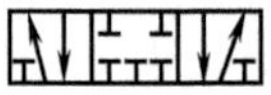

（2）控制阀的命名　一般要求控制阀的基本名称能够说明阀的控制方式（控制信号类型）、控制信号的数量、气路端口数量及阀芯的工作位置数量等信息，因此控制阀可以根据以下规则命名：

1）把阀芯的工作位置数量和阀的气路端口数量放在一起命名，称为几位几通阀。例如：二位三通阀，三位五通阀等。

2）按阀的控制方式及控制信号的数量命名。例如：单电（磁）控（制）先导阀、带手动控制阀、双气控阀等。

例如：双电控先导式三位五通电磁换向阀，带手动控制、弹簧复位，其图形符号如图7-10所示。

再如：单电控先导式二位三通电磁换向阀，带手动控制、弹簧复位，其图形符号如图7-11所示。

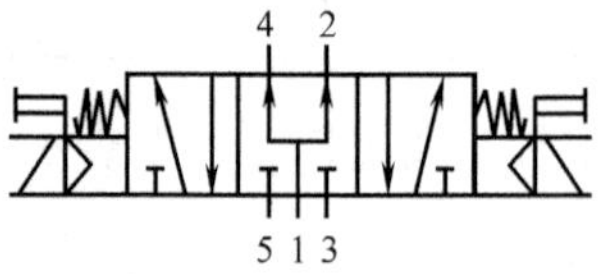

图7-10　双电控先导式三位五通电磁换向阀图形符号

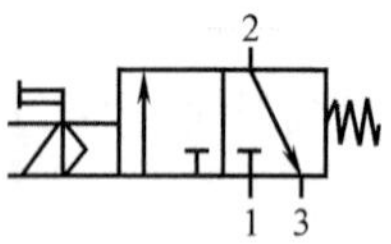

图7-11　单电控先导式二位三通电磁换向阀的图形符号

（3）电磁阀的选用　本次任务执行气缸是两个双作用气缸，控制它们工作的电磁阀需要有两个工作口、两个排气口以及一个供气口，故使用的两个电磁阀均为二位五通电磁阀。

电磁阀线圈使用电压有直流24V、交流110V及220V三种，由于PLC内置直流电源，为直流24V，所以选用使用电压与其相同的电磁阀。两个电磁阀集中安装在汇流板上，汇流板中两个排气口末端均连接了消声器。消声器的作用是减少压缩空气在向大气排放时的噪声。这种将多个阀与消声器、汇流板等集中在一起构成的一组控制阀称为阀组，在阀组中，每个阀的功能是彼此独立的。阀组的结构如图7-12所示。

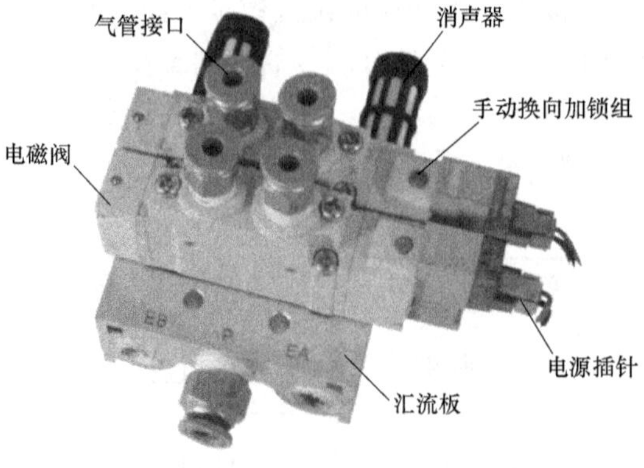

图7-12　阀组的结构

7 TASK

>> **小提示**

电磁阀带有手动换向和加锁钮，有锁定（LOCK）和开启（PUSH）2个位置。用小号螺钉旋具把加锁钮旋到LOCK位置时，手控开关向下凹进去，不能进行手控操作。只有在PUSH位置，可用工具向下按，信号为“1”，等同于该侧的电磁信号为“1”，相当于点动状态；如按下后，旋至LOCK状态，则工具无须再按下，处于自锁状态。

常态时，手控开关的信号为“0”。在进行设备调试时，可以使用手控开关对阀进行控制，从而实现对相应气路的控制，以改变气缸等执行机构的控制，达到调试的目的。

任务7.2　连接气动回路

7.2.1　控制要求

本任务的气动回路工作原理如图7-13所示。气缸1和气缸2分别由电磁阀YB1和YB2控制，由按钮SB1和SB2控制电磁阀。通常，这两个气缸的初始位置均设定在缩回状态。当需要气缸前伸时，电磁阀通电，换向阀中静止位置换位，改变气动回路，实现气缸前伸。前伸的速度由前进方向的单向节流阀开度控制（排气节流），图7-13中的百分数为节流阀的开度。

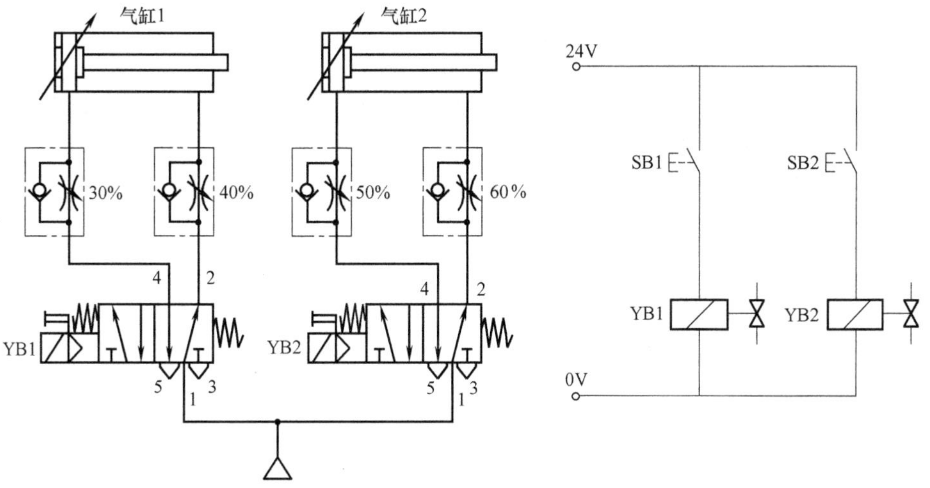

a) 气动回路图　　b) 气缸控制电路图

图7-13　气动回路工作原理图

>> **小提示**　气动回路图中气动两联件无须画出。

图7-13中主要元器件及其功能见表7-6。

表7-6 图7-13中主要元器件及其功能

代　号	名　称	作　用	代　号	名　称	作　用
YB1	电磁线圈	气缸1前伸	YB2	电磁线圈	气缸2前伸

7.2.2 PLC的输入/输出分配

根据以上分析可知：输出信号有YB1、YB2，输入信号由气缸1点动前伸3次，最终由停止按钮控制所有气缸回缩。

PLC输入/输出分配见表7-7。

表7-7 PLC输入/输出分配

输　入			输　出		
元件	作用	输入点	元件	作用	输出点
SB1	气缸1前伸控制	X0	YB1	气缸1前伸	Y1
SB2	气缸回缩控制	X1	YB2	气缸2前伸	Y2

PLC输入/输出接线图如图7-14所示。

7.2.3 连接气动回路

本任务的气动回路如图7-13所示。根据回路原理图连接电磁阀、气缸。连接时注意气管的走向应按序排布，均匀美观，不能交叉、打折；气管在快速接头中插紧，不能有漏气现象。

>> **小提示**　气动回路的节流阀上带有气管的快速接头，安装气管时只要将合适外径的气管往快速接头上一插就可以将管连接好了，使用时十分方便。图7-15是安装上节流阀的气缸外形。

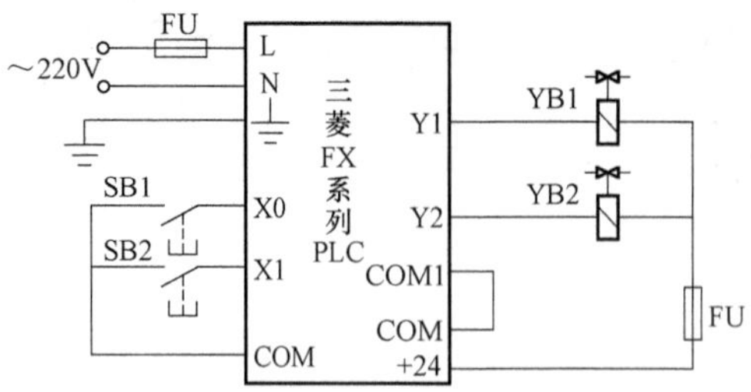

图7-14 PLC输入/输出接线图

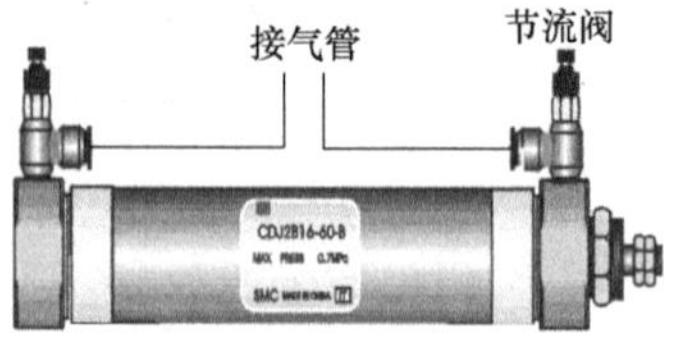

图7-15 安装上节流阀的气缸外形

7.2.4 使用气动设备的注意事项

1）所有使用的气动配件必须为专用配件。不符合或质量不良的配件将对气动设备及场内人员造成损害。

2）在安装、移除、调整任何气动设备前，必须关闭气源，并将管内及设备的剩余气体释放。这可避免因误操作气动开关而造成伤害。

3）在使用气动设备前，请确认气源开关必须放在容易触及的位置。当紧急状况发生时，便能立即关闭气源。

4）开启气源或气动设备前，必须保证所有喉管及气动零件已经接驳良好及稳固，并肯定所有人已经离开气动设备的危险范围。

5）气管喷出的气体可能含有油滴，应避免向人或其他可能造成伤害的物体喷射。

6）所有气动设备必须远离火源。

7）请勿移除制造厂商所设置的任何安全装置。

8）气管、接头与气源设备必须能够承受至少1.5倍的最大工作压力。

9）切勿用压缩空气对准伤口及皮肤喷射，这会使空气打进血液而引致死亡。

10）气动设备用后要关闭气源。

11）气源输入气压不能超过10Bar。

12）必须安装空气过滤器，防止污染物进入系统。

13）系统气压安装规定系统设置应在5～6Bar，滤芯和水雾分离器根据说明书进行维护。

7.2.5 安装工艺要求

1）气管和电线不能扎在一起。

2）气管不能放入走线槽，移动的气管除外。

3）气管和电线走线要求横平竖直，弯曲需尽量成半圆形。

4）线卡子间距 <50mm。

5）相邻导线和气管间的线扎间隔必须少于 40 ± 5mm 公差，且切口在侧面同一方向。

6）需运动的气管及电线要给予足够的裕量。

7）线卡子的扎带头需在正中间，使用正确的扎线方法。

8）其余扎带的扎带头需统一偏向一边。

9）气管、导线应留有适当裕量，且不能超出工作站范围。

7.2.6 调试气动回路

气动回路按要求安装完毕后，需查明气动执行机构安装是否正确无误，按气路连接安全规则接通气源，然后通过手动操作控制阀分别控制各个气动机构如气缸的动作，观察分析控制信号与气动执行机构之间的关系是否与设计一致。要求：

1）气动元件运行平稳，如出现爬行现象或运行速度过低应调整节流开度。

2）气缸静止位处于缩回状态，如伸出需将接气缸的两气管互换。

3）在气缸运动时，导线、气管和其他元件之间不能碰撞。

如遇到不能解决的问题，应及时请教指导教师。

任务7.3 学习PLC的基本逻辑指令（四）

7.3.1 脉冲边沿检测触点指令（LDP、LDF、ANDP、ANDF、ORP、ORF）

LDP：取上升沿脉冲，用于上升沿脉冲逻辑运算开始。

LDF：取下降沿脉冲，用于下降沿脉冲逻辑运算开始。

ANDP：与上升沿脉冲，用于上升沿脉冲串联。

ANDF：与下降沿脉冲，用于下降沿脉冲串联。

ORP：或上升沿脉冲，用于上升沿脉冲并联。

ORF：或下降沿脉冲，用于下降沿脉冲并联。

脉冲边沿检测触点指令（LDP、LDF、ANDP、ANDF、ORP、ORF）应用及动作时序图如图7-16所示。

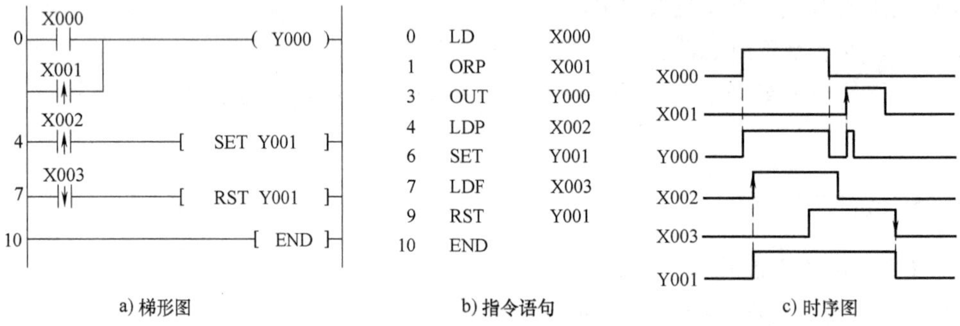

图7-16 脉冲边沿检测触点指令应用及动作时序图

图7-16中，X0接通时间内，驱动Y0输出，而X1的上升沿出现时，Y0仅在一个扫描周期内驱动Y0输出。X2的上升沿出现时，置位驱动Y1输出，X3的下降沿出现时，复位Y1。

说明：

（1）LDP、ANDP、ORP 上升沿检测触点指令。被检测触点的中间有一个电平向上的变化趋势，对应的输出触点仅在指定位元件的上升沿（即由“0”变“1”）时接通一个扫描周期。

（2）LDF、ANDF、ORF 下降沿检测触点指令。被检测触点的中间有一个电平向下的变化趋势，对应的输出触点仅在指定位元件的下降沿（即由“1”变“0”）时接通一个扫描周期。

边沿检测触点指令可以用于X、Y、M、T、C和S。

7.3.2 逻辑运算结果取反指令（INV）

INV：逻辑运算结果取反指令，用于将指令处的逻辑运算结果取反。

逻辑运算结果取反指令INV应用及动作时序图如图7-17所示。

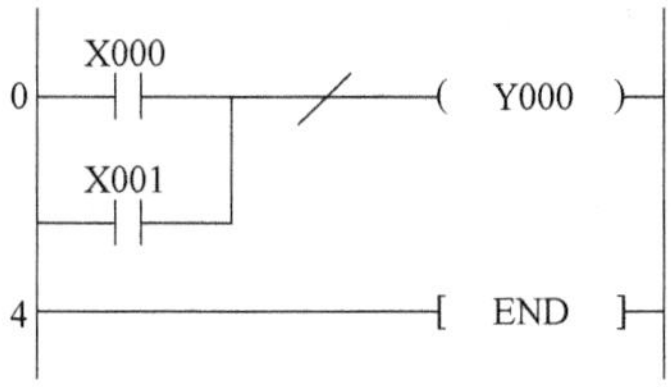

a) 梯形图

0	LD	X000
1	OR	X001
2	INV	
3	OUT	Y000
4	END	

b) 指令语句

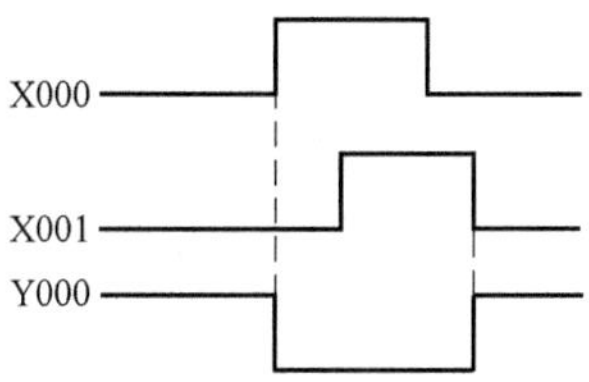

c) 时序图

图 7-17　逻辑运算结果取反指令应用及动作时序图

>> **小提示**　INV 指令在梯形图中用一条 45°的短斜线来表示，它将使该指令前的运算结果取反，即运算结果如果为逻辑 0 则将它变为逻辑 1，运算结果为逻辑 1 则将其变为逻辑 0。

7.3.3　计数器

PLC 的计数器主要用于计数控制。程序执行时，计数器对输入端脉冲信号的上升沿进行计数，当计数值达到设定值时，计数器动作，动合触点闭合、动断触点断开。计数器的工作过程和定时器基本相似，只不过定时器输入端的输入信号是 PLC 内部产生的固定脉冲信号。

三菱 FX_{2N}系列 PLC 的计数器分为内部信号计数器和外部信号计数器（见表 7-8）。内部计数器用于对内部元件（如 X、Y、M、S、T 和 C）的信号进行计数，主要有 16 位增计数器和 32 位增/减（双向）计数器两类。

表 7-8　FX_{2N}系列 PLC 的计数器

计数器		点数
内部计数器	通用型 16 位增计数器	100 点（C0 ~ C99）
	断电保持型 16 位增计数器	100 点（C100 ~ C199）
	通用型 32 位双向计数器	20 点（C200 ~ C219）
	断电保持型 32 位双向计数器	15 点（C220 ~ C234）
外部计数器	32 位高速双向计数器	21 点（C235 ~ C255）

1. 16 位增计数器

16 位增计数器可分为通用型增计数器（C0 ~ C99，共 100 个点）和断电保持型增计数器（C100 ~ C199，共 100 个点），设定值范围为 K1 ~ K32767。

（1）通用型 16 位增计数器　通用型 16 位增计数器在工作时，其当前值由 0 开始计数，若当前值等于设定值时，计数器动作；当 PLC 断电或从“RUN”到“STOP”时，其当前值复位为 0。

（2）断电保持型 16 位增计数器　断电保持型 16 位增计数器的工作方式与通用型 16 位增计数器基本相同，只是当 PLC 断电或从“RUN”到“STOP”时，其当前值保持不变，要使其复位必须采用 RST 指令。

通用型 16 位增计数器的应用如图 7-18 所示。

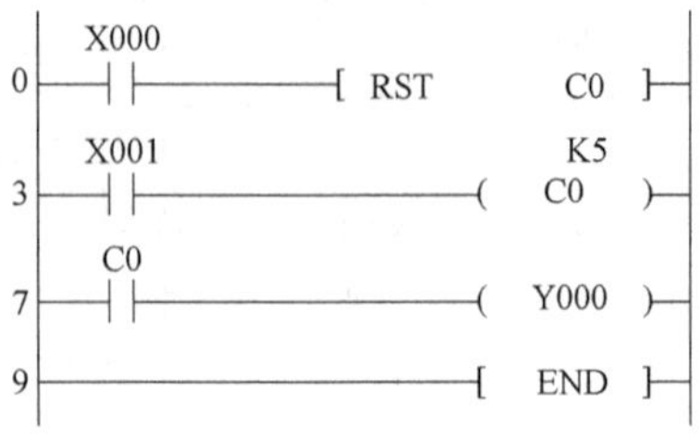

a) 梯形图

步号	指令	操作元件	注释
0	LD	X000	计数器复位信号
1	RST	C0	计数器复位
3	LD	X001	计数器计数输入信号
4	OUT	C0 K5	计数器线圈,设定值为5
7	LD	C0	
8	OUT	Y000	
9	END		

b) 指令语句

图 7-18 通用型 16 位增计数器的应用

图 7-18 所示计数器的初始值为 0，X001 为计数脉冲输入端。每次 X001 的上升沿到来时，计数器的当前值加 1，当计数器的当前值等于设定值 5（十进制数）时，计数器 C0 的动合触点接通，Y000 接通。当 X001 的上升沿再次到来时，计数器 C0 的当前值始终保持不变，Y000 保持接通状态，直到计数器复位信号 X000 上升沿到来，计数器 C0 才复位，当前值复位为 0，其触点恢复常态。各元件动作时序图如图 7-19 所示。

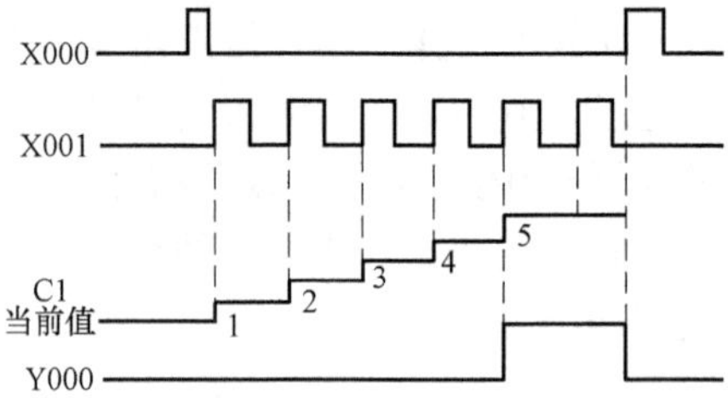

图 7-19 各元件动作时序图

2. 32 位双向计数器

32 位双向计数器既可以进行增计数，还可以进行减计数。同样分为通用型 32 位双向计数器（C200 ~ C219，共 20 个点）和断电保持型 32 位双向计数器（C220 ~ C234，共 15 个点）两种。设定值范围为 K-2147483648 ~ K2147483647。

（1）通用型 32 位双向计数器　通用型 32 位双向计数器的工作过程与 16 位增计数器相同，但它可以进行减计数，因此其设定值可以为负数。计数器的计数方向由特殊辅助继电器 M8200 ~ M8234 设定，对应 C200 ~ C234。例如，当 M8200 接通（置 1）时，C200 为减计数器；当 M8200 断开（置 0）时，C200 为增计数器。

（2）断电保持型 32 位双向计数器　断电保持型 32 位双向计数器和断电保持型 16 位增计数器一样具有断电保持的功能。

32 位双向计数器应用举例如图 7-20 所示。图中按下复位按钮 X001 后，计数器当前值复位为 0。X000 用于计数方向选择，当 X000 接通时，M8200 于接通状态，则计数器 C200 为减计数器，X002 每一个上升沿到来，计数器的当前值减 1；当 X000 断开时，M8200 处于断开状态，则计数器 C200 为增计数器，X002 每一个上升沿到来，计数器当前值加 1。当 C200 的当前值增加至设定值（由 −6 增到 −5）时，计数器动作，Y000 也接通，此时按下

X002，计数器当前值继续增加，仍保持接通状态；当 C200 的当前值减小至设定值后，再往下减小 1（由 -5 减到 -6）时，计数器 C200 断开，Y000 停止输出。

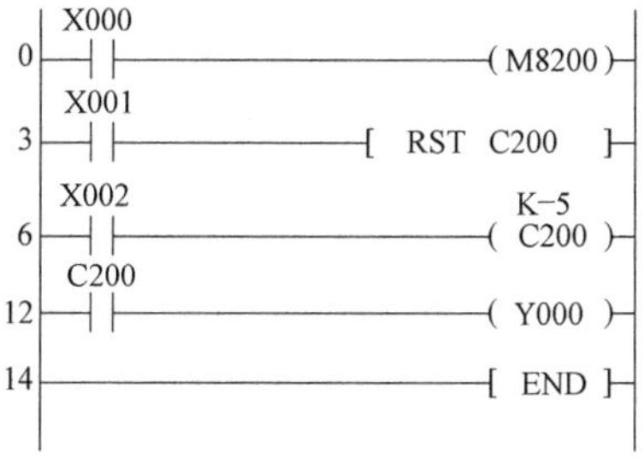

a) 梯形图

步号	指令	操作元件	注释
0	LD	X000	设定计数器方向
1	OUT	M8200	控制C200计数器
3	LD	X001	计数器复位信号
4	RST	C200	计数器复位
6	LD	X002	计数器计数输入信号
7	OUT	C200 K-5	计数器线圈,设定值为-5
12	LD	C200	
13	OUT	Y000	
14	END		

b) 指令语句

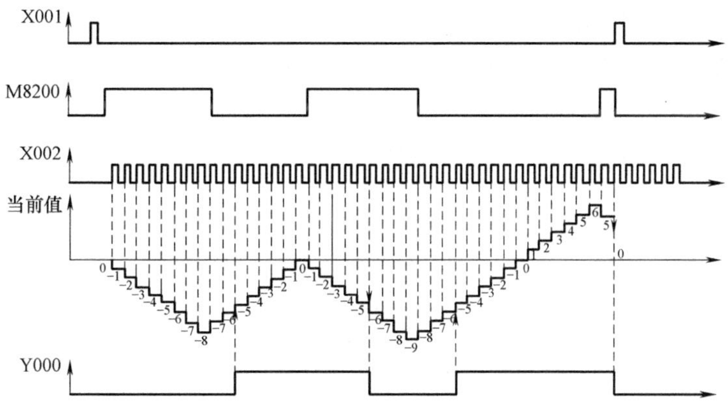

c) 时序图

图 7-20 通用型 32 位双向计数器的应用及动作时序图

任务 7.4 设计 PLC 控制程序

按控制要求，气缸 1 每前伸一次 C0 计数一次，当 C0 计数 3 次后，气缸 2 自动前伸，设计双作用气缸计数运行 PLC 控制程序如图 7-21 所示。

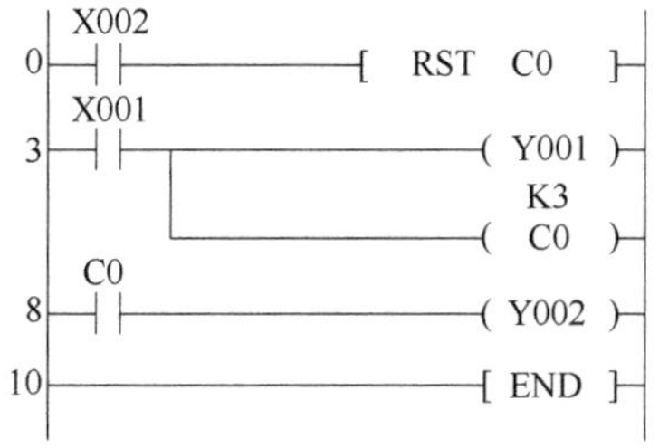

a) 梯形图

0	LD	X002	
1	RST	C0	
3	LD	X001	
4	OUT	Y001	
5	OUT	C0	K3
8	LD	C0	
9	OUT	Y002	
10	END		

b) 指令语句

图 7-21 双作用气缸计数运行 PLC 控制程序

任务7.5 调试PLC控制程序

调试步骤如下：

1）按图7-13、图7-14连接气动回路及电气回路，调节各气缸的运行速度，使之运行平稳，无爬行现象出现。

2）通过GX Developer软件把任务5.4编制的PLC控制程序输入到计算机中。

3）用编程软件进行模拟调试。

模拟接通X1、Y1，计数器C0计数显示1次；断开X1后再次接通，C0计数显示2次；当第三次接通X1后，C0计数数值达到设定值3，C0动合触点接通，Y2接通，相当于置位状态。再次按下X1，Y1再次接通，但对Y2无影响。按下X2，C0计数器复位，动合触点分断，Y2停止输出。再次接通X1，重复上述过程。

若程序有误，检查并修改程序，直至模拟运行正确。

4）下载程序并调试。把控制程序下载到PLC后，通电试运行，按下起动按钮，气缸1前伸。放开起动按钮后，气缸1自动缩回，重复上述过程。当按下3次起动按钮后，气缸2自动前伸并保持，当按下停止按钮，气缸2才能自动回缩。

若不满足要求，需调试程序，直到运行符合要求。

任务评价

自我评价

项目内容	配分	评分标准	扣分	得分
气动元件认识	30	(1)能正确区分气动元件,并说明其特点,出现一个错误扣1~2分 (2)能正确分析工作过程检测原理,出现一个错误扣1~2分		
气动回路安装、调试	30	(1)不能正确安装,每个扣1~3分 (2)连接错误或气缸运行速度不能满足要求,每处扣1~3分		
PLC安装与连接	20	(1)能正确安装与调试,得20分 (2)操作失误或传感器不能进行相关的检测,每次扣3~5分		
安全、文明操作	20	(1)违反操作规程,产生不安全因素,可酌情扣7~10分 (2)着装不规范,可酌情扣3~5分 (3)迟到、早退、工作场地不清洁,每次扣1~2分		
		总评分=(1~5项总分)×40%		

签名：____________ ______年__月__日

小组评价

项目内容	配分	评分
实训记录与自我评价情况	20	
对实训室规章制度的学习与掌握情况	20	
相互帮助与协作能力	20	
安全、质量意识与责任心	20	
能否主动参与整理工具、器材与清洁场地	20	
总评分=(1~5项总分)×30%		

参加评价人员签名：________________ ______年__月__日

教师评价

教师总体评价意见：

教师评分(30)	
总评分 = 自我评分 + 小组评分 + 教师评分	

教师签名：________________　　_____年__月__日

任务8　应用磁性接近开关实现双作用气缸自动往返运行

任务要求

应用磁性接近开关自动检测功能实现对两个双作用气缸自动运行控制，控制要求如下：

（1）按下起动控制按钮后，气缸 1 前伸。

（2）气缸 1 前伸到位后，气缸 2 自动前伸。

（3）气缸 2 前伸到位后，气缸 1 自动回缩。

（4）气缸 1 回缩到位后，气缸 2 自动回缩。

（5）气缸 2 回缩到位后自动重复上述过程，直至按下停止按钮后，气缸 2 回缩到位后结束。

课时分配

建议课时：6 课时。

学习目标

应知

（1）理解传感器的基本工作原理。

（2）了解磁性接近开关的检测方式。

（3）掌握磁性接近开关与 PLC 的连接方式。

应会

（1）会安装、连接与调试磁性接近开关。

（2）会安装与检测气动控制电磁阀与 PLC 连接电路。

（3）能运用 GX Developer 编程软件设计控制程序、模拟运行、写入 PLC，进行控制程序的调试、运行、监控。

任务介绍

本任务通过采用磁性接近开关控制双作用气缸自动运行的实例，介绍磁性接近开关的安装、接线、调试方法。所用工具与器材明细见表 8-1。

安装完成后的气动单元如图 8-1 所示。

表 8-1　工具与器材明细表

序号	类别	名　称	规格型号	数量	备注
1	工具	电工常用工具		1 套	
2		指针式万用表	500 型或 MF—47 型	1 台	
3		扳手	6～21mm	1 套	
4		内六角扳手	1.5～5mm	1 套	
5		剥线钳		1 把	
6		剪管钳		1 把	
7		套装旋具	3×100，4.5×100	2 支	
8		钟表旋具	1.5×100，2×150	2 支	
9		气管钳		1 把	
10		斜嘴钳		1 把	
11	器材	三菱 PLC	FX_{2N}—48MR	1 台	
12		按钮	LA4—3H	1 组	
13		气管		若干	
14		双作用气缸		2 个	
15		单电控三位五通电磁阀		2 个	
16		磁性接近开关		4 个	
17		多股导线		若干	

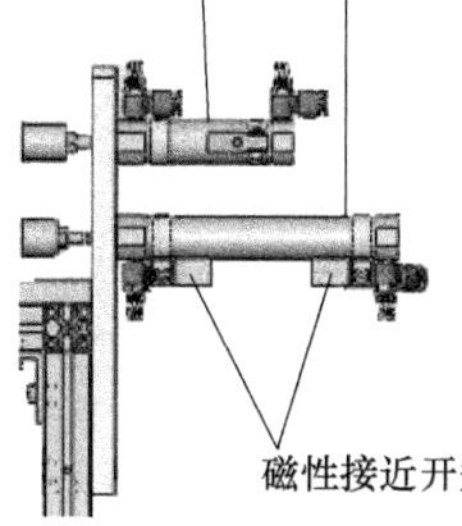

图 8-1　安装完成后的气动单元

任务 8.1　认识磁性接近开关

传感器是感受规定被测量并按照一定规律将其转换成可用输出信号的器件或装置。通常由敏感元件、转换元件和转换电路及辅助电源等部分组成。

（1）敏感元件　传感器中能直接感受或响应被测量的部分。

（2）转换元件　传感器中将敏感元件感受或响应的被测量转换成适用于传输或测量的电信号的部分。

（3）转换电路　将转换元件输出的电参量转换成电压、电流或频率量的电路。

（4）辅助电源　用于提供传感器正常工作能源的电源。

传感器的组成及通用符号如图 8-2、图 8-3 所示。

接近开关是一种常见的传感器，相关的术语有以下几个：

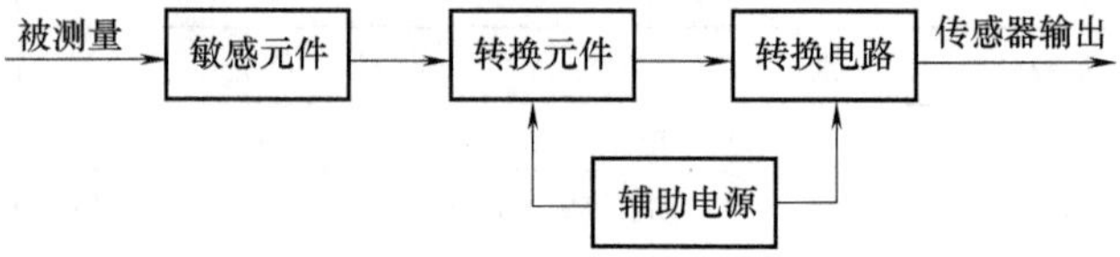

图 8-2 传感器的组成

（1）触点　接近开关在结构上没有传统意义上的机械触点，只是在功能上与机械触头相似，即接通或断开电信号。

（2）动合触点　在常态下，即在没有被检测信号的接近时，传感器输出呈截止状态，即输出为低电平（“0”）。

（3）动断触点　在常态下，即在没有被检测信号的接近时，传感器输出呈导通状态，即输出为高电平（“1”）。

（4）正逻辑输出　接近开关导通时，信号输出端输出高电平，负载须接在信号输出端与电源负极之间。这种输出称为 PNP 输出，如图 8-3a、c 所示。

（5）负逻辑输出　接近开关导通时，信号输出端输出低电平，负载须接在信号输出端与电源正极之间。这种输出称为 NPN 输出，如图 8-3b、d 所示。

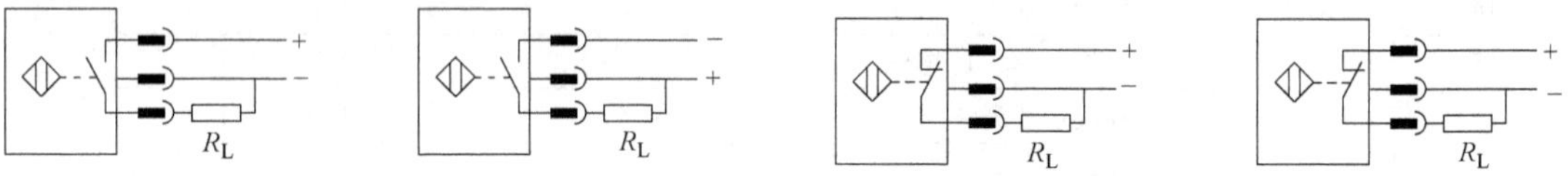

a) 正逻辑(PNP)动合型　b) 负逻辑(NPN)动合型　c) 正逻辑(PNP)动断型　d) 负逻辑(NPN)动断型

图 8-3 传感器通用符号

1. 磁性接近开关

气动系统所使用的气缸都带有磁性。这些气缸的缸筒采用导磁性弱、隔磁性强的材料，如硬铝、不锈钢等。在非磁性体的活塞上安装一个永久磁铁的磁环，这样提供了一个反映气缸活塞位置的磁场。而安装在气缸外侧的磁性接近开关则是用来检测气缸活塞位置，即检测活塞的运动行程。

为了知道气缸活塞的两个绝对位置（最内端和最外端），可以用两个磁性接近开关来检测，如图 8-4 所示。当活塞往外运动到最外端时，开关 A 就发出信号（开关上有指示灯）；当活塞向内运动到最内端时，开关 B 就发出信号。这样就可以检测气缸活塞的位置。

当气缸随活塞移动的磁环靠近接近开关时，舌簧开关的两根簧片被磁化而相互吸引，触

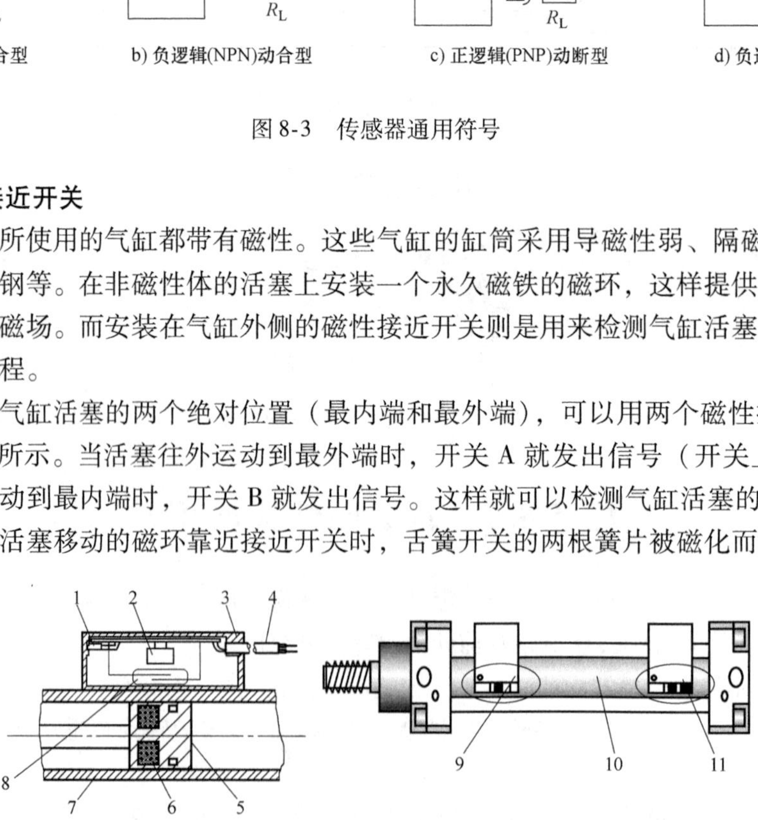

图 8-4 带磁性接近开关检测气缸位置的工作原理图

1—动作指示灯　2—保护电路　3—开关外壳　4—导线　5—活塞　6—磁环（永久磁铁）　7—缸筒　8—舌簧开关　9—开关 A　10—气缸　11—开关 B

点闭合。当磁环离开开关后，簧片失磁，触点断开。触点闭合或断开时发出电控信号，在PLC的自动控制中，可以利用该信号判断推料及顶料缸的运动状态或所处的位置，从而确定工件是否被推出或气缸是否返回。

2. 磁性接近开关的符号及接线方式

磁性接近开关引出线常用的有2线制和3线制两种，如图8-5所示。

1）二线制磁性接近开关只有蓝色和棕色2根引出线，使用时蓝色引出线应连接到PLC输入公共端，棕色引出线应连接到PLC相应信号输入端。

2）三线制磁性接近开关有蓝色、棕色和黑色3根引出线，使用时，蓝色引出线连接到电源的负极，棕色引出线连接到电源的正极（5~30V），黑色引出线作为信号线连接到PLC相应信号输入端。

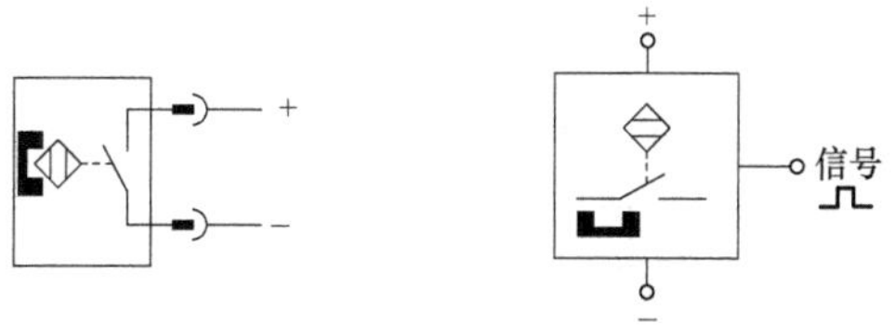

a) 二线制磁性接近开关符号　b) 三线制磁性接近开关符号

图8-5　磁性接近开关符号

任务8.2　连接气动、电气回路

8.2.1　控制要求

本任务使用任务7中的气动回路，要实现自动运行，只需在原有气缸上加装用于检测气缸活塞伸出和缩回位置的磁性接近开关即可。安装磁性接近开关后的气动控制回路如图8-6所示。

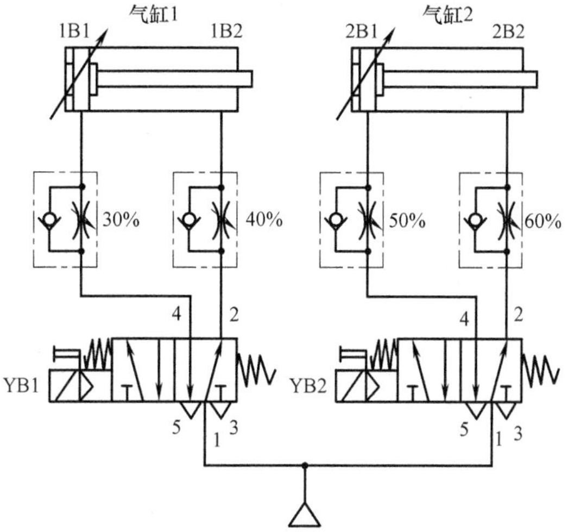

图8-6　安装磁性接近开关后的气动控制回路

图 8-6 中主要元器件及其功能见表 8-2。

表 8-2 图 8-6 中主要元器件及其功能

代号	名　称	作　用	代号	名　称	作　用
1B1	磁性接近开关	气缸 1 缩回到位检测	YB1	电磁线圈	气缸 1 前伸
1B2	磁性接近开关	气缸 1 伸出到位检测	YB2	电磁线圈	气缸 2 前伸
2B1	磁性接近开关	气缸 2 缩回到位检测			
2B2	磁性接近开关	气缸 2 伸出到位检测			

8.2.2 PLC 的输入/输出分配

根据以上分析可知：用 4 个磁性接近开关 1B1、1B2、2B1、2B2 检测两个气缸的位置信号，作为输入信号；输出信号有 YB1、YB2，分别控制气缸 1 和气缸 2 前伸。按钮 SB1、SB2 控制起动和停止。

磁性接近开关控制双作用气缸自动运行的输入/输出分配表见表 8-3。

表 8-3 磁性接近开关控制双作用气缸自动运行的输入/输出分配表

输　入			输　出		
元件	作用	输入点	元件	作用	输出点
SB1	起动控制按钮	X0	YB1	气缸 1 前伸	Y1
SB2	停止控制按钮	X1	YB2	气缸 2 前伸	Y2
1B1	气缸 1 缩回到位检测	X2			
1B2	气缸 1 伸出到位检测	X3			
2B1	气缸 2 缩回到位检测	X4			
2B2	气缸 2 伸出到位检测	X5			

磁性接近开关控制双作用气缸自动运行输入/输出接线方法如图 8-7 所示。

8.2.3 安装、调试磁性接近开关

磁性接近开关在气缸上的位置可以通过机械方式加以调整并固定。调试可在通电情况下进行，一旦气缸活塞回复到这一位置，切换信号的状态就会发生变化。在磁性接近开关上设置的 LED 指示灯显示其信号状态，供调试时使用。磁性接近开关动作时，输出信号“1”，LED 亮；磁性接近开关不动作时，输出信号“0”，LED 不亮。

磁性接近开关的安装位置调整方法是松开它的固定螺栓，让磁性接近开关顺着气缸滑动，到达指定位置后，再旋紧固定螺栓。磁性接近开关安装如图 8-8 所示。

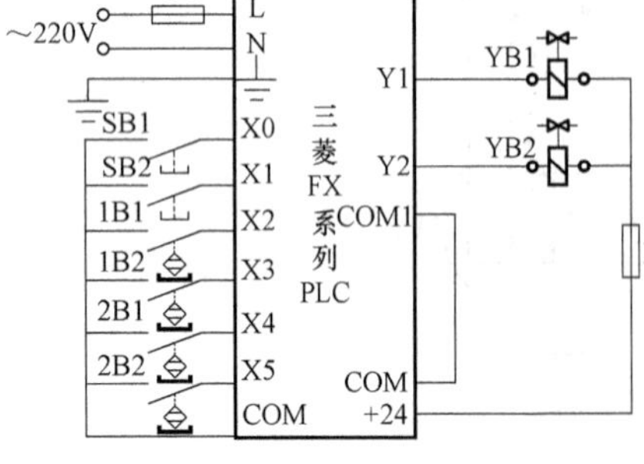

图 8-7 PLC 电源及输入/输出元器件接线图

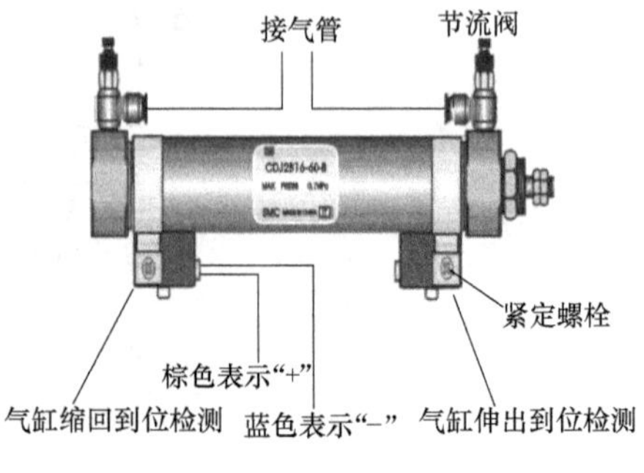

图 8-8 磁性接近开关安装示意图

任务 8.3 设计运行程序

根据任务要求，可设计双作用气缸自动运行程序如图 8-9 所示。

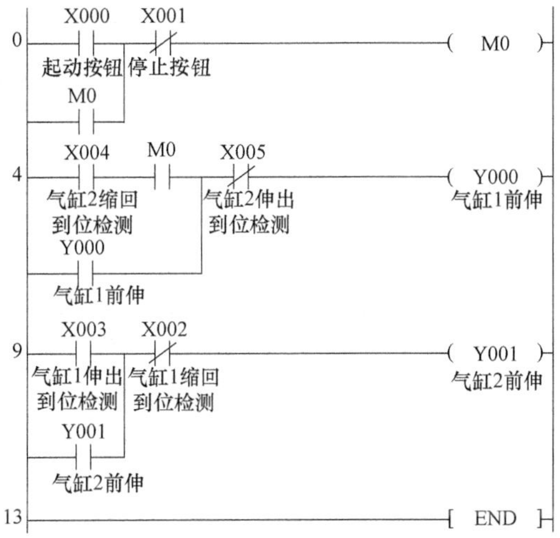

图 8-9 双作用气缸自动运行程序

任务 8.4 调试运行程序

运行程序调试步骤如下：

1）按图 8-6、图 8-7 连接气动回路及电气回路，调节各气缸的运行速度，至运行平稳，无爬行现象出现。

2）通过 GX Developer 软件把 PLC 的控制程序输入到计算机中。

3）用编程软件进行模拟调试。

模拟接通 X0，M0 自锁。点动接通 X4，Y0 输出；点动接通 X3，Y1 输出；点动接通 X5，Y0 停止输出；点动接通 X2，Y1 停止输出。

若程序有误，检查并修改程序，直至模拟运行正确。

4）下载程序并调试。把运行程序下载到 PLC 后，通电试运行，按下起动按钮，气缸 1 前伸到位后，气缸 2 自动前伸；气缸 2 前伸到位后，气缸 1 自动回缩；气缸 1 回缩到位后，气缸 2 自动回缩。重复上述过程，直至按下停止按钮后，完成上述过程后停止。

若不满足要求，需调试程序，直到运行符合要求。

任务评价

自我评价

项目内容	配分	评分标准	扣分	得分
传感器调试	30	(1)能正确安装，并说明其特点，出现一个错误扣 1 ~2 分 (2)能正确调试检测位置，不能自动检测一个位置扣 1 ~2 分		

（续）

项目内容	配分	评分标准	扣分	得分
气动回路安装、调试	30	(1)不能正确安装,每个扣1~3分 (2)连接错误或气缸运行速度不能满足要求,每处扣1~3分		
PLC 安装与连接	20	(1)能正确安装与调试,得20分 (2)操作失误或传感器不能进行相关的检测,每次扣3~5分		
安全、文明操作	20	(1)违反操作规程,产生不安全因素,可酌情扣7~10分 (2)着装不规范,可酌情扣3~5分 (3)迟到、早退、工作场地不清洁,每次扣1~2分		
总评分 =(1~5 项总分)×40%				

签名：________ ____年__月__日

小组评价

项目内容	配分	评分
实训记录与自我评价情况	20	
对实训室规章制度的学习与掌握情况	20	
相互帮助与协作能力	20	
安全、质量意识与责任心	20	
能否主动参与整理工具、器材与清洁场地	20	
总评分 =(1~5 项总分)×30%		

参加评价人员签名：________ ____年__月__日

教师评价

教师总体评价意见：

教师评分(30)	
总评分 = 自我评分 + 小组评分 + 教师评分	

教师签名：________ ____年__月__日

任务9　应用步进串行指令实现供料站自动运行

任务要求

使用光电接近开关、电容式或电感式接近开关等传感器，应用 PLC 单流程步进指令控制自动供料站实现步进顺序控制。控制要求如下：

（1）按下起动按钮后，顶料气缸前伸顶住次下层工件。

（2）顶料气缸前伸到位后，推料气缸自动前伸推出工件。

（3）推料气缸前伸到位后，自动回缩，推出工件完成。

（4）推料气缸回缩到位后，顶料气缸自动回缩为下一次推出工件做好准备。

（5）顶料气缸回缩到位后，检测出料台是否有工件，如工件被取走后，再次重复上述工作过程。

（6）直至按下停止按钮后，顶料气缸回缩到位后结束。

课时分配

建议课时：6 课时。

学习目标

应知

（1）了解步进顺序控制的工作过程。

（2）掌握状态转移图编程步骤。

（3）掌握步进指令的编程方法。

应会

（1）会选用和安装光电接近开关、电容式或电感式接近开关等电器元件。

（2）能连接与调试安装光电接近开关、电容式或电感式接近开关。

（3）会安装与检测气动控制电磁阀与 PLC 连接线路。

（4）能运用 GX Developer 编程软件设计控制程序、模拟运行、写入 PLC，并进行调试、运行与监控。

任务介绍

供料站是自动生产线常用的工作单元。本任务通过应用 PLC 控制自动供料站实现步进顺序控制的实例，介绍步进控制状态流程、步进指令及编程方法。所用工具与器材明细表见表 9-1。

表 9-1 工具与器材明细表

序号	类别	名 称	规 格 型 号	数量	备注
1	工具	电工常用工具		1 套	
2		指针式万用表	500 型或 MF—47 型	1 台	
3		扳手	6 ~ 21mm	1 套	
4		内六角扳手	1.5 ~ 5mm	1 套	
5		剥线钳		1 把	
6		剪管钳		1 把	
7		套装旋具	3 × 100, 4.5 × 100	2 支	
8		钟表旋具	1.5 × 100, 2 × 150	2 支	
9		气管钳		1 把	
10		斜嘴钳		1 把	
11	器材	三菱 PLC	FX_{2N}—48MR	1 台	
12		按钮	LA4—3H	1 组	
13		气管		若干	
14		双作用气缸		2 个	
15		单电控三位五通电磁阀		2 个	
16		磁性接近开关		4 个	
17		漫反射式光电接近开关或电容式接近开关		1 个	
18		多股导线		若干	

安装完成的供料站如图 9-1 所示。

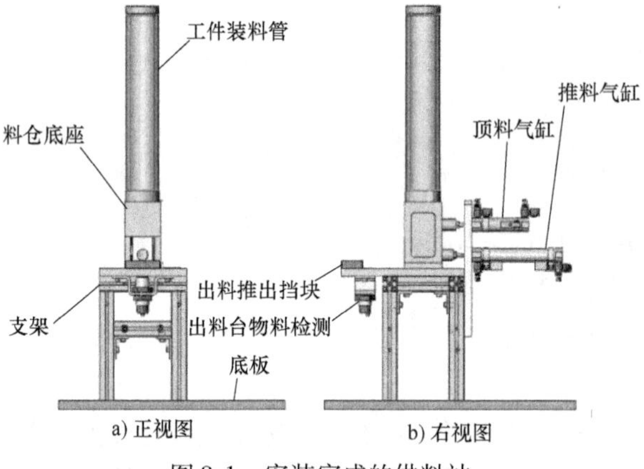

图 9-1 安装完成的供料站

任务 9.1 认识光电接近开关、电感式接近开关及电容式接近开关

9.1.1 认识光电接近开关

光电接近开关是用光电转换器件作测控元件，将光信号转换为电信号的装置。光电接近开关的种类很多，按照其输出信号的形式，可以分为模拟式、数字式、开关量输出式。本任务重点介绍开关量输出形式的光电接近开关。

1. 光电接近开关的分类

光电接近开关主要由光发射器和光接收器组成，光发射器用于发射红外光或可见光，光接收器用于接收发射器发射的光，并将光信号转换成电信号以开关量形式输出。按照接收器接收光的方式不同，光电接近开关可以分为对射式、反射式和漫射式三种。光发射器和光接收器也有一体式和分体式两种。

（1）对射式光电接近开关　对射式光电接近开关是指光发射器（光发射器探头或光源探头）与光接收器（光接收器探头）处于相对位置工作的光电接近开关，其工作原理和外形如图 9-2、图 9-3 所示。

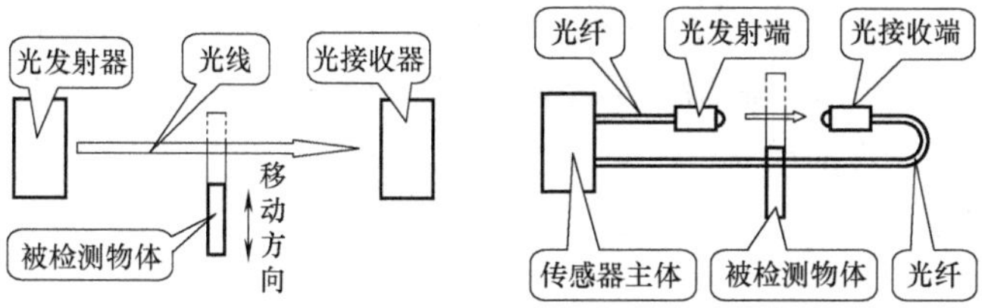

a) 分体式　　b) 一体式

图 9-2　对射式光电接近开关的工作原理

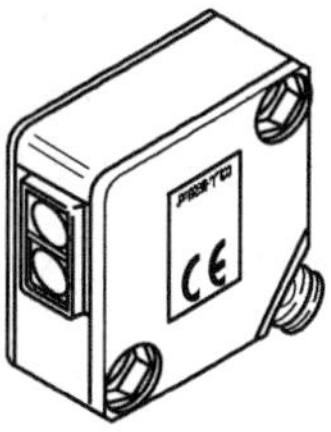

图 9-3　对射式光电接近开关外形图

（2）反射式光电接近开关　反射式光电接近开关的光发射器与光接收器处于同一侧位置，且光发射器与光接收器为一体化的结构，在其相对的位置上安置一个反光镜，光发射器发出的光经反光镜反射回来后由光接收器接收，其原理和外形如图 9-4 所示。

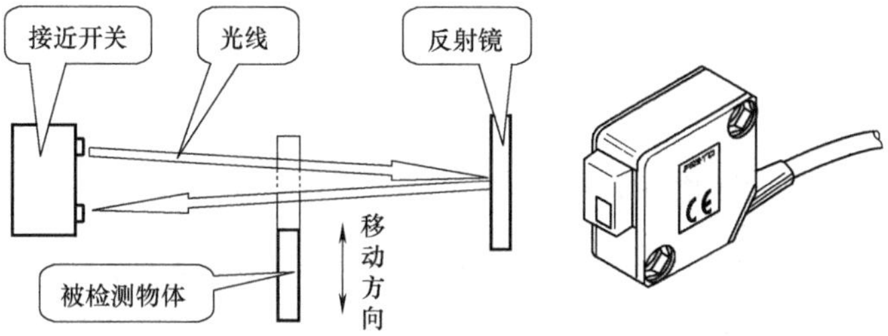

a) 工作原理　　b) 外形图

图 9-4　反射式光电接近开关的工作原理及其外形图

（3）漫射式（漫反射式）光电接近开关　漫反射式光电接近开关是利用光照射到被测物体上后反射回来的光线而工作的，由于物体反射的光线为漫射光，故该种传感器称为漫反射式光电接近开关，其工作原理和外形如图 9-5 所示。

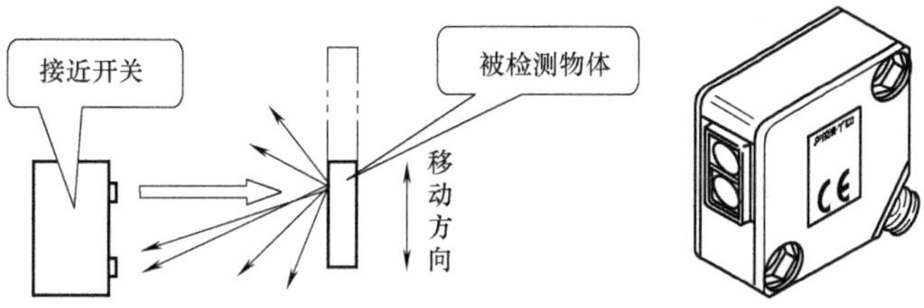

a) 工作原理　　b) 外形图

图 9-5　漫反射式光电接近开关的工作原理及其外形图

2. 光电接近开关的符号及接线方式

光电接近开关有3线制、4线制、5线制等多种，常用3线制光电接近开关的图形符号如图9-6所示。

接线方式如下：棕色——电源正极；蓝色——电源负极；白色——信号公共端；黑色——信号正逻辑；灰色——信号负逻辑。

3. 光电接近开关在自动检测中的应用

（1）对射式光电接近开关应用　用两个对射式光电接近开关检测传送带的张力，如图9-7所示。在正常情况下，传送带V1和V2的传送速度应保持在一定的范围内，即V1和V2的带速度应为一致。即接近开关A有信号，B没有信号。如果在某一时刻A和B都有信号，这就表明V2传送出现问题，这样会在送入和输出机构之间出现带子重叠，这个时候必须减小送入带速V1。如果在某一时刻A和B都没有信号，这就表明了V1的送入速度出现问题，这就应相应地增大V1或减小V2的速度进行控制。

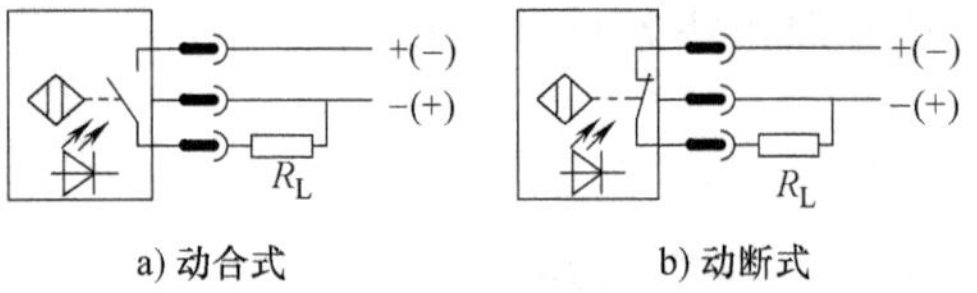

图9-6　光电接近开关的图形符号

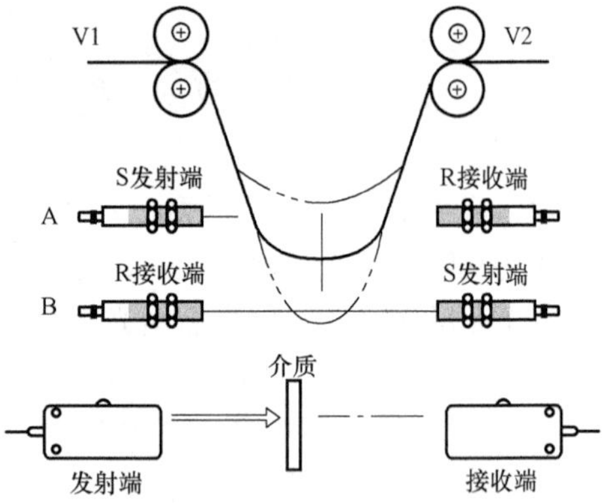

图9-7　对射式光电接近开关应用

（2）反射式光电接近开关应用　使用反射式光电接近开关来控制大门的开、闭。如果接近开关检测到可感应的介质工件经过，则有相应的信号输出，如图9-8所示。

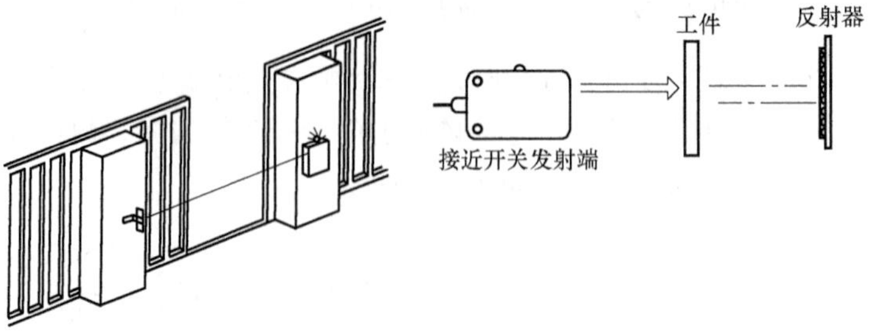

图9-8　反射式接近开关应用

（3）漫射式光电接近开关应用　在一个产品分类站上，不同表面特性和不同颜色的产品（介质）要区分开来，这可以用一个漫射反式光电接近开关来实现，如图9-9所示。如同时使用三种不同颜色的产品，白色的金属、红色的塑料和黑色的塑料。根据工件颜色反射的不同可以区分出白色和红色以及没有反射的黑色，如再要区分金属和塑料则使用电感传感器就可以了。

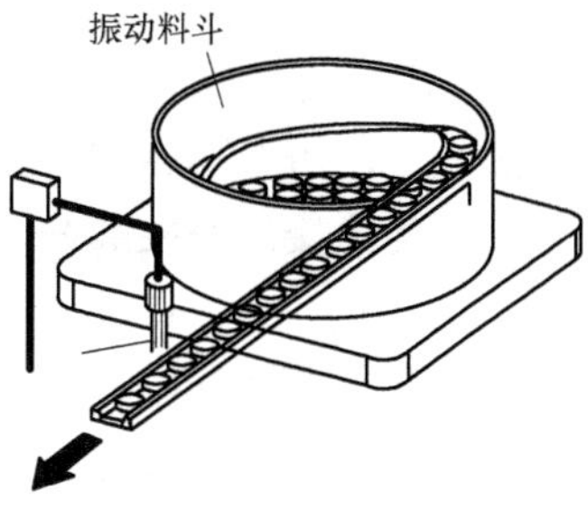

图 9-9　漫射式光电接近开关应用

9.1.2　认识电感式接近开关

1. 电感式接近开关的基本工作原理

电感式接近开关是利用电涡流效应制造的传感器。电涡流效应是指，当金属物体处于一个交变的磁场中，在金属内部会产生交变的电涡流，该涡流又会反作用于产生它的磁场。如果这个交变的磁场是由一个电感线圈产生的，则这个电感线圈中的电流就会发生变化，用于平衡涡流产生的磁场。用在加工机械、机器人、生产线以及传送带系统中检测和功能相关的动作，并将检测结果转换成电信号。

电感式接近开关以高频振荡器（LC 振荡器）中的电感线圈作为检测元件，当被测金属物体接近电感线圈时产生了涡流效应，引起振荡器振幅或频率的变化，由信号处理电路（包括检波、放大、整形、输出等电路）将该变化转换成开关量输出，从而达到检测目的。电感式接近开关工作原理框图如图 9-10 所示。

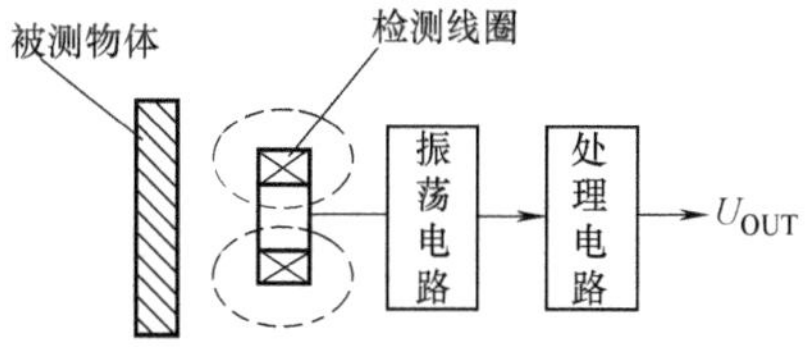

图 9-10　电感式接近开关工作原理框图

2. 电感式接近开关的符号及接线方式

电感式接近开关常用的接线方式是三线制，与光电接近开关相同，其图形符号与外形如图 9-11 所示。

3. 电感式接近开关在自动检测中的应用

电感式接近开关只能对金属起作用，可以应用在生产线上检测金属工件是否到位，图 9-12所示。当工件到位后自动输出一个开关量信号，用以控制计数器计数或下一个加工步骤。

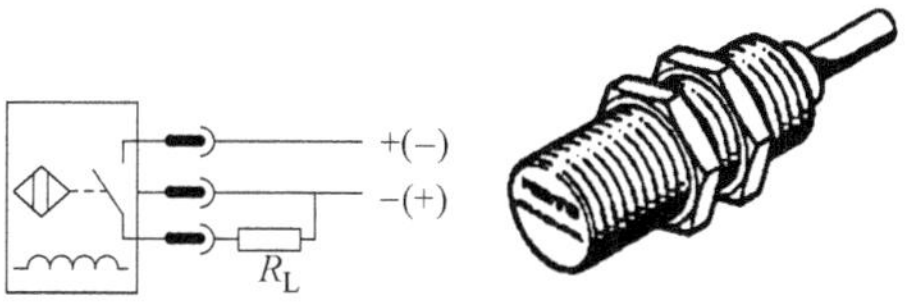

图 9-11　电感式接近开关的图形符号与外形

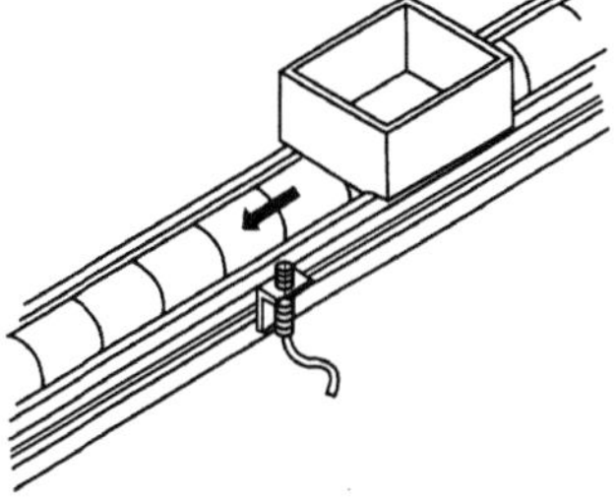
图 9-12　电感式接近开关的应用

9.1.3　认识电容式接近开关

1. 电容式接近开关的基本工作原理

在高频振荡型电容式接近开关中，以高频振荡器（LC 振荡器）中的电容作为检测元件，利用被测物体接近该电容时由于电容器的介质发生变化导致电容量 C 的变化，从而引起振荡器振幅或频率的变化，由传感器的信号处理电路将该变化转换成开关量输出，从而达到检测的目的。电容式接近开关能检测大部分的物质，如金属、橡胶等。

2. 电容式接近开关的符号及接线方式

电容式接近开关常用的接线方式为三线制，接线方式与光电接近开关相同。电容式接近开关图形符号如图 9-13 所示。

3. 电容式接近开关在自动检测中的应用

由于电容式接近开关根据其感应灵敏度可以检测不同材质的工件，如图 9-14 所示。在自动生产线上可以检测出工件是否金属或塑料、塑料或瓷器等，用以控制计数器计数或下一个加工步骤。

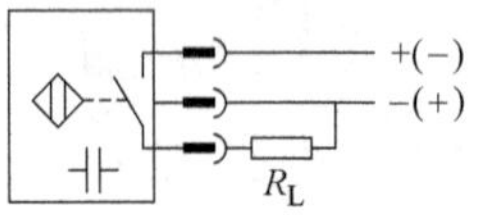

图 9-13 电容式接近开关图形符号

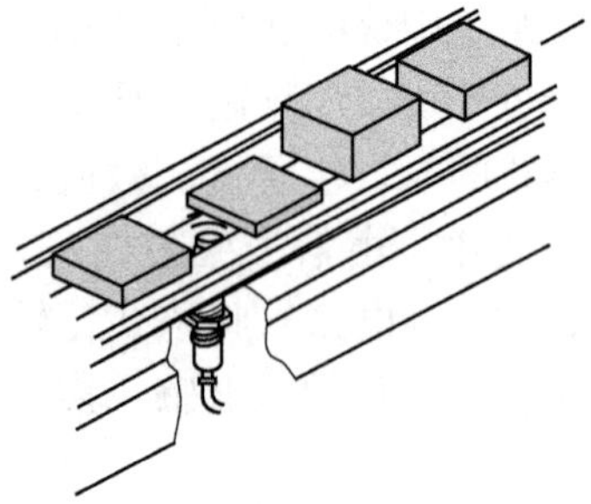

图 9-14 电容式接近开关应用

任务 9.2 连接电气回路

9.2.1 控制任务分析

供料站工作示意图如图 9-15 所示。本任务工作过程是：工件垂直叠放在料仓中，推料缸处于料仓的底层并且活塞杆可从料仓的底部通过。当活塞杆在退回位置时，它与最下层工件处于同一水平位置，而顶料气缸则与次下层工件处于同一水平位置。在需要将工件推出到物料台上时，首先使顶料气缸的活塞杆推出，压住次下层的工件。然后使推料气缸活塞杆推出，把最下层的工件推到物料台上。在推料气缸返回并从料仓底部抽出后，再使顶料气缸返回，松开次下层工件。这样，料仓中的工件在重力作用下，就自动向下移动一个工件，为下一次推出工件做好准备。

本任务使用任务 8 的气动回路，为实现自动运行，气缸上安装有检测气缸活塞伸出和缩回位置的磁性接近开关。另外，推料缸把工件推出到出料台上，出料台面开有小孔，下面装有漫射式光电接近开关或电容式接近开关（如金属工件，可使用电感式接近开关），检测出料台是否有工件。

本任务所需主要元器件及其功能见表 9-2。

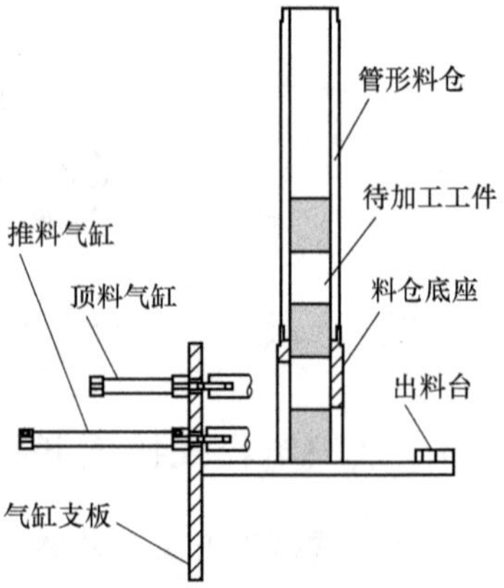

图 9-15 供料站工作示意图

表 9-2 主要元器件及其功能

代号	名　称	作　用	代号	名　称	作　用
1B1	磁性接近开关	顶料气缸缩回到位检测	SC1	漫射式光电接近开关或电容式接近开关	出料台工件检测
1B2	磁性接近开关	顶料气缸伸出到位检测			
2B1	磁性接近开关	推料气缸缩回到位检测	YB1	电磁线圈	顶料气缸前伸
2B2	磁性接近开关	推料气缸伸出到位检测	YB2	电磁线圈	推料气缸前伸

9.2.2 PLC 的输入/输出分配

根据以上分析可知：由 4 个磁性接近开关检测气缸位置信号，1 个光电接近开关检测出料台工件，输出信号 YB1、YB2 分别控制顶料气缸和推料气缸前伸，按钮 SB1 、SB2 分别控制起动和停止。

供料站自动步进顺序控制的输入/输出分配表见表 9-3。

表 9-3 供料站自动步进顺序控制的输入/输出分配表

输　入			输　出		
元件	作用	输入点	元件	作用	输出点
SB1	起动控制按钮	X0	YB1	顶料气缸前伸	Y1
SB2	停止控制按钮	X1	YB2	推料气缸前伸	Y2
1B1	顶料气缸缩回到位检测	X2			
1B2	顶料气缸伸出到位检测	X3			
2B1	推料气缸缩回到位检测	X4			
2B2	推料气缸伸出到位检测	X5			
SC1	出料台工件检测	X6			

供料站自动步进顺序控制的输入/输出接线图如图 9-16 所示。

9.2.3 安装、调试漫射式光电接近开关

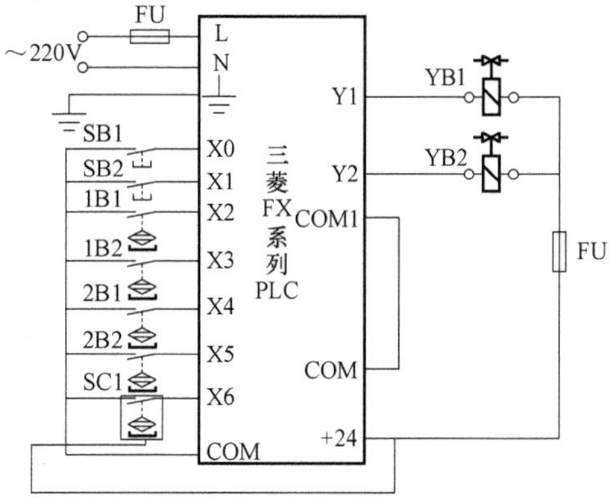

图 9-16 输入/输出接线图

漫射式光电接近开关的光发射器与光接收器处于同一侧位置，且为一体化结构。在本任务中，选用欧姆龙公司的 E3Z-L61 放大器内置型光电接近开关，其外形如图 9-17 所示。

图中动作选择开关的功能是选择受光动作（Light）或遮光动作（Drag）模式。当此开关按顺时针方向充分旋转时（L 侧），则进入检测开（ON）模式；当此开关按逆时针方向充分旋转时（D 侧），则进入检测关（OFF）模式。

距离设定旋钮是回转调节器，调整距离时注意逐步轻微旋转，否则若充分旋转距离调节器会空转。调整的方法是，首先按逆时针方向将距离调节器充分旋到最小检测距离（E3Z-L61 约 20mm），然后根据要求距离放置检测物体，按顺时针方向逐步旋转距离调节器，找到接近开关进入检测状态的点。增大检测物体的距离，按顺时针方向进一步旋转距离调节器，接近开关再次进入检测状态，一旦进入，向后旋

转距离调节器，找到接近开关回到非检测状态的点。两点之间的中点为稳定检测物体的最佳位置。

如选用 MHT15—N2317 型光电接近开关，其外形如图 9-18 所示。调整时，将被检测物放在出料台中，调整光电灵敏度，直至放入被检测物检测指示灯亮、拿开被检测物检测指示灯灭，同时观察 PLC 输入端指示灯状态。

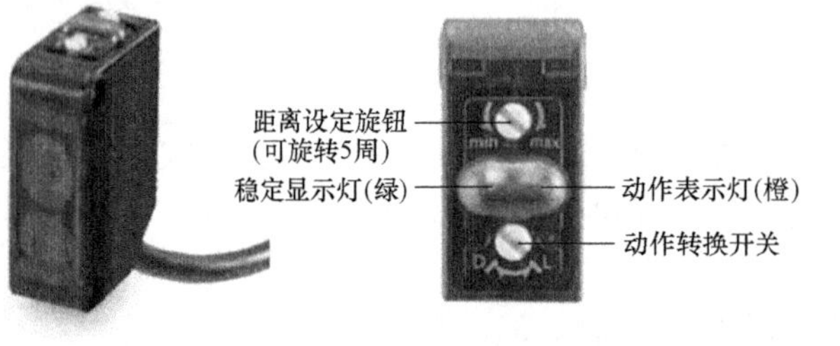

a) 光电接近开关外形　　b) 调节旋钮和显示灯

图 9-17　E3Z-L61 型光电接近开关

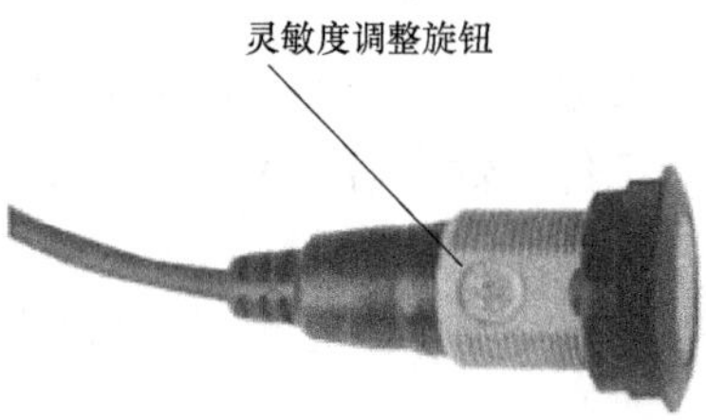

图 9-18　MHT15—N2317 型光电接近开关的外形

>> **小提示**　注意被检测物体的颜色，不同颜色的物体，检测灵敏度的调整有所不同。

9.2.4　安装调试电容式、电感式接近开关

调整电容式接近开关的灵敏度可检测不同的物质，调整方法如光电接近开关；而电感式接近开关由于只能检测金属物质，在接近开关上无灵敏度调整旋钮。这是电容式接近开关和电感式接近开关在外观上最基本的区别。

无论是电容式接近开关还是电感式接近开关，均有检测指示。安装时，放入被检测物检测指示灯亮，拿开被检测物检测指示灯灭，同时观察 PLC 输入端指示灯状态。

电容式接近开关和电感式接近开关检测距离较光电接近开关近，一般为 1 ~ 5mm，安装时注意应以不触及被检测物体的最近距离为宜。

任务 9.3　学习步进串行控制指令

FX_{2N} 系列的 PLC 有两条功能强大的步进顺序控制指令，简称步进指令。

9.3.1　顺序控制

所谓顺序控制，就是按照生产工艺所要求的动作规律，在各个输入信号的作用下，根据内部的状态和时间顺序，使生产过程的各个执行机构自动地、有序地进行操作。在顺序控制中，生产过程是按顺序、有步骤地连续工作，因此，可以将一个较复杂的生产过程分解成若干步骤，每一步对应生产过程中一个控制任务，也称一个工步（或一个状

态）。在顺序控制的每个工步中，都应含有完成相应控制任务的输出执行机构和转移到下一工步的转移条件。

以星形—三角形减压起动运行过程为例来说明顺序控制过程，其顺序控制流程图如图9-19所示。按下起动按钮后，电动机以星形起动，起动5s后，电动机自动转入三角形正常运行。

由图9-19可见，每个方框表示一步工序，方框之间用带箭头的统一线段相连，箭头方向表示工序转移的方向。按生产工艺过程，将转移条件写在线段旁边，若满足转移条件，则上一步工序完成，下一步工序开始。顺序控制流程图具有以下特点：

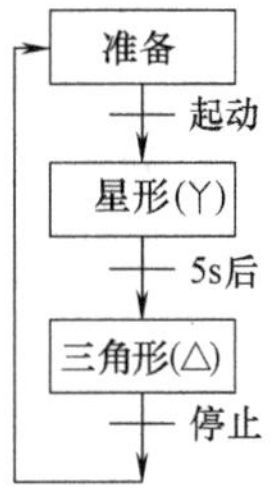

图9-19 星形—三角形减压起动顺序控制流程图

1）将复杂的顺序控制任务或过程分解为若干个工序（或状态），有利于程序的结构化设计。分解后的每步工序（或状态）都应分配一个状态控制元件，以确保顺序控制能按要求进行。

2）相对于某个具体的工序，简化了控制任务，使局部编程更方便。每步工序（或状态）都有驱动负载的能力，能使输出元件动作。

3）整体程序是局部程序的综合。每步工序（或状态）在满足转移条件时，都会转移到下一步工序，并结束上一步工序。只要清楚各工序成立的条件、转移的条件和转移的方向，就可以进行顺序控制流程图设计。

9.3.2 状态流程图

1. 状态元件

任何一个顺序控制任务或过程都可以分解为若干个工序，每个工序就是控制过程的一个状态，将各工序变换为其相应的状态，就得到了顺序控制的状态流程图。状态流程图是使用状态来描述控制任务或过程的流程图。

在状态流程图中，一个完整的状态必须包括：

（1）该状态的控制元件　FX_{2N}系列PLC中规定状态继电器（S）为控制元件，每一个状态的控制元件代表顺序控制中的步序，用来完成顺序控制中的一个工步（或状态）。按用途分，FX_{2N}系列PLC的状态元件主要可分为初始状态、回原点状态、通用状态、断电保持状态和外部故障诊断5类，见表9-4。

表9-4 状态元件分类

序号	分　类	状态元件序号	说　明
1	初始状态	S0 ~ S9	步进程序开始使用
2	回原点状态	S10 ~ S19	系统返回原始位置时使用
3	通用状态	S20 ~ S499	实现顺序控制的各个工步时使用
4	断电保持状态	S500 ~ S899	具有断电保持功能
5	外部故障诊断	S900 ~ S999	进行外部故障诊断时使用

（2）该状态所驱动的负载　负载可以是输出继电器Y、辅助继电器M、定时器T和计数器C等。

（3）向下一个状态转移的条件 这个条件可以是单个动合触点或动断触点，也可以是各类继电器触点的逻辑组合。

（4）向下一个状态转移的方向 当系统的控制顺序是按顺序由上向下时，可以不标注箭头；如果系统的控制顺序是由下向上时，则必须标注箭头。

2. 状态流程图编制方法

图 9-20 所示为状态流程图中的一个完整状态。方框表示一个状态，框内用状态元件标明该状态名称，状态之间用带箭头的线段连接，线段上的短线及旁边的标注为状态转移条件，方框右边为该状态的驱动输出。

1）状态继电器 S20 有效时 Y1 被驱动，通过 SET 指令使 Y2 置位。程序等待转移条件 X1 动作。

2）X1 瞬时接通，动作状态就从 S20 向 S21 转移。

3）S20 自动复位，该状态下的动作停止，驱动元件 Y1 复位。SET 驱动置位 Y2 保持接通。S21 状态下输出继电器 Y3 被驱动。

星形—三角形减压起动控制状态流程图如图 9-21 所示。初始状态是状态转移的起点，即预备阶段，一个完整的状态流程图必须有初始状态。图中的 S2 是初始状态，用双线框表示，其他状态用单线框表示。

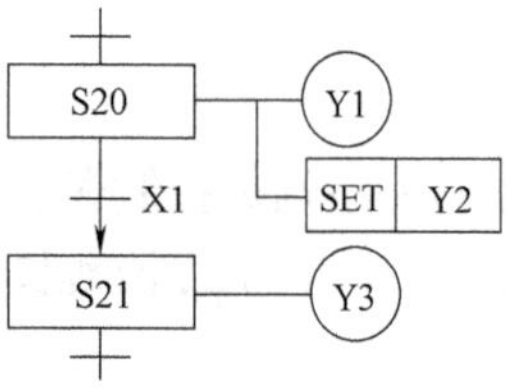

图 9-20 一个完整状态

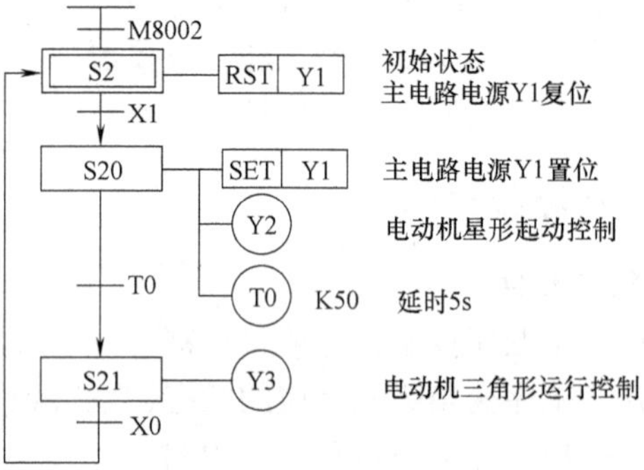

图 9-21 星形—三角形减压起动控制状态流程图

图 9-21 中，当 PLC 通电时，M8002 接通一个扫描周期，步进程序进入初始状态 S2，将主电路电源控制 Y1 复位并等待起动。当按下起动按钮 X1 后，步进程序从状态 S2 转移到 S20，此时置位接通 Y1 驱动主电路电源连接，同时 Y2 接通，电动机星形起动，延时时间继电器 T0 开始计时；5s 后，T0 动合触点接通，状态转移到 S21，Y2 在转至下一步的时自动复位，星形起动结束，同时 Y3 接通，驱动电动机三角形运行。当电动机需停止运行时，只需按下停止按钮 X0，步进程序自动转移到初始状态，并将从星形起动到三角形运行的主电路电源控制 Y1 复位，如再次按下起动按钮 X1，电动机将再次起动。

9.3.3 步进（STL、RET）指令

STL：步进触点指令，用于步进节点驱动，并将母线移至步进节点之后。

RET：步进返回指令，用于步进程序结束返回，将母线恢复原位。

FX_{2N}系列 PLC 步进指令只有上述两条，但步进程序中连续状态的转移需用 SET 指令完

成，因此 SET 指令在步进程序中必不可少。

（1）STL 指令的使用方法　STL 指令的使用如图 9-22 所示。

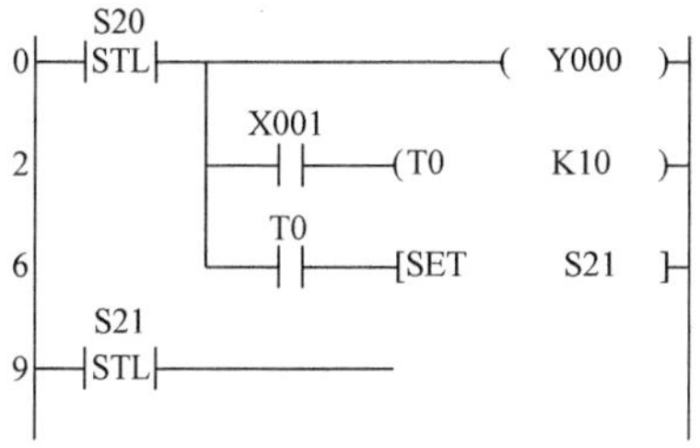

a) 梯形图

0	STL	S20	
1	OUT	Y000	
2	LD	X001	
3	OUT	T0	K10
6	LD	T0	
7	SET	S21	
9	STL	S21	

b) 指令语句

图 9-22　STL 指令的使用

步进触点只有动合触点，没有动断触点。步进触点接通，需要用 SET 指令进行置位。步进触点闭合，其作用如同主控触点闭合一样，将左母线移到新的临时位置，即移到步进触点右边，相当于副母线。这时，与步进触点相连的逻辑行开始执行。可以采用基本指令写出指令语句表，STL 触点可直接驱动或通过别的触点驱动 Y、M、S、T 等元件的线圈。与副母线相连的触点可以采用 LD 指令或者 LDI 指令。只有执行完 RET 后才返回左侧母线。

当 T0 动合触点闭合后，执行 SET S21 指令，步进触点 S21 被置位，这时，步进触点 S20 将自动复位。S20 的状态转移到 S21 的状态，完成了步进功能。

（2）RET 指令的使用　RET 指令的使用如图 9-23 所示。RET 指令没有操作元件。

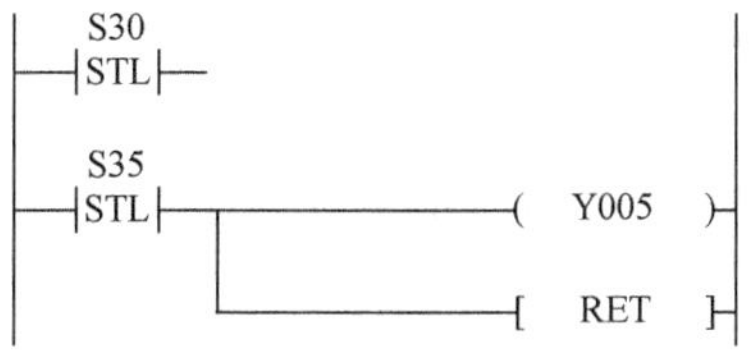

a) 梯形图

STL	S30
⋮	
STL	S35
OUT	Y005
RET	

b) 指令语句

图 9-23　RET 指令的使用

不必在每条步进指令后面都加一条 RET 指令，只需在一系列步进指令的最后接一条 RET 指令，但必须要有 RET 指令。STL 和 RET 指令只有与状态器 S 配合才能具有步进功能。

现以星形—三角形减压起动为例，说明步进指令的使用方法。图 9-21 所示的步进控制状态流程图的梯形图如图 9-24a 所示，其指令语句如图 9-24b 所示。

图 9-24 中，通电时步进程序用 SET 指令转入状态 S2，母线转移到步进触点 S2（STL S2）之后，因此其后的触点在写指令语句时应直接用 LD、LDI 指令；当转移条件 X1 接通后，步进程序转入状态 S20；当程序执行至状态 S21 时，图中的 OUT 指令实现了向状态 S2 的跳转，步进触点 S21 后加上步进返回指令 RET，以使母线返回。

9.3.4　步进指令使用说明

1）步进触点与左母线相连时，具有主控和跳转作用。STL 触点是与左侧母线相连的动

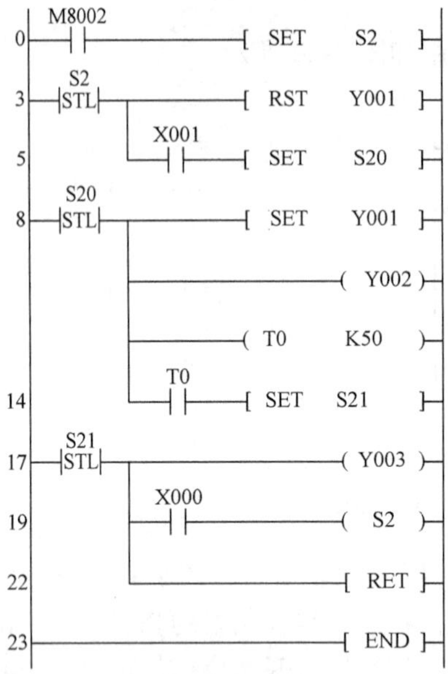

a) 梯形图

0	LD	M8002	
1	SET	S2	
3	STL	S2	
4	RST	Y001	
5	LD	X001	
6	SET	S20	
8	STL	S20	
9	SET	Y001	
10	OUT	Y002	
11	OUT	T0	K50
14	LD	T0	
15	SET	S21	
17	STL	S21	
18	OUT	Y003	
19	LD	X000	
20	OUT	S2	
22	RET		
23	END		

b) 指令语句

图 9-24　星形—三角形减压起动步进控制梯形图与指令语句

合触点，某 STL 触点接通，则对应的状态为活动步。STL 触点断开时，其后的电路块不动作，相当于被跳转了一样。

2）状态继电器的 S0 ~ S999 只有在使用 SET 指令以后才具有步进控制功能，提供步进触点。同时，状态继电器还可提供普通的动合触点和动断触点。状态继电器也可以作为普通的辅助继电器使用，功能与辅助继电器完全相同，但这时其不提供步进触点。

3）由于 PLC 只执行活动步对应的电路块，所以使用 STL 指令时允许双线圈输出（顺序控制程序在不同的步可多次驱动同一线圈）。但在同一步中，所使用的输出继电器、内部继电器、定时器、计数器等都不能够出现重复的编号，否则程序按出错处理。

4）STL 触点驱动的电路块中不能使用 MC 和 MCR 指令，但可以用 CJ 指令。在中断程序和子程序内，不能使用 STL 指令。需要多重输出时，要在 LD、LDI 指令后采用 MPS、MRD、MPP 指令，如图 9-25 所示。

5）在状态转移过程中，会出现在一个扫描周期的时间内两个状态同时动作的可能。因

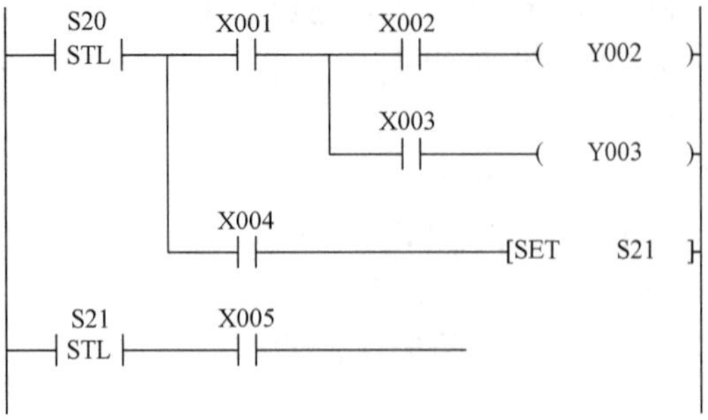

a) 梯形图

0	STL	S20
1	LD	X001
2	MPS	
3	AND	X002
4	OUT	Y002
5	MPP	
6	AND	X003
7	OUT	Y003
8	LD	X004
9	SET	S21
11	STL	S21
12	LD	X005

b) 指令语句

图 9-25　步进指令在多重输出的使用

9 TASK

此，在两个状态中不允许同时动作的负载之间必须有联锁措施。在相邻的两个状态中也不能使用同一个定时器，因为其指令会互相影响，使定时器无法复位。如果不是相邻的两个状态，则可以使用同一个定时器，因此，不相邻的状态中可重复使用同一个定时器。这样，一个程序中一般只需 2 ~ 3 只定时器就能满足要求。

6）状态继电器使用时可以按编号顺序使用，也可以任意选择使用，但不允许重复使用。

7）在状态内的副母线将 LD、LDI 指令写入后，对不需要触点控制的直接输出就不能再编程。

任务 9.4　设计步进控制程序

9.4.1　步进指令的编程方法

步进指令是顺序控制的一种编程方法，采用步进指令编程时，一般需要以下几个步骤：

1）分配 PLC 的输入点和输出点，列出输入点和输出点分配表。

2）画出 PLC 的外部接线图。

3）根据控制要求，画出顺序控制的状态流程图。

4）根据状态流程图，画出相应的梯形图。

5）根据梯形图写出对应的指令语句表。

6）输入程序，调试运行。

9.4.2　程序设计方法

1. 绘制顺序控制流程图

参照 PLC 输入点和输出点分配表及 PLC 外部接线图，根据供料单元步进控制要求，画出供料站顺序控制流程图，如图 9-26 所示。

2. 绘制状态转移图

供料站步进控制状态流程图如图 9-27 所示。初始状态是状态的转移的起点，即预备阶

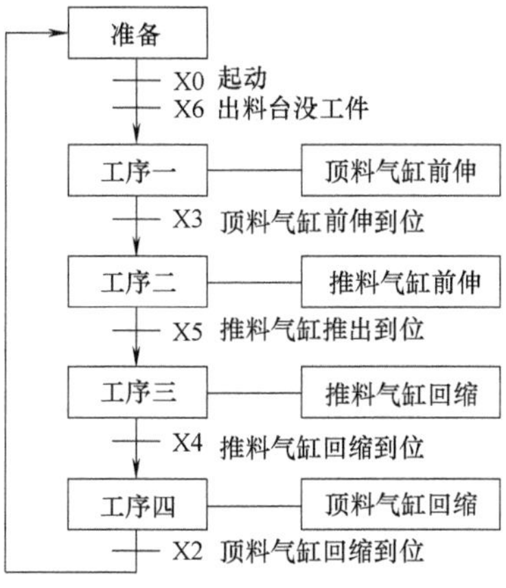

图 9-26　供料站顺序控制流程图

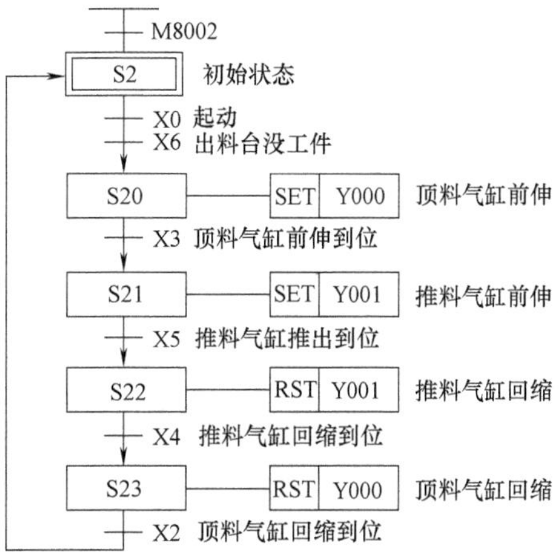

图 9-27　供料站步进控制状态流程图

段。图中的 S2 是初始状态，用双线框表示。其他状态用单线框表示。

图 9-27 中，当 PLC 通电时，M8002 接通一个扫描周期，步进程序进入初始状态 S2，等待起动，当按下 X0 起动后，如出料台光电接近开关（或电容式接近开关）X6 检测没有工件，步进程序从状态 S2 转移到 S20。此时，Y000 接通驱动顶料气缸置位输出顶住次二层工件，当磁性接近开关 X3 检测顶料气缸前伸到位，状态转移到 S21，Y001 接通推料气缸置位输出，推出工件，同时状态 S20 复位；当推料气缸前伸推出工件到位，状态转移到 S22，复位 Y001，推料气缸自动回缩，同时状态 S21 复位，如此一个个状态依次向下执行，直到状态 S23，顶料气缸回缩到原位，实现供料站的单循环控制。如需实现自动循环，只需将 X0 起动按钮连续接通。

3. 编写梯形图及指令语句

在本任务中，如图 9-27 的供料站步进控制状态流程图的梯形图如图9-28a 所示，其指令语句如图 9-28b 所示。

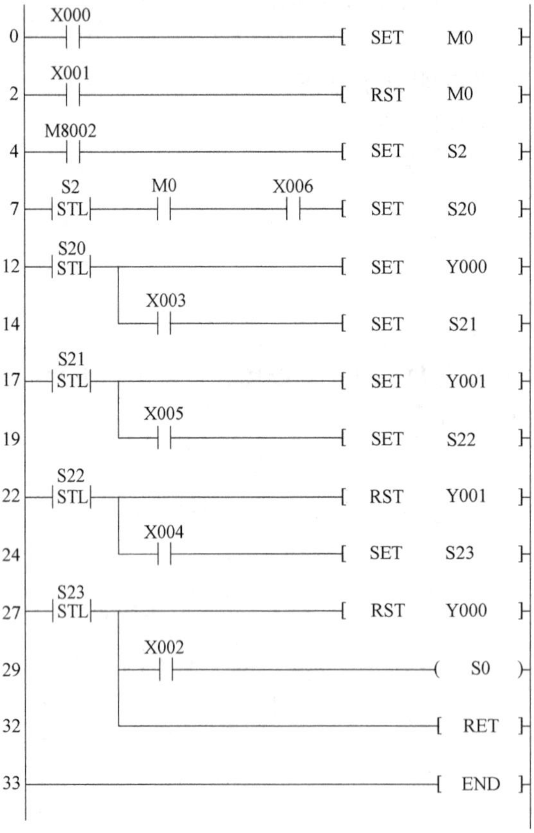

a) 梯形图

0	LD	X000
1	SET	M0
2	LD	X001
3	RST	M0
4	LD	M8002
5	SET	S2
7	STL	S2
8	LD	M0
9	AND	X006
10	SET	S20
12	STL	S20
13	SET	Y000
14	LD	X003
15	SET	S21
17	STL	S21
18	SET	Y001
19	LD	X005
20	SET	S22
22	STL	S22
23	RST	Y001
24	LD	X004
25	SET	S23
27	STL	S23
28	RST	Y000
29	LD	X002
30	OUT	S0
32	RET	
33	END	

b) 指令语句

图 9-28 供料站步进控制梯形图与指令语句

注意：当使用 GX Developer 软件编程时，梯形图显示程序如图 9-29 所示。

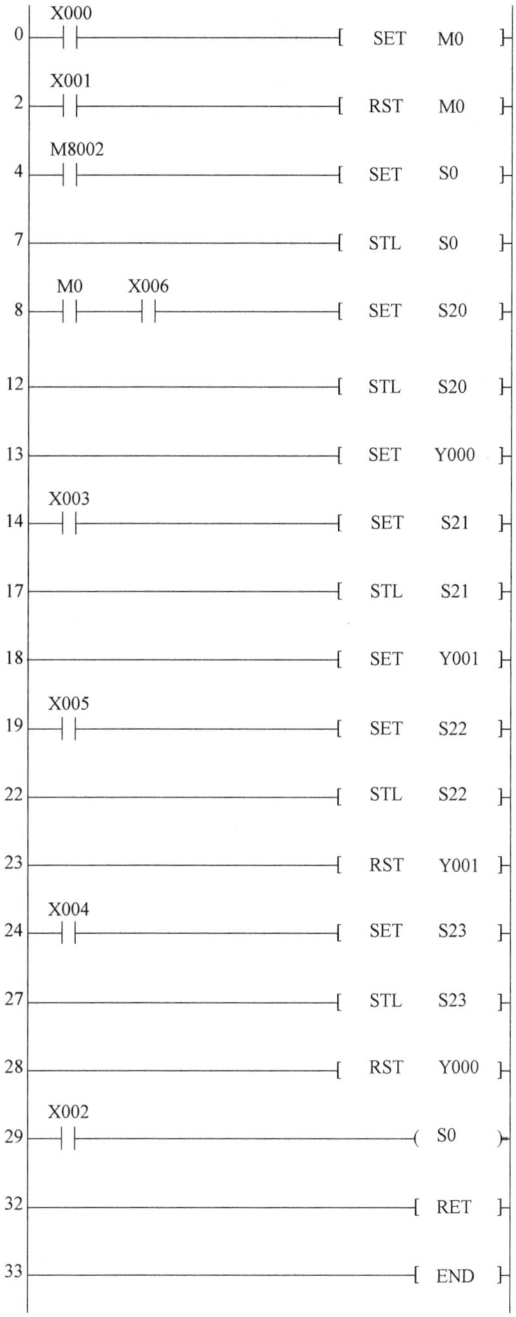

图 9-29　使用 GX Developer 软件编写供料站程序图

任务 9.5　调试步进控制程序

调试步骤如下：

1）按图 8-6、图 9-16 连接气动回路及电气回路，调节各气缸的运行速度，达到运行平稳，无爬行现象出现。

2）通过 GX Developer 软件把 PLC 控制程序输入到计算机中。

3）用编程软件进行模拟调试。模拟接通点动 X0，M0 置位；点动接通 X6，Y0 置位输出；点动接通 X3，Y1 置位输出；点动接通 X5，Y1 复位；点动接通 X4，Y0 复位；点动 X2，回到 S0 接通状态。

若程序有误，检查并修改程序，直至模拟运行正确。

4）下载程序并调试。把控制程序下载到 PLC 后，通电试运行，按下起动按钮，自动完成顶料→推料→推料回缩→落料→检测料台工件等工序。直至控制停止按钮后，完成本次循环后自动停机。

若不满足要求，需调试程序，直到运行符合要求。

任务评价

自我评价

项目内容	配分	评 分 标 准	扣分	得分
元器件识别与检测	30	(1)能正确区分，并说明其特点，出现一个错误扣 1～2 分 (2)能正确分析工作过程检测原理，出现一个错误扣 1～2 分		
程序运行与调试	30	(1)不能正确输入，每个扣 1～3 分 (2)程序出错扣 30 分		
PLC 安装与连接	20	(1)能正确安装与调试，得 20 分 (2)操作失误或接近开关不能进行相关的检测，每次扣 3～5 分		
安全、文明操作	20	(1)违反操作规程，产生不安全因素，可酌情扣 7～10 分 (2)着装不规范，可酌情扣 3～5 分 (3)迟到、早退、工作场地不清洁，每次扣 1～2 分		
		总评分 =（1～5 项总分）×40%		

签名：________ ____年__月__日

小组评价

项 目 内 容	配 分	评 分
实训记录与自我评价情况	20	
对实训室规章制度的学习与掌握情况	20	
相互帮助与协作能力	20	
安全、质量意识与责任心	20	
能否主动参与整理工具、器材与清洁场地	20	
总评分 =（1～5 项总分）×30%		

参加评价人员签名：________ ____年__月__日

教师评价

教师总体评价意见：

教师评分(30)	
总评分 = 自我评分 + 小组评分 + 教师评分	

教师签名：________ ____年__月__日

任务10　应用并行指令实现加工站自动运行

任务要求

运用并行分支步进顺序控制方式，实现加工站对工件的模拟加工运行，并用指示灯显示运行中加工站的各种状态。控制要求如下：

（1）在加工站起动前，如所有气缸准备就绪，绿色指示灯亮。

（2）按下起动控制按钮后，加工站进入待加工状态，绿色指示灯亮。

（3）人工放入待冲压工件同时绿色指示灯（0.5s 亮，0.5s 灭）闪亮，2s 后手指气缸夹紧工件。

（4）手指气缸夹紧工件到位，伸缩气缸回缩；绿灯灭，黄灯以 0.5s 亮、0.5s 灭的频率闪烁直至工件完成冲压送出后停止。

（5）气缸回缩到位后，冲压气缸动作冲压工件。

（6）冲压完成后自动将工件送出。

（7）任务完成后，红灯长亮，提醒人工取出工件。

（8）工件取出后，重复上述过程。

（9）按下停止按钮，完成工作后，冲压站正常停机。

课时分配

建议课时：6 课时。

学习目标

应知

（1）了解短行程气缸、手指气缸的结构、原理及符号。

（2）掌握选择性步进控制分支与汇合的设计方法和编程步骤。

（3）掌握并行型步进控制的分支与汇合的设计方法和编程步骤。

应会

（1）会安装检测气动控制电磁阀与 PLC 连接线路；

（2）能运用 GX Developer 编程软件设计控制程序、模拟运行、写入 PLC，并进行调试、运行、监控。

任务介绍

加工站是模拟把待加工工件在加工台上夹紧，移送至加工区域冲压后送出的过程。同时用绿、黄、红指示灯对各种运行状态进行指示。本任务采用 PLC 控制加工站运行。所用工具及与器材明细表见表 10-1。

表 10-1　工具与器材明细表

序号	类别	名　称	规格型号	数量	备注
1	工具	电工常用工具		1 套	
2		指针式万用表	500 型或 MF—47 型	1 台	
3		扳手	6 ~ 21mm	1 套	
4		内六角扳手	1. 5 ~ 5mm	1 套	
5		剥线钳		1 把	
6		剪管钳		1 把	
7		套装旋具	3 × 100,4. 5 × 100	2 支	
8		钟表旋具	0 × 100,2 × 150	2 支	
9		气管钳		1 把	
10		斜嘴钳		1 把	
11	器材	PLC	FX_{2N}—48MR	1 台	
12		按钮	LA4—3H	1 组	
13		气管		若干	
14		双作用气缸		1 个	
15		短行程气缸		1 个	
16		手指气缸		1 个	
17		单电控两位五通电磁阀		3 个	
18		磁性接近开关		6 个	
19		漫射式光电接近开关		1 个	
20		指示灯		3 个	
21		多股导线		若干	

加工站外观如图 10-1 所示。

图 10-1　加工站外观

任务10.1　认识短行程气缸、手指气缸

10.1.1　认识短行程气缸

短行程气缸属于省空间类气缸，即气缸的轴向或径向尺寸比标准气缸有较大的减小。这种气缸具有结构紧凑、重量轻、占用空间小等优点，短行程气缸如图10-2所示。

短行程气缸的特点是：缸筒与无杆侧端盖压铸成一体，杆盖用弹性挡圈固定，大多数外部都是带有固定孔的方型铝型材外壳以及一个或几个可以用来固定传感器的不同形式的凹槽所组成，如带有5.2mm宽度凹槽的T型槽。

短行程气缸常用于固定夹具和搬运中固定工件等。在加工站中，薄型气缸用于模拟冲压。

图10-2　短行程气缸

10.1.2　认识手指气缸

1. 手指气缸的作用

手指气缸也称作气爪，是一种具有抓取功能的气动执行元件，用于抓取、夹紧工件。它具有双向抓取、自动对中、重复精度高、抓取力矩恒定等特点。

2. 手指气缸的分类

手指气缸按手指的数量分类，可分为两爪气缸和三爪气缸两种，如图10-3所示；按活塞数量分类，可分为单活塞式和双活塞式两种；按气爪动作方式分类，可分为平行气爪和摆动气爪，外形如图10-4所示。

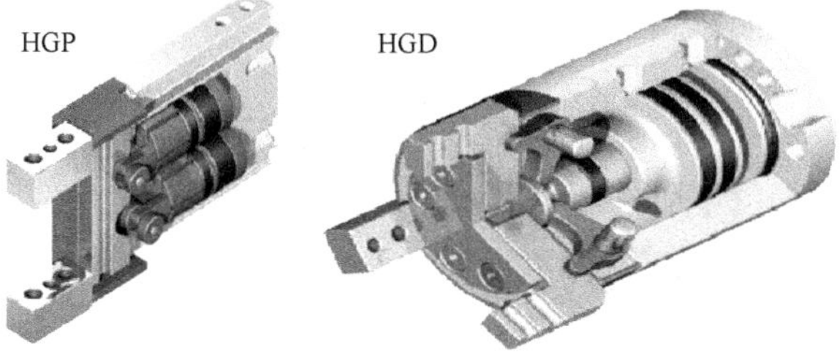

a) 两爪气缸　　b) 三爪气缸

图10-3　两爪、三爪气缸的基本结构

a) 平行气爪　　b) 摆动气爪

图10-4　平行气爪与摆动气爪外形

3. 图形符号

手指气缸单活塞式和双活塞式的符号如图10-5所示。

4. 手指气缸辅件安装方式

手指气缸辅件的安装方式如图 10-6 所示。

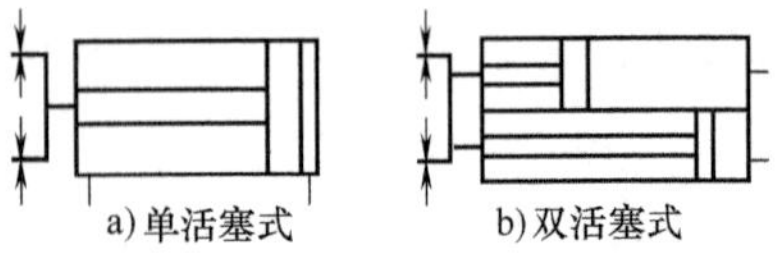

图 10-5 手指气缸常用符号

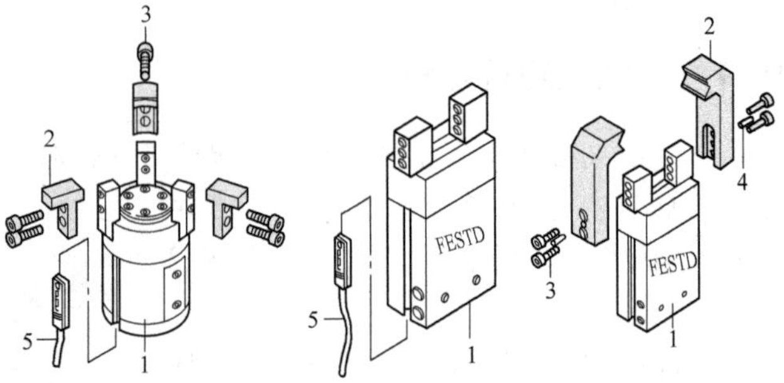

图 10-6 手指气缸辅件的安装方式

1—手指气缸 2—附加气爪 3—附加气爪固定螺钉 4—定位销 5—磁性接近开关

任务 10.2 连接加工站的控制回路

10.2.1 控制任务分析

加工站结构示意图如图 10-7 所示。根据控制任务要求，加工站的工作过程是：系统正常工作后，加工站的初始状态是伸缩气缸伸出、气动手指张开。当工件送到待料台上→漫反射式光电接近开关自动检测工件→PLC 控制程序驱动手指气缸将工件夹紧→加工台缩回到加工区域冲压气缸的下方→冲压气缸活塞杆向下伸出冲压工件→完成冲压动作后向上缩回，加工台重新伸出→到位后，手指气缸松开待拿出工件。

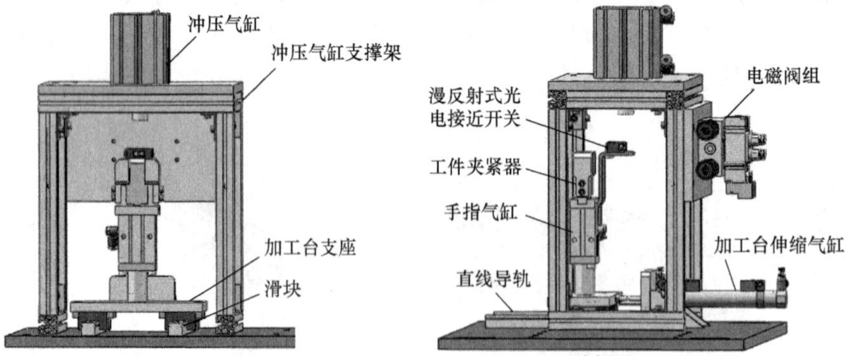

图 10-7 加工站结构示意图

气动控制回路如图 10-8 所示。

本任务所需主要元器件及其功能见表 10-2。

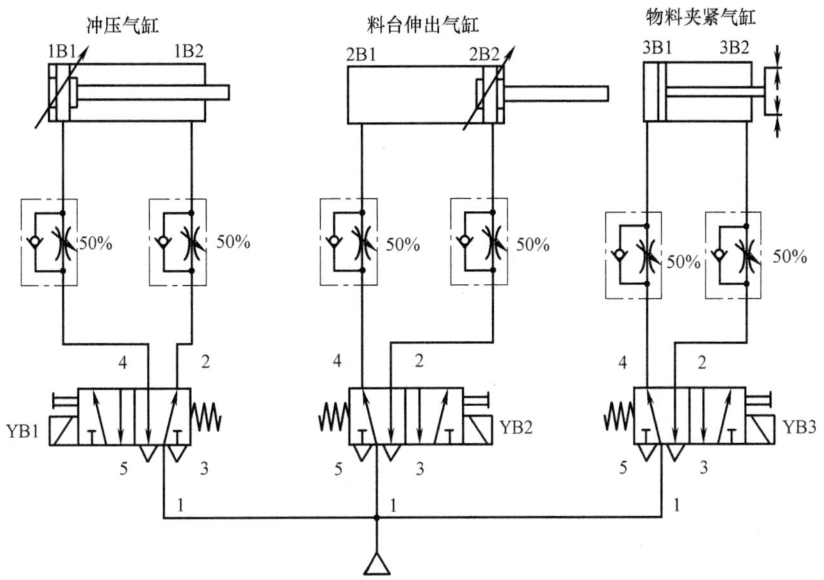

图 10-8　加工站气动控制回路

表 10-2　主要元器件及其功能

代号	名　　称	作　　用	代号	名　　称	作　　用
1B1	磁性接近开关	冲压气缸缩回到位检测	YB1	电磁线圈	冲压气缸前伸
1B2	磁性接近开关	冲压气缸伸出到位检测	YB2	电磁线圈	料台伸出气缸回缩
2B1	磁性接近开关	料台气缸缩回到位检测	YB3	电磁线圈	物料夹紧气缸夹紧
2B2	磁性接近开关	料台气缸伸出到位检测			
3B1	磁性接近开关	物料气缸放松到位检测			
3B2	磁性接近开关	物料气缸夹紧到位检测			

10.2.2　PLC 的输入/输出分配

根据以上分析可知：由 6 个磁性接近开关检测气缸位置信号，1 个漫反射式光电接近开关检测待料台是否有工件，输出信号 YB1、YB2、YB3 分别控制冲压气缸、料台伸出气缸、手指气缸的动作，按钮 SB1、SB2 控制起动和停止。

加工站运行控制的 PLC 输入/输出分配表见表 10-3。

表 10-3　加工站运行控制的 PLC 输入/输出分配表

输　　入			输　　出		
元件	作　　用	输入点	元件	作　　用	输出点
SB1	起动控制按钮	X0	YB1	冲压气缸前伸	Y1
SB2	停止控制按钮	X1	YB2	料台伸出气缸回缩	Y2
1B1	冲压气缸缩回到位检测	X2	YB3	物料夹紧气缸夹紧	Y3
1B2	冲压气缸伸出到位检测	X3	HL1	绿色指示灯	Y4
2B1	料台气缸缩回到位检测	X4	HL2	黄色指示灯	Y5
2B2	料台气缸伸出到位检测	X5	HL3	红色指示灯	Y6
3B1	物料气缸放松到位检测	X6			
3B2	物料气缸夹紧到位检测	X7			
SC1	待料台工件检测	X10			

加工站运行的 PLC 电源及输入/输出元器件接线图如图 10-9 所示。

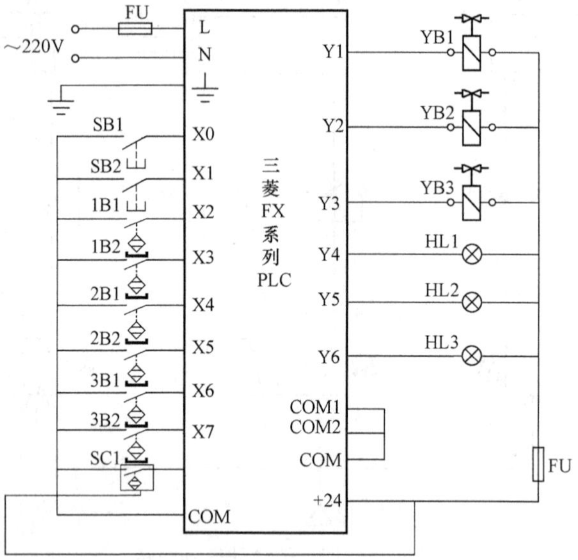

图 10-9　PLC 电源及输入/输出元器件接线图

任务 10.3　学习并行及选择性步进顺序控制指令

在步进顺序控制过程中，除了要求程序按单个流程顺序执行外，有时还要求程序执行时，能够从多个分支中选择某一分支顺序执行，即需要进行选择性分支的步进程序设计。

10.3.1　学习选择性分支与汇合

1. 选择性分支

根据状态转移条件从多个分支流程中选择某一分支执行，这种状态转移图的分支结构称为选择性分支。选择性分支实际上是从几个分支中选择一个分支执行，因此每次只能满足一个分支转移条件。图 10-10 所示就是一个选择性分支状态转移图的例子。

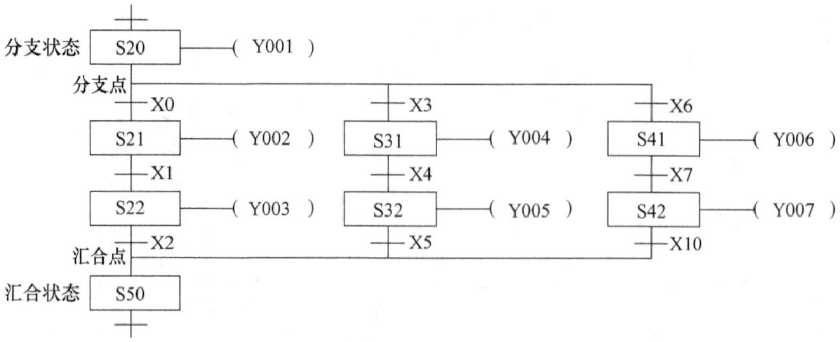

图 10-10　选择性分支状态转移图

图 10-10 所示的状态转移图有三个分支流程，图中 S20 为分支状态，S50 为汇合状态。步进程序执行至分支状态 S20 后，当某一分支执行条件满足时，选择执行分支流程。当 X0

接通时，选择执行第一分支流程；当 X3 接通时，选择执行第二分支流程；当 X6 接通时，选择执行第三分支流程。

当执行至每一分支流程的最后一个状态时，由相应的转移条件驱动。例如选择第一分支执行至状态 S22 时，X2 接通则转移至汇合状态 S50，其他分支执行过程相同。

2. 选择性分支与汇合状态转移图与步进梯形图的转换

在进行选择性分支与汇合状态转移图与步进梯形图的转换时，首先进行分支状态元件的处理（即首先进行分支状态的输出连接，然后依次按照转移条件置位各转移分支的首转移状态元件），再依顺序进行各分支的连接，最后进行汇合状态的处理（即先进行汇合前的驱动连接，再依顺序进行汇合状态的连接）。

例如，图 10-10 所对应的梯形图和指令语句程序如图 10-11 所示。

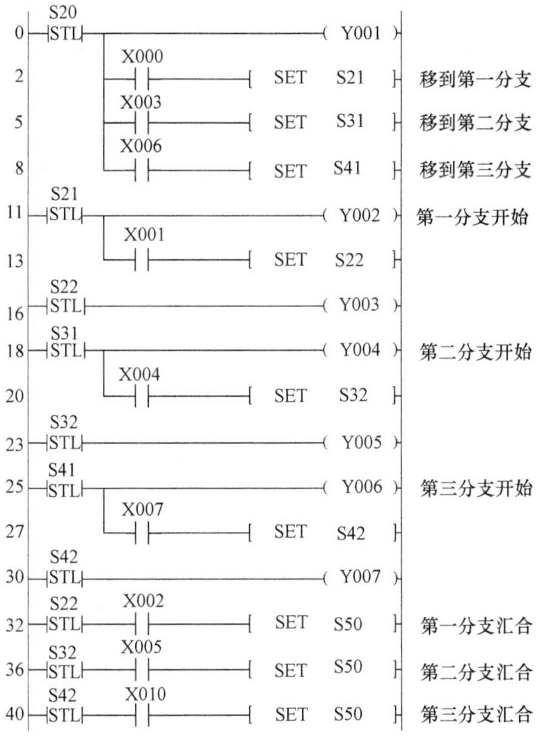

a) 梯形图

0	STL	S20	23	STL	S32
1	OUT	Y001	24	OUT	Y005
2	LD	X000	25	STL	S41
3	SET	S21	26	OUT	Y006
5	LD	X003	27	LD	X007
6	SET	S31	28	SET	S42
8	LD	X006	30	STL	S42
9	SET	S41	31	OUT	Y007
11	STL	S21	32	STL	S22
12	OUT	Y002	33	LD	X002
13	LD	X001	34	SET	S50
14	SET	S22	36	STL	S32
16	STL	S22	37	LD	X005
17	OUT	Y003	38	SET	S50
18	STL	S31	40	STL	S42
19	OUT	Y004	41	LD	X010
20	LD	X004	42	SET	S50
21	SET	S32			

b) 指令语句

图 10-11　选择性分支与汇合梯形图和指令语句程序

10.3.2　学习并行分支与汇合

当满足某个条件后使多个分支流程同时执行的分支结构称为并行分支。并行分支是满足某一条件时若干个分支同时并行执行，因此必须等所有分支全部执行完毕后，才能继续执行下一流程。图 10-12 所示是一个并行分支状态转移图的例子。

图 10-12 所示分支状态 S20 中先进行 Y001 驱动输出处理，并以 X0 为触发条件，同时

向 S21、S31、S41 三个分支进行状态转移处理，然后按顺序分别对三个分支进行编程。

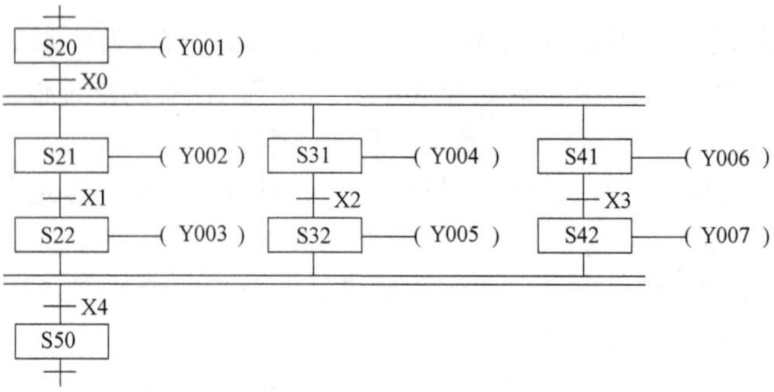

图 10-12　并行分支状态转移图

在进行并行分支与汇合状态转移图与步进梯形图的转换时，首先进行分支状态元件的处理，再依顺序进行各分支的连接，最后进行汇合状态的处理。分支状态的处理方法是：首先进行分支状态的输出连接，然后依次按照转移条件置位各转移分支的首转移状态元件。汇合状态的处理方法是：先进行汇合前的驱动连接，再依顺序进行汇合状态的连接。

图 10-12 所对应的梯形图和指令语句程序如图 10-13 所示。

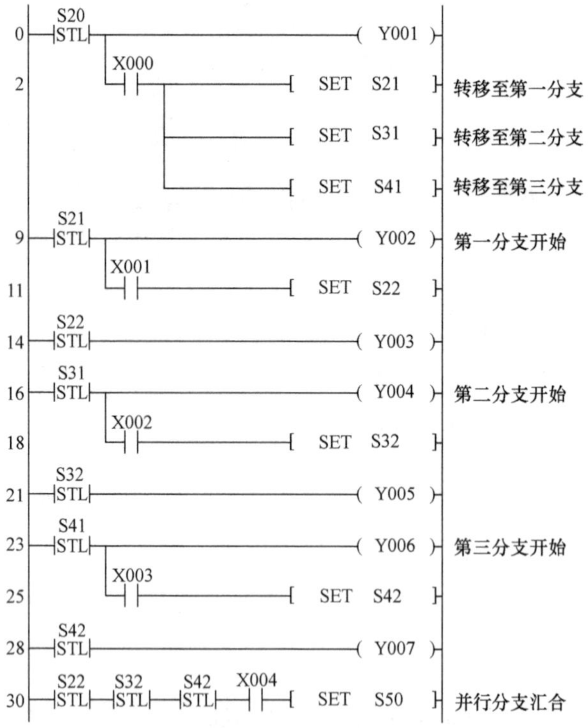

a) 梯形图

0	STL	S20
1	OUT	Y001
2	LD	X000
3	SET	S21
5	SET	S31
7	SET	S41
9	STL	S21
10	OUT	Y002
11	LD	X001
12	SET	S22
14	STL	S22
15	OUT	Y003
16	STL	S31
17	OUT	Y004
18	LD	X002
19	SET	S32
21	STL	S32
22	OUT	Y005
23	STL	S41
24	OUT	Y006
25	LD	X003
26	SET	S42
28	STL	S42
29	OUT	Y007
30	STL	S22
31	STL	S32
32	STL	S42
33	LD	X004
34	SET	S50

b) 指令语句

图 10-13　并行分支与汇合梯形图和指令语句程序

任务 10.4　设计 PLC 控制程序

10.4.1　编程思路

在本任务中，加工站的手指气缸夹紧与指示灯指示以及最终取出工件与指示灯回复初始状态均是并行执行。所以本任务可以用并行分支与汇合流程状态转移图来实现，画出等效的并行结构状态转移图如图 10-14 所示。

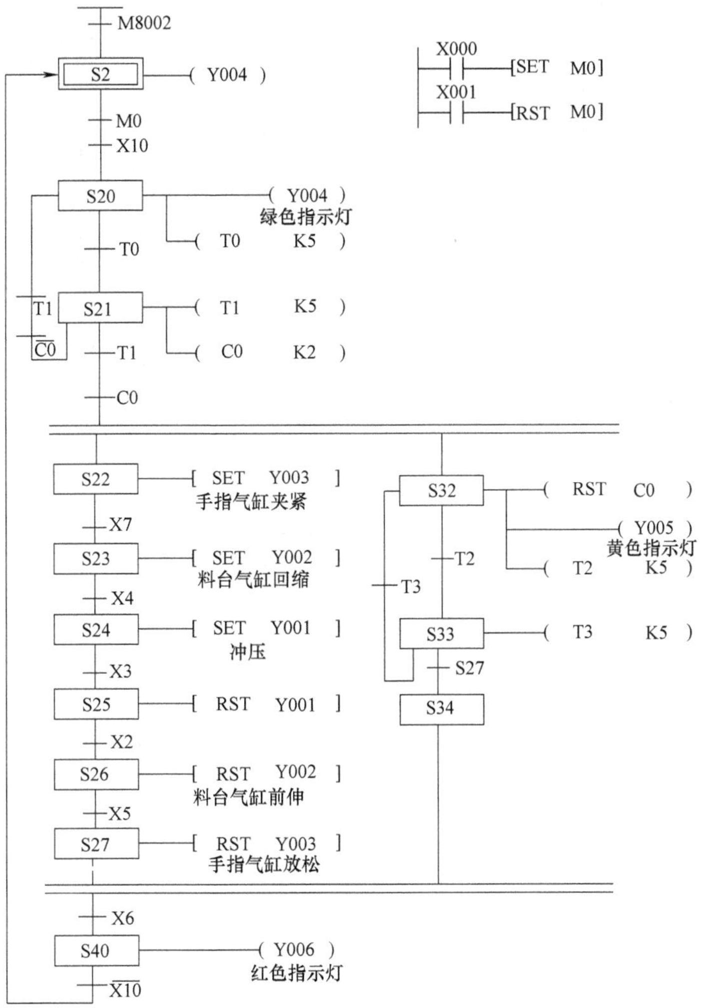

图 10-14　加工站控制系统并行结构状态转移图

10.4.2　完成控制程序

将上述状态转移图进行整合，可得到完整的加工站控制梯形图及指令语句程序如图 10-15所示。

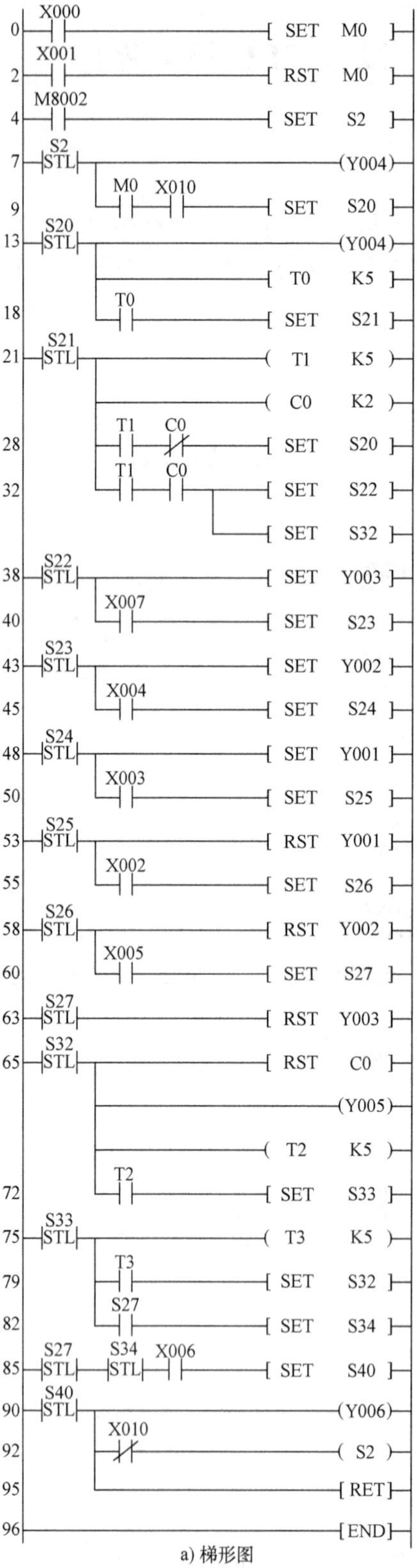

a) 梯形图

0	LD	X000	
1	SET	M0	
2	LD	X001	
3	RST	M0	
4	LD	M8002	
5	SET	S2	
7	STL	S2	
8	OUT	Y004	
9	LD	M0	
10	AND	X010	
11	SET	S20	
13	STL	S20	
14	OUT	Y004	
15	OUT	T0	K5
18	LD	T0	
19	SET	S21	
21	STL	S21	
22	OUT	T1	K5
25	OUT	C0	K2
28	LD	T1	
29	ANI	C0	
30	SET	S20	
32	LD	T1	
33	AND	C0	
34	SET	S22	
36	SET	S32	
38	STL	S22	
39	SET	Y003	
40	LD	X007	
41	SET	S23	
43	STL	S23	
44	SET	Y002	
45	LD	X004	
46	SET	S24	
48	STL	S24	
49	SET	Y001	
50	LD	X003	
51	SET	S25	
53	STL	S25	
54	RST	Y001	
55	LD	X002	
56	SET	S26	
58	STL	S26	
59	RST	Y002	
60	LD	X005	
61	SET	S27	
63	STL	S27	
64	RST	Y003	
65	STL	S32	
66	RST	C0	
68	OUT	Y005	
69	OUT	T2	K5
72	LD	T2	
73	SET	S33	
75	STL	S33	
76	OUT	T3	K5
79	LD	T3	
80	SET	S32	
82	LD	S27	
83	SET	S34	
85	STL	S27	
86	STL	S34	
87	LD	X006	
88	SET	S40	
90	STL	S40	
91	OUT	Y006	
92	LDI	X010	
93	OUT	S2	
95	RET		
96	END		

b) 指令语句

图 10-15　加工站控制梯形图与指令语句程序

任务 10.5　调试加工站运行的控制系统

调试步骤如下：

1）按图 10-8、图 10-9 连接气动控制回路及电气控制回路，调节各气缸的运行速度，至其运行平稳，无爬行现象出现。

2）通过 GX Developer 软件把 PLC 控制程序输入到计算机中。

3）用编程软件进行模拟调试。使用 GX simulator6-c 软件进行模拟仿真：模拟 PLC 起动后，Y4 输出；模拟接通 X0 起动按钮，M0 置位；接通 X10（不断开），Y4 闪 2 次后 Y3 输出置位，Y5 闪；接通 X7，Y2 输出置位；接通 X4，Y1 输出置位；接通 X3，Y1 复位；接通 X2，Y2 复位；接通 X5，Y3 复位；接通 X6，Y5 停止输出，Y6 输出；分断 X10，S2 复位。

若程序有误，检查并修改程序，直至模拟运行正确。

4）下载程序并调试。程序下载到 PLC 后，通电试运行，运行过程与模拟运行过程相类似。若不能实现所有功能，检查和修改 PLC 程序。如气缸的前伸速度过快（慢），调节相应气缸节流阀，调节气缸的动作速度。

任务评价

自我评价

项目内容	配分	评 分 标 准	扣分	得分
元器件识别与检测	30	(1)能正确区分,并说明其特点,出现一个错误扣 1 ~ 2 分 (2)能正确分析工作过程检测原理,出现一个错误扣 1 ~ 2 分		
PLC 安装与连接	30	(1)不能正确安装,每个扣 1 ~ 3 分 (2)接线错误,每线扣 1 ~ 3 分		
PLC 程序输入并运行	20	(1)能正确输入并调试,得 20 分 (2)操作失误或不能按要求运行,每处扣 3 ~ 5 分		
安全、文明操作	20	(1)违反操作规程,产生不安全因素,可酌情扣 7 ~ 10 分 (2)着装不规范,可酌情扣 3 ~ 5 分 (3)迟到、早退、工作场地不清洁,每次扣 1 ~ 2 分		
			总评分 = (1 ~ 5 项总分) × 40%	

签名：__________ ______年____月____日

小组评价

项 目 内 容	配　分	评　分
实训记录与自我评价情况	20	
对实训室规章制度的学习与掌握情况	20	
相互帮助与协作能力	20	
安全、质量意识与责任心	20	
能否主动参与整理工具、器材与清洁场地	20	
	总评分 = (1 ~ 5 项总分) × 30%	

参加评价人员签名：__________ ______年__月__日

教师评价

教师总体评价意见：

教师评分(30)	
总评分 = 自我评分 + 小组评分 + 教师评分	

教师签名：______________ ________年__月__日

任务11　应用初始化状态指令实现机械手全功能运行

任务要求

运用 IST 方便指令设计多操作方式步进控制程序，实现自动移动机械手的全功能运行。

课时分配

建议课时：6 课时。

学习目标

应知

（1）了解全功能步进顺序控制的工作过程。

（2）掌握全功能步进顺序控制的编程步骤。

（3）掌握 IST 状态初始化指令设置方法。

应会

（1）会运用 GX Developer 编程软件设计控制程序、模拟运行、写入 PLC，并进行调试、运行、监控。

（2）会控制全功能机械手实现各种运行功能。

任务介绍

本任务通过对机械手全功能运行控制的实例，介绍全功能步进顺序控制指令及编程方法。所用工具与器材明细表见表 11-1。

表 11-1　工具与器材明细表

序号	类别	名　称	规格型号	数量	备注
1	工具	电工常用工具		1 套	
2		指针式万用表	500 型或 MF—47 型	1 台	
3		扳手	6 ~ 21mm	1 套	
4		内六角扳手	1.5 ~ 5mm	1 套	
5		剥线钳		1 把	
6		剪管钳		1 把	

（续）

序号	类别	名　　称	规格型号	数量	备注
7	工具	套装旋具	3×100,4.5×100	2支	
8		钟表旋具	0×100,2×150	2支	
9		气管钳		1把	
10		斜嘴钳		1把	
11	器材	三菱PLC	FX_{2N}—48MR	1台	
12		按钮	LA4—3H	1组	
13		气管		若干	
14		双作用气缸		2个	
15		手指气缸		1个	
16		双电控三位五通电磁换向阀		2个	
17		单电控二位五通电磁换向阀		1个	
18		磁性接近开关		4个	
19		转换开关		1个	
20		多股导线		若干	

安装完成后的实物如图11-1所示。

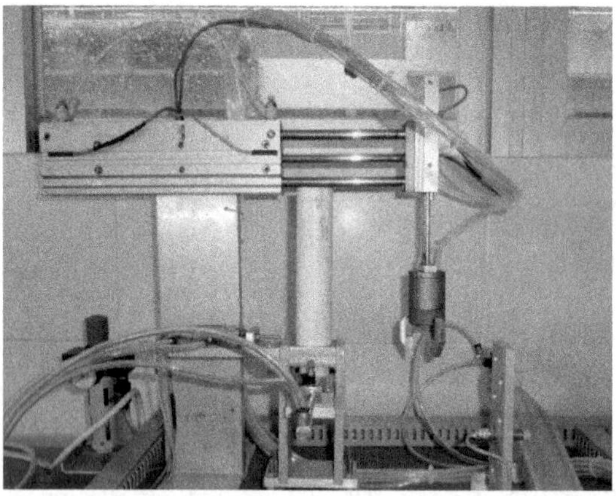

图11-1　机械手外形图

任务11.1　认识三位五通电磁换向阀

三位五通电磁换向阀外形如图11-2所示，基本工作原理与二位五通电磁换向阀相同。对于二位五通电磁换向阀，如采用单电磁阀控制，在无电控信号的情况下，阀芯在弹簧力的作用下会被复位；如采用双电磁阀控制，在无电控信号时，阀芯的位置取决于前一个电信号。无论是单电磁阀控制还是双电磁阀控制，所控制的气缸只能前伸或后退到前后极限位置，不能在运行过程中停在任意位置。

如气缸在运行过程中可停止在任意位置，这就需要使用三位五通电磁换向阀。这种换向阀属于双电磁阀控制，有中位机能，即在两个电磁阀不通电情况下，其气缸的定位方式由阀的中位机能决定。常用的中位机能有中位封闭型、中位加压型和中位卸压型三种，符号如图 11-3 所示。

图 11-2　三位五通电磁换向阀外形图

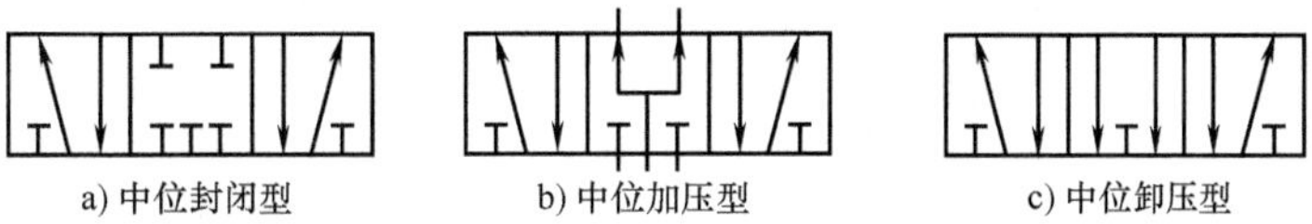

图 11-3　三位五通电磁换向阀中位机能符号

（1）中位封闭型　中位时所有出口封闭，运行时能使气缸定位在行程中间任何位置，但因为阀自身的泄漏，所以定位精度不高。

（2）中位加压型　中位时进气口与两个出气口同时相通，因活塞两端作用面积不相等，所以活塞杆仍会向前伸出。

（3）中位卸压型　中位时两个出气口与排气口相通，气缸活塞可以任意移动。

任务 11.2　连接机械手控制回路

11.2.1　控制任务分析

机械手移送工件的机械系统如图 11-4 所示，用于将工作台 A 点的工件搬运到工作台 B 点上。机械手的全部动作由电磁阀控制气动回路实现，其上升/下降、左移/右移运动由三位五通电磁阀控制，夹紧使用二位五通电磁阀控制。即当下降电磁阀通电时，机械手下降；当下降电磁阀断电时，机械手停止下降，但保持现有的工作状态。在上升电磁阀通电时，机械手上升；当电磁阀断电后，机械手停止上升。夹紧电磁阀线圈通电时，机械手夹紧；线圈断电时，机械手放松。

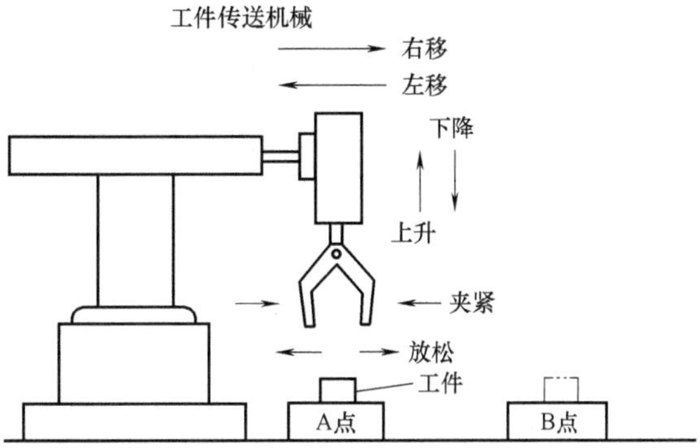

图 11-4　自动移送机械手工作示意图

按控制要求得到的气动控制回路如图 11-5 所示。

本任务所需主要元器件及其功能见表 11-2。

11.2.2　PLC 的输入/输出分配

根据以上分析可知：由 4 个磁性接近开关检测气缸左、右、上、下位置信号，输出信号 YB1、YB2、YB3、YB4、YB5 分别控制气缸前伸、后退、下降、上升、夹紧，多个按钮及转换开关控制机械手的全功能运行。

实现自动移动机械手全功能运行控制的 PLC 输入/输出分配表见表 11-3。

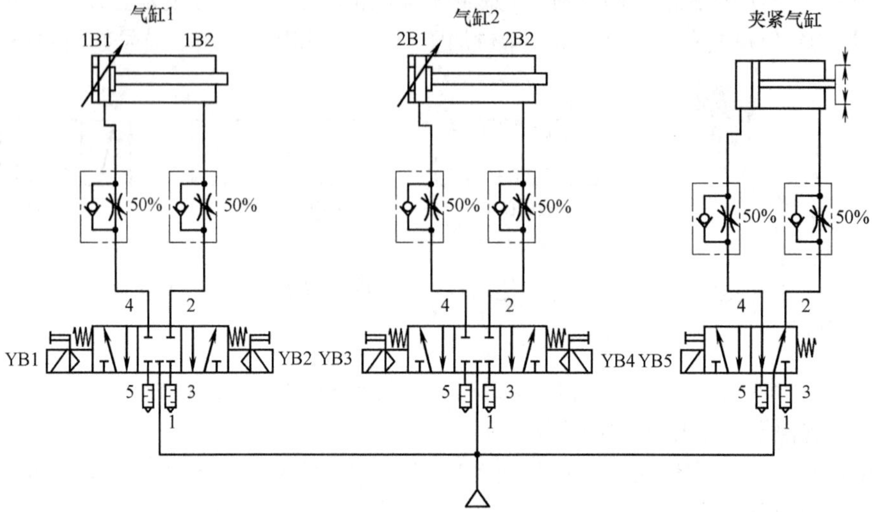

图 11-5 机械手气动控制回路

表 11-2 主要元器件及其功能表

代号	名 称	作 用	代号	名 称	作 用
1B1	磁性接近开关	气缸 1 缩回到位检测	YB1	电磁线圈	气缸 1 前伸
1B2	磁性接近开关	气缸 1 伸出到位检测	YB2	电磁线圈	气缸 1 后退
2B1	磁性接近开关	气缸 2 缩回到位检测	YB3	电磁线圈	气缸 2 前伸
2B2	磁性接近开关	气缸 2 伸出到位检测	YB4	电磁线圈	气缸 2 后退
			YB5	电磁线圈	气缸夹紧

表 11-3 PLC 输入/输出分配表

输 入						输 出		
元件	作 用	输入点	元件	作 用	输入点	输出点	元件	作 用
1B1	下限位磁性接近开关	X1	SA	手动操作	X20	Y0	YB1	下降电磁阀
1B2	上限位磁性接近开关	X2	SA	回归原点	X21	Y1	YB2	上升电磁阀
2B1	右限位磁性接近开关	X3	SA	单步运行	X22	Y2	YB3	右行电磁阀
2B2	左限位磁性接近开关	X4	SA	单周期运行	X23	Y3	YB4	左行电磁阀
SB5	上升操作按钮	X5	SA	自动连续运行	X24	Y4	YB5	夹紧电磁阀
SB6	左移操作按钮	X6	SB1	返原点起动	X25	Y5	HL1	原点指示灯
SB7	放松操作按钮	X7	SB2	自动起动按钮	X26			
SB10	下降操作按钮	X10	SB3	停止按钮	X27			
SB11	右移操作按钮	X11						
SB12	夹紧操作按钮	X12						

PLC 接线图如图 11-6 所示。

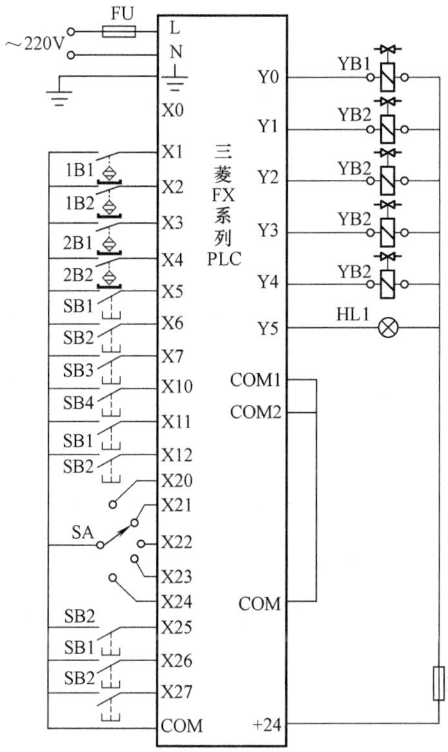

图 11-6　PLC 接线图

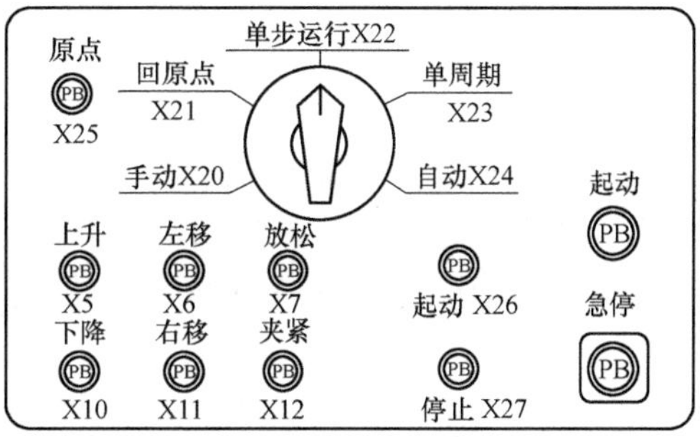

图 11-7　机械手移动工件系统操作面板

11.2.3　安装控制面板

为便于控制系统调试和维护，实现手动和自动控制功能，其控制面板按图 11-7 安装。

任务 11.3　学习全功能步进顺序控制指令

11.3.1　学习全功能操作方式

机械手的操作基本分为两种方式：手动方式和自动方式。手动方式主要用于设备的调整，有手动操作和回原点两种选择。自动方式用于设备的自动运行，可分为单步运行、单周期运行、连续运行三种方式。机械手的运动方式及功能见表 11-4。

表 11-4　运行方式及功能

运行方式		功　能
手动	手动	用各自的按钮使各个负载单独接通或断开的方式
	回原点	该方式按动回原点按钮时，机械手自动向原点回归
自动	单步运行	按动一次起动按钮，前进一个工步（或工序）
	单周期运行	在原点位置按动起动按钮，自动运行一遍再在原点停止。若在中途按动停止按钮就停止运行；再按起动按钮，从断点处开始继续运行，回到原点自动停止
	连续运行	在原点位置按动起动按钮，开始连续的反复运行；若中途按动停止按钮，动作将继续到原点为止才停止

11.3.2 学习状态初始化指令

状态初始化指令属于三菱 PLC 的功能指令，主要方便多操作方式控制系统的步进程序设计，实现自动设定与各个运行方式相对应的初始状态。

状态初始化指令功能号为 FNC60，助记符为 IST。设置说明如图 11-8 所示。

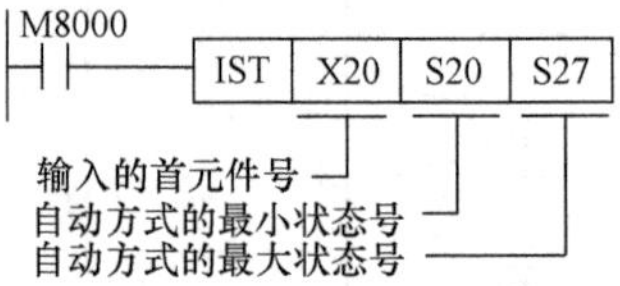

图 11-8 状态初始化指令设置说明

1. 输入首元件号

设置状态初始化（IST）指令后，PLC 自动指定各操作方式的输入元件。在图 11-8 中，设置了输入的首元件号为 X20，从 X20 开始至 X27 的各输入端子自动设置为表 11-5 中所列功能。

表 11-5 IST 指令自动设定功能

输入号	功能	输入号	功能	输入号	功能	输入号	功能
X20	手动	X22	单步运行	X24	连续运行	X26	自动起动
X21	回归原点	X23	单周期运行	X25	回原点起动	X27	停止

注：为使 X20 ~ X24 不会同时接通，必须使用转换开关 SA 切换。

如果无法指定连续编号或省略部分模式时，则需使用辅助继电器（M），重新安排输入编号，重新安排输入编号应用如图 11-9 所示。

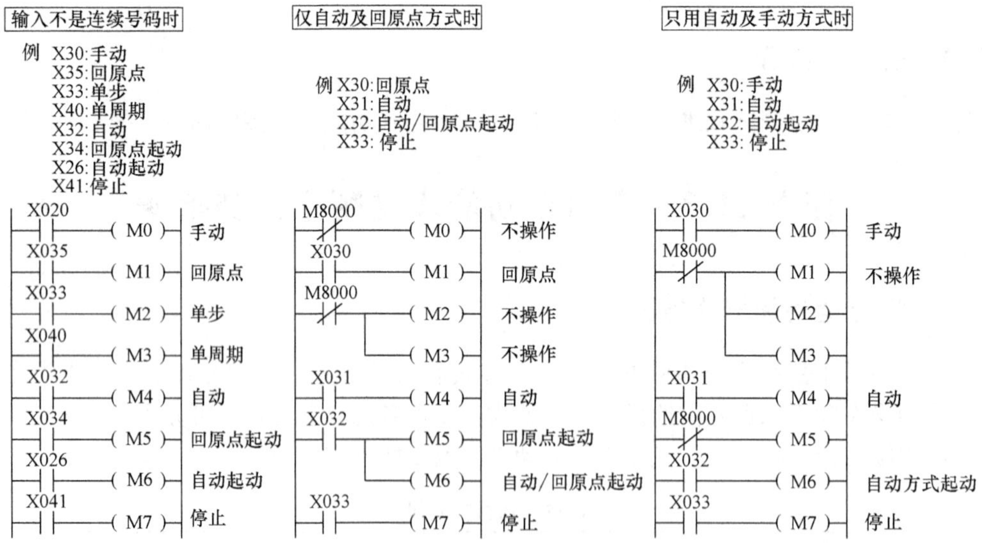

图 11-9 重新安排输入编号应用

在设置 IST 指令时，M 作为首输入元件号，如图 11-10 所示。

2. 初始状态的指定

执行 IST 指令后，PLC 自动指定各操作方式的起始状态元件。

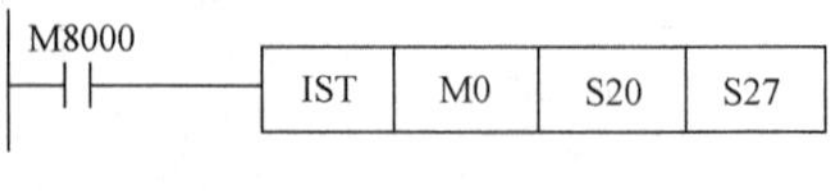

图 11-10 IST 指令重新安排输入编号图

S0：手动初始状态；

S1：回原点初始状态；

S2：自动运行初始状态。

在编写各操作方式相应的步进控制程序时，必须从上述指定的初始状态开始编写。

3. 相应特殊辅助继电器

执行 IST 指令后，相应特殊辅助继电器就自动指定为如下功能：

M8040：禁止转移，该特殊辅助继电器接通则禁止所有状态进行转移。

M8041：开始转移，该特殊辅助继电器是从初始状态 S2 向下转移的转移条件辅助继电器。

M8042：起动脉冲，起动按钮按下时，该特殊辅助继电器瞬时接通一个扫描周期。

M8043：原点条件继电器，当原点条件满足时，由用户编程控制其接通。

M8044：回原点结束继电器，当回原点结束时，由用户编程控制其接通。

M8047：STL 监控有效，并将正在动作的状态序号（S0 ~ S899）按从小到大的顺序存入特殊辅助继电器 D8040 ~ M8047 中。由此，可以监控 8 点的动作状态序号。此外，若这些状态的任何一个动作，特殊辅助继电器 M8046 将动作。

4. IST 指令使用注意事项

1）IST 指令只能使用一次，并且必须写在 STL 指令之前，即在 S0 ~ S2 出现之前。

2）使用 IST 指令后，S10 ~ S19 被指定为回原点操作使用，S0 ~ S2 被指定为初始化状态，因此这些状态在编程时不能再次以通用状态使用；不使用 IST 指令时，初始化状态可从 S0 ~ S9 中任意选择，S10 ~ S19 可用作通用状态。

3）改变操作方式操作应在回原点标志（M8043）接通后进行，若在 M8043 接通前改变操作方式，则所有输出均断开。

4）IST 指令触发信号接通时，相关的特殊辅助继电器功能和各操作方式的初始状态被自动指定；IST 指令触发信号断开时，这些元件状态仍保持不变，直至 PLC 从“运行（RUN）”变为“停止（STOP）”或切断电源。

任务 11.4　设计 PLC 控制程序

11.4.1　编程思路

机械手控制系统输入点较多，操作方式复杂，但运用状态初始化指令后，可方便地运行步进指令进行编程。

在程序设计时，首先进行程序初始化，用 IST 指令对各个操作方式进行分配输入点，并给出原位条件。然后再分别设计“手动”、“回原点”和“自动连续运行”程序，而“单步”、“单周期运行”程序，已包括在“自动连续运行”程序中。通过 IST 指令自动执行，无须单独编写。

1. 初始化程序设计

初始化程序中应写出 IST 指令，其触发信号可用 M8000，以保证 PLC 为“RUN”的瞬间即执行 IST 指令；同时给出原点的到位条件，即机械手回到原点时 M8044 接通。机械手初始化程序如图 11-11 所示。

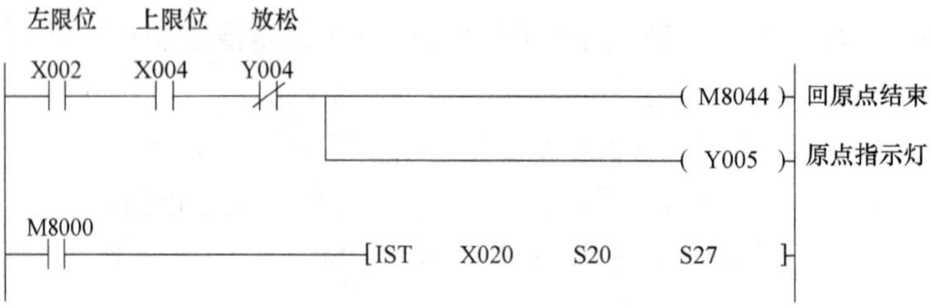

图 11-11 机械手初始化程序

2. 手动控制程序设计

机械手的手动操作是在操作方式选择开关 X20 接通后，手动控制机械手的“上升”、“下降”、“左移”、“右移”、“夹紧”、“放松”等操作。由 IST 指令自动指定初始状态为 S0。手动方式控制的状态图如图 11-12 所示。

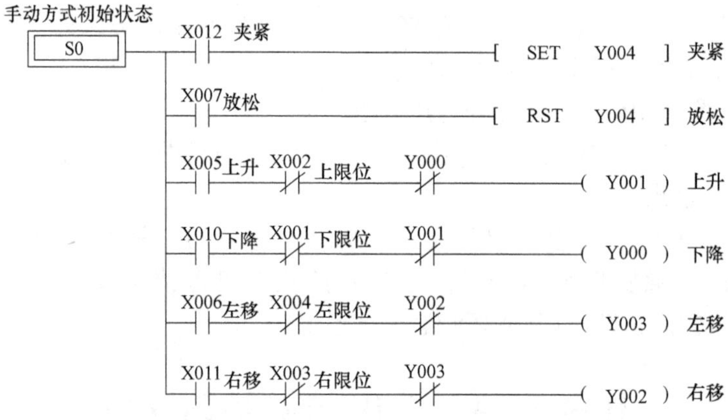

图 11-12 手动方式控制的状态图

3. 回原点控制程序设计

回原点操作过程是：SA 开关旋至回归原点（X21），按下回原点起动按钮（X25）后，机械手能自动回归原点后停止。因此，机械手回原点的运行过程应该是“放松”、“上升”至上限位后，“左移”至左限位后将 M8043 置 1 的过程。回原点完成，为自动连续运行操作做好准备。回原点操作的状态转移图如图 11-13 所示。

4. 自动连续运行控制程序设计

自动连续运行操作过程是：机械手回原点结束后，将 SA 操作开关转换至“自动”挡，按下自动起动按钮（X26），状态转移开始特殊继电器 M8041 接通，机械手从原点开始→①下降→②夹紧（T）→③上升→④右移→⑤下降→⑥放松（T）→⑦上升→⑧左移到原点结束一个动作循环，直至按下停止按钮。自动连续运行的状态转移图如图 11-14 所示。

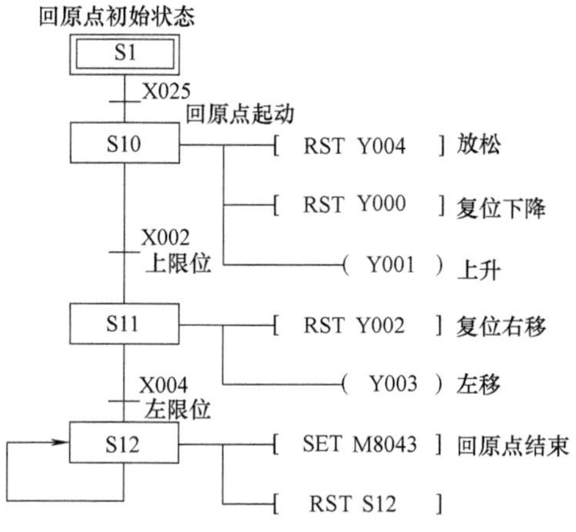

图 11-13 回原点操作的状态转移图

11.4.2 机械手完整控制程序

将上述状态转移图进行整合，可得到机械手全功能控制的完整梯形图如图 11-15 所示。对应梯形图指令语句见表 11-6。

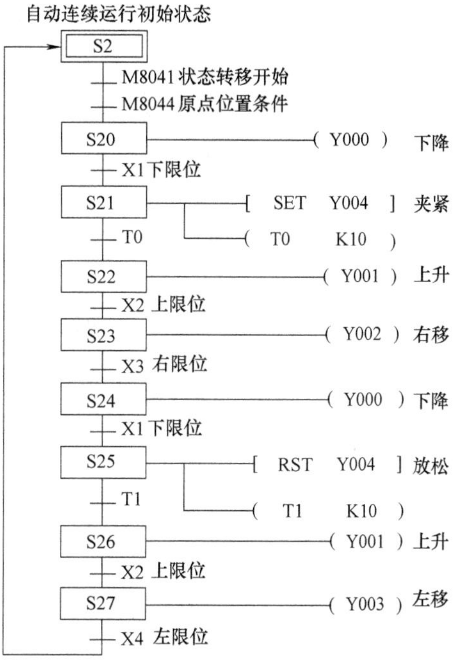

图 11-14 自动连续运行的状态转移图

表 11-6 机械手全功能控制指令语句表

步序	指 令	步序	指 令	步序	指 令
0	LD X002	36	LD X025	75	STL S22
1	AND X004	37	SET S10	76	OUT Y001
2	ANI Y001	39	STL S10	77	LD X002
3	OUT M8044	40	RST Y004	78	SET S23
4	OUT Y005	41	RST Y000	80	STL S23
6	LD M8000	42	OUT Y001	81	OUT Y002
7	IST X020 S20 S27	43	LD X002	82	LD X003
14	STL S0	44	SET S11	83	SET S24
15	LD X012	46	STL S11	85	STL S24
16	SET Y004	47	RST Y002	86	OUT Y000
17	LD X007	48	OUT Y003	87	LD X001
18	RST Y004	49	LD X004	88	SET S25
19	LD X005	50	SET S12	90	STL S25
20	ANI Y002	52	STL S12	91	RST Y004
21	ANI Y000	53	SET M8043	92	OUT T1 K10
22	OUT Y010	55	RST S12	95	LD T1
23	LD X010	57	STL S2	96	SET S26
24	ANI X001	58	LD M8041	98	STL S26
25	ANI Y001	59	AND M8044	99	OUT Y001
26	OUT Y000	60	SET S20	100	LD X002
27	LD X006	62	STL S20	101	SET S27
28	ANI X004	63	OUT Y000	103	STL S27
29	ANI Y002	64	LD X001	104	OUT Y003
30	OUT Y003	65	SET S21	105	LD X004
31	LD X011	67	STL S21	106	OUT S2
32	ANI X003	68	SET Y004	107	RET
33	ANI Y003	69	OUT T0 K10	108	END
34	OUT Y002	72	LD T0		
35	STL S1	73	SET S22		

注：定时器 T 指令占用 3 步，状态 SET 指令占用 2 步。

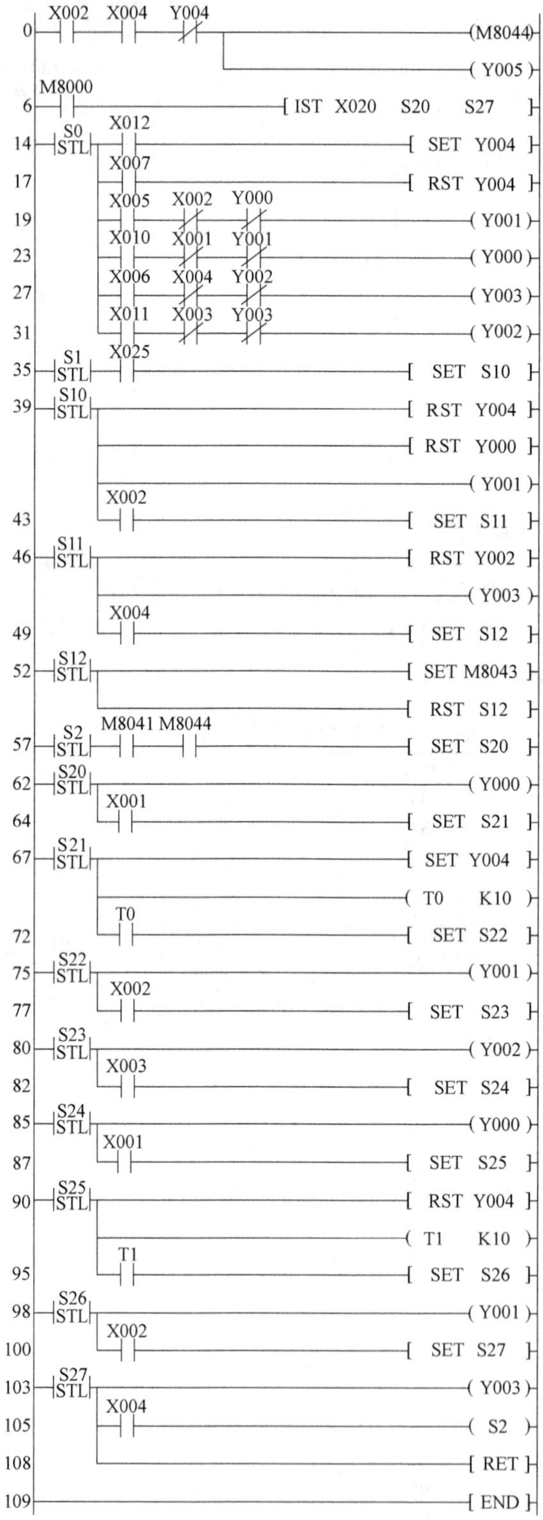

图 11-15 机械手全功能控制的完整梯形图

任务 11.5　调试机械手全功能运行控制系统

调试步骤如下：

1）按图 11-5、图 11-6 连接气动回路及电气回路。

2）通电后调整气缸上磁性接近开关安装位置，并通过接近开关指示灯及 PLC 输入端指示功能观察磁性接近开关的检测状态。

3）调节节流阀，并调试各气缸的运行速度。

4）通过 GX Developer 软件将 PLC 梯形图程序输入到计算机中。

1. PLC 模拟调试

使用 Gx simulator6-c 软件进行模拟调试与仿真

（1）手动操作　模拟接通手动操作选择 X20，接通 X5 上升（或 X10 下降）操作按钮，Y2 上升（或 Y1 下降）输出，接通 X2 上限位（或 X1 下限位），Y2 上升（或 Y1 下降）停止。左、右模拟运行方式同上。

（2）回原点操作　首先设定机械手模拟运行位置为右下角 B 点，接通 X1（下限位）、X3（右限位），模拟接通回归原点（X21），接通返原点起动（X25）；自动复位 Y4（夹紧）、Y0（上升），接通 Y0（下降），断开 X1（下限位）；接通 X2（上限位），复位 Y2（右行），接通 Y3（左行），断开 X3（右限位）；接通 X4（左限位），即可实现模拟机械手运行至原点位置，Y5（原点指示）输出。

（3）单步操作　执行一次回原点操作后，接通 X1（下限位）、X3（右限位）、X22（单步运行），接通自动起动按钮 X26，每按一次 X26，程序自动执行一步，Y0（下降）输出；再次按下 X26，Y4 置位，计时器计时；再次按下 X26，Y1（上升）输出；直至最后一步结束返回原点位置。

（4）单周期运行　执行一次回原点操作后，接通 X1（下限位）、X3（右限位）、X23（单周期运行），接通自动起动按钮 X26，则系统从 S20 开始自动执行步进程序，直至 S27 结束。下一个循环需再次按下自动起动按钮。

（5）自动连续运行　自动连续运行与单周期运行模拟运行相同，所不同的是单周期运行只能运行一个周期，而自动连续运行在按下停止按钮 X27 后，执行最后一步 S27 后才自动停机。

若程序有误，检查并修改程序，直至模拟运行正确。

2. 下载程序并调试

程序下载到 PLC 后，分不同的运行模式通电试运行，运行过程与模拟运行过程相类似。

若不能实现所有功能，检查和修改 PLC 程序。如气缸的前伸速度过快（或慢），则应调节相应气缸节流阀，调节气缸的动作速度。

任务评价

自我评价

项目内容	配分	评分标准	扣分	得分
元器件识别与检测	30	(1)能正确区分,并说明其特点,出现一个错误扣 1 ~2 分 (2)能正确分析工作过程检测原理,出现一个错误扣 1 ~2 分		

（续）

项目内容	配分	评分标准	扣分	得分
PLC安装与连接	30	(1)不能正确安装，每个扣1~3分 (2)接线错误，每线扣1~3分		
自动运行与调试	20	(1)能正确运行与调试，得20分 (2)操作失误或不能进行相关的检测，每次扣3~5分		
安全、文明操作	20	(1)违反操作规程，产生不安全因素，可酌情扣7~10分 (2)着装不规范，可酌情扣3~5分 (3)迟到、早退、工作场地不清洁，每次扣1~2分		
总评分=(1~5项总分)×40%				

签名：________ ____年___月___日

小组评价

项目内容	配分	评分
实训记录与自我评价情况	20	
对实训室规章制度的学习与掌握情况	20	
相互帮助与协作能力	20	
安全、质量意识与责任心	20	
能否主动参与整理工具、器材与清洁场地	20	
总评分=(1~5项总分)×30%		

参加评价人员签名：________ ____年__月__日

教师评价

教师总体评价意见：

教师评分(30)	
总评分=自我评分+小组评分+教师评分	

教师签名：________ ____年__月__日

任务12　应用变频器与PLC实现传送带控制运行

任务要求

应用变频器面板设定频率，PLC 通过外部端子控制电动机正反转起停运行。

课时分配

建议课时：8 课时。

学习目标

应知

（1）了解变频器的结构。

（2）理解变频调速的基本工作原理。

应会

（1）会安装变频器的主电路和控制电路。

（2）能设置变频器的参数。

（3）能正确使用变频器常用的工作模式。

（4）会用变频器的 PU 面板控制传送带起停和运行速度。

（5）会用变频器的 PU 面板与 PLC 控制传送带的转送方向和运行速度。

任务介绍

对变频器的 PU 面板操作，就是在 PU 操作模式下，通过 PU 单元对变频器进行参数设定、频率写入、运行控制等一系列的操作，从而达到控制传送带的起停、运行速度等功能。在本任务中，通过应用变频器 PU 面板控制传送带转到的起停、运行速度的实例掌握变频器原理、结构、使用方法和变频器的 PU 面板操作，为下一个任务打下良好的基础。所用工具及与器材明细见表 12-1。

表 12-1　工具与器材明细表

序号	类别	名称	规格型号	数量	备注
1	工具	电工常用工具		1 套	
2		指针式万用表	500 型或 MF—47 型	1 台	
3	器材	带漏电保护断路器	DZ47LE	1 个	
4		三菱 PLC	FX_{2N}—48MR	1 台	
5		三菱变频器	FR—E740	1 台	

（续）

序号	类别	名称	规格型号	数量	备注
6	器材	传送带		1套	
7		三相异步电动机	JW7124,550W	1台	模拟运行用
8		多股导线		若干	

实际生产中的传送带示意图如图12-1所示。

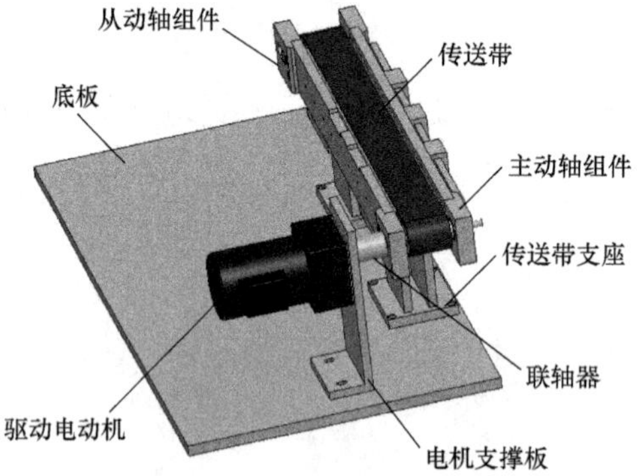

图12-1　传送带示意图

任务12.1　认识变频器

12.1.1　变频器的基本调速原理

三相异步电动机的转速公式为

$$n=(1-s)\frac{60f}{p} \tag{12-1}$$

式中　f——定子供电频率（Hz）；

p——磁极对数；

s——转差率；

n——电动机转速（r/min）。

由式（12-1）可知，在电动机磁极对数 p 不变的情况下，转速 n 与频率 f 成正比，只要改变频率 f 即可改变电动机的转速。当频率 f 在0～50Hz的范围内变化时，电动机转速调节范围非常宽。变频器是通过改变电动机电源频率实现速度调节的，是一种高效率、高性能的调速手段。

12.1.2　变频器的基本工作原理

变频器的两个主要功率变换单元是整流器和逆变器。基本工作原理是将电网电压由输入端（R、S、T）输入变频器，经整流器整流成直流电压，然后通过逆变器，将直流电压变换为交流电压，交流电压的频率和电压大小受到控制，由输出端（U、V、W）输出到交流电动机。

12.1.3 变频器的分类

变频器是实现交流电动机变频调速的装置。它把由电网提供的交流电变换成其他电压、频率的交流电，将变换后的交流电接入到电动机定子绕组中，实现对交流电动机的变频无级调速。变频器有三种分类方式：

1. 按用途分类

（1）通用变频器　通常指没有特殊功能、控制要求不高的变频器。由于分类的界线不很分明，因此，极大多数变频器都可归到这一类中。

（2）风机、水泵用的变频器　其主要特点有：

1）过载能力较低：这是因为风机和水泵在运行过程中很少发生过载的原因。

2）具有闭环控制和 PID 调节功能：水泵在具体运行时常常需要进行闭环控制，如在供水系统中，要求进行恒压供水控制；在中央空调系统中，要求恒温控制、恒温差控制等，故此类变频器大多设置了 PID 调节功能。

3）具有“1 控多”的切换功能：为了减少设备投资，常常采用由 1 台变频器控制若干台水泵的控制方式，为此，许多变频器专门设置了切换功能。

（3）高性能变频器　通常指具有矢量控制功能、且能进行四象限运行的变频器，主要用于对机械特性和动态响应的要求较高的场合。

（4）具有电源再生功能的变频器　当变频器中直流母线上的电压过高时，能将直流电源逆变成三相交流电反馈给电源。主要用于电动机长时间处于再生状态的场合，如起重机械的吊钩电动机等。

（5）其他专用变频器　如电梯专用变频器、纺织专用变频器、张力控制专用变频器、中频变频器等。

2. 按变换环节分类

（1）交—交变频器　交—交变频器是一种可直接将某固定频率交流电变换成可调频率的交流电，变频器无需中间直流环节。与交—直—交间接变频相比，可提高系统变换效率。

交—交变频器广泛应用于大功率低转速的交流电动机调速传动、交流励磁变速恒频发电机励磁电源等。

（2）交—直—交变频器　交—直—交变频采用间接变频的方式。间接变频是指将交流电经整流器后变为直流电，然后再经逆变器调制为频率可调的交流电。

交—直—交变频器由整流器、中间滤波器和逆变器三部分组成。整流器是三相桥式整流电路，其作用为将定压、定频的交流电变换为可调直流电，然后作为逆变器的直流供电电源；中间滤波器由电抗器或电容组成，其作用是对整流后的电压或电流进行滤波；逆变器也是三相桥式整流电路，但它的作用与整流器相反，是将直流电变换（调制）为可调频率的交流电，它是变频器的主要部分。

交—直—交变频器又分为两种，其区别在整流器上，即可控整流器和不可控整流器。

1）前端用可控整流器调压，后端用逆变器调频的交—直—交变频器如图 12-2a 所示，调压和调频分别在两个环节上进行。

2）前端用不可控整流器，后端用脉宽调制（PWM）逆变器调压调频的交—直—交变频器如图12-2b所示。该交—直—交变频器的脉宽调制逆变器采用全控式电力电子器件，使输出谐波减少。当采用P-MOSFET或IGBT作为开关器件时，开关频率可达20kHz以上，输出波形已非常接近正弦波，因而又称为正弦脉冲调制逆变器（SPWM），目前在通用变频器中经常采用。

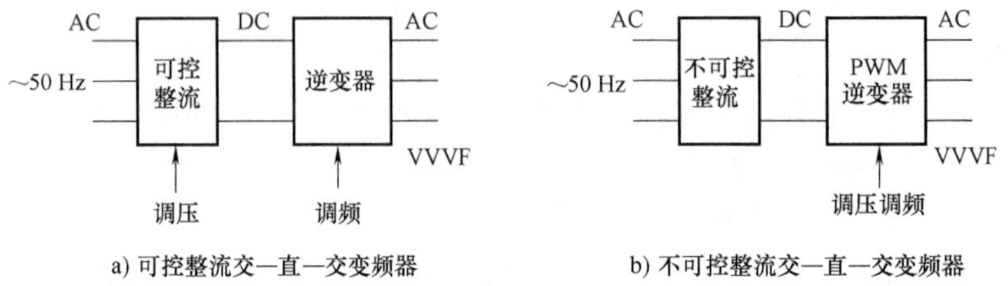

图12-2 交—直—交变频器

3. 按输入电源相数分类

（1）三进三出变频器 变频器的输入侧和输出侧都是三相交流电，绝大多数变频器都属于此类。

（2）单进三出变频器 变频器的输入侧为单相交流电，输出侧是三相交流电，家用电器里的变频器都属于此类，通常容量较小。

12.1.4 变频器的额定值

1. 输入侧的参数

输入侧的参数主要包括电压和相数。在我国的中小容量变频器中，输入电压的额定值有以下几种：380～400V/50Hz、200～230 V/50Hz或60Hz。

2. 输出侧的参数

（1）输出额定电压U_N 输出额定电压是指输出电压中的最大值。在大多数情况下，它就是输出频率等于电动机额定频率时的输出电压值。通常，输出电压的额定值总是和输入电压相等的。

（2）输出额定电压I_N 输出额定电流是指允许长时间输出的最大电流，是用户在选择变频器时的主要依据。

（3）输出额定容量S_N（kV·A） S_N与U_N、I_N关系为$S_N=\sqrt{3}U_nI_n$。

（4）配用电动机功率P_N（kW） 变频器说明书中规定的配用电动机容量，仅适用于长期连续负载。

12.1.5 三菱FR-E740型变频器的外形和型号

FR-E740-0.75K-CHT型变频器属于三菱FR-E700系列变频器中的一员，该变频器额定电压等级为三相400V，适用容量为0.75kW及以下的电动机。FR-E700系列变频器的外形和型号的定义如图12-3所示。

FR-E700系列变频器是FR-E500系列变频器的升级产品，是一种小型、高性能变频器。两个系列的变频器常用功能基本上是一样的。在学习过程中我们要掌握使用通用变频器

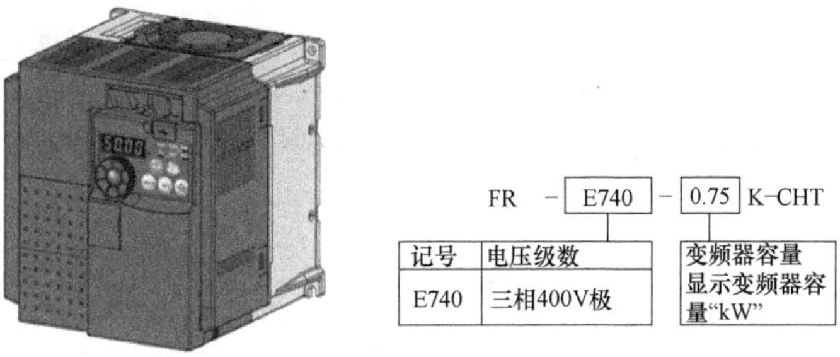

a) FR-E700变频器外形　　b) 变频器型号定义

图 12-3　FR-E700 系列变频器

所必须的基本知识和技能，侧重于变频器的接线、常用参数的设置等方面。

任务 12.2　安装变频器控制的电动机

12.2.1　连接变频器控制电动机的主电路

三菱 FR-E740 型变频器主电路的接线如图 12-4 所示。

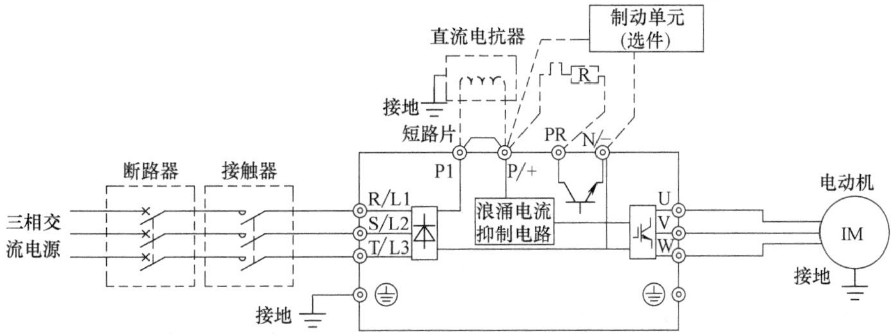

图 12-4　三菱 FR-E740 型变频器主电路的接线

图 12-4 有关说明如下：

1）端子 P1、P/ + 之间用以连接直流电抗器，不须连接时，两端子间短路。

2）P/ + 与 PR 之间用以连接制动电阻器，P/ + 与 N/ - 之间用以连接制动单元选件。

3）交流接触器用作变频器的安全保护，注意不要通过此交流接触器来启动或停止变频器，否则可能降低变频器寿命。

4）进行主电路接线时，应确保输入、输出端不能接错，即电源线必须连接至 R/L1、S/L2、T/L3，绝对不能接 U、V、W，否则会损坏变频器。

12.2.2　连接控制电路

FR-E740 型变频器控制电路的接线如图 12-5 所示。

图中，控制电路端子分为控制输入、频率设定（模拟量输入）、继电器输出（异常输出）、集电极开路输出（状态检测）和模拟电压输出等 5 部分区域，各端子的功能可通过调

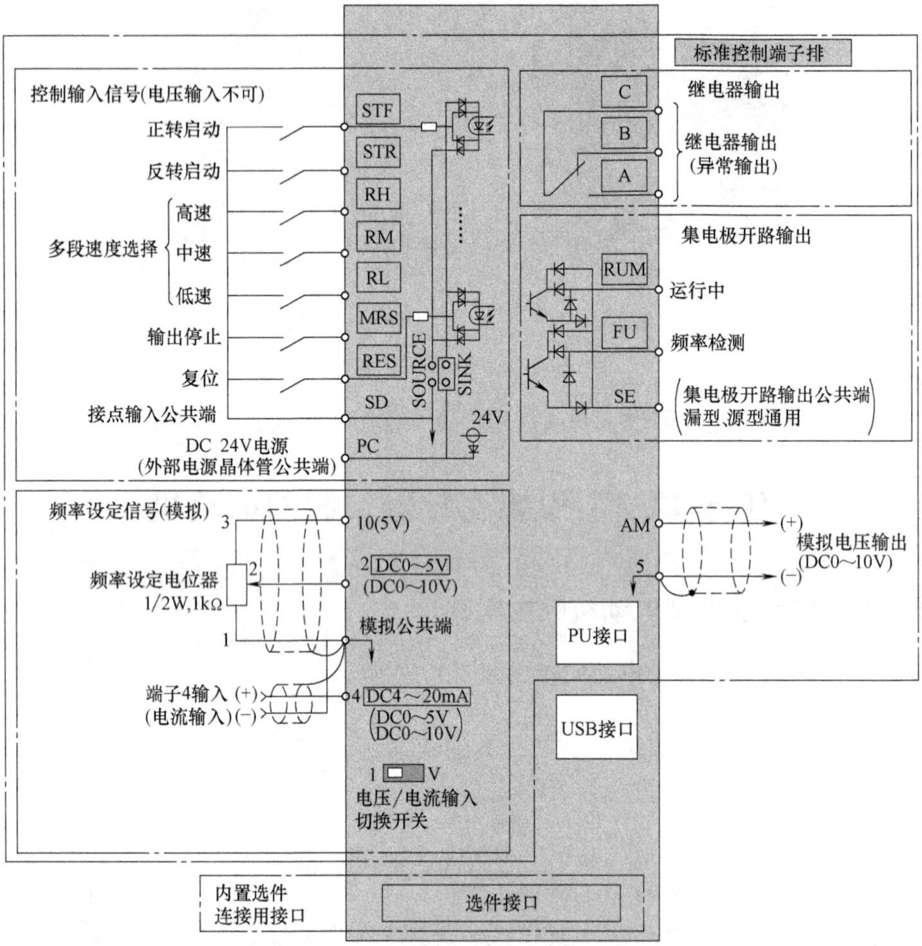

图 12-5　FR-E740 型变频器控制电路的接线图

整相关参数的值进行变更，在出厂初始值的情况下，各控制电路端子的功能说明如表 12-2、表 12-3 和表 12-4 所示。

表 12-2　控制电路输入端子的功能说明

种类	端子编号	端子名称	端子功能说明	
接点输入	STF	正转起动	STF 信号 ON 时为正转、OFF 时为停止	STF、STR 信号同时 ON 时变成停止指令
	STR	反转起动	STR 信号 ON 时为反转、OFF 时为停止	
	RH RM RL	多段速度选择	用 RH、RM 和 RL 信号的组合可以选择多段速度	
	MRS	输出停止	MRS 信号 ON(20ms 或以上)时，变频器输出停止；用电磁制动器停止电动机时用于断开变频器的输出	
	RES	复位	用于解除保护电路动作时的报警输出，请使 RES 信号处于 ON 状态 0.1s 或以上，然后断开 初始设定为始终可进行复位，但进行了 Pr. 75 的设定后，仅在变频器报警发生时可进行复位，复位时间约为 1s	

（续）

种类	端子编号	端子名称	端子功能说明
接点输入	SD	接点输入公共端(漏型)(初始设定)	接点输入端子(漏型逻辑)的公共端子
		外部晶体管公共端(源型)	源型逻辑时当连接晶体管输出(即集电极开路输出),例如可编程控制器(PLC)时,将晶体管输出用的外部电源公共端接到该端子时,可以防止因漏电引起的误动作
		DC 24V 电源公共端	DC24V 0.1A 电源(端子 PC)的公共输出端子。与端子 5 及端子 SE 绝缘
	PC	外部晶体管公共端(漏型)(初始设定)	漏型逻辑时当连接晶体管输出(即集电极开路输出),例如可编程控制器(PLC)时,将晶体管输出用的外部电源公共端接到该端子时,可以防止因漏电引起的误动作
		接点输入公共端(源型)	接点输入端子(源型逻辑)的公共端子
		DC 24V 电源	可作为 DC 24V、0.1A 的电源使用
频率设定	10	频率设定用电源	作为外接频率设定(速度设定)用电位器时的电源使用(按照 Pr.73 模拟量输入选择)
	2	频率设定(电压)	如果输入 DC 0~5V(或 0~10V),在 5V(10V)时为最大输出频率,输入、输出成正比。通过 Pr.73 进行 DC 0~5V(初始设定)和 DC0~10V 输入的切换操作
	4	频率设定(电流)	若输入 DC 4~20mA(或 0~5V,0~10V),在 20mA 时为最大输出频率,输入、输出成正比。只有 AU 信号为 ON 时端子 4 的输入信号才会有效(端子 2 的输入将无效)。通过 Pr.267 参数修改为电源输入或电压输入,设定 0 是 4~20mA,1 是 0~5V,2 是 0~10V
	5	频率设定公共端	频率设定信号(端子 2 或 4)及端子 AM 的公共端子。请勿接大地

表 12-3 控制电路接点输出端子的功能说明

种类	端子记号	端子名称	端子功能说明
继电器	A、B、C	继电器输出(异常输出)	指示变频器因保护功能动作时输出停止。异常时,B-C 间不导通(A-C 间导通);正常时,B-C 间导通(A-C 间不导通)
集电极开路	RUN	变频器正在运行	变频器输出频率大于或等于启动频率(初始值 0.5Hz)时为低电平,已停止或正在直流制动时为高电平
	FU	频率检测	输出频率大于或等于任意设定的检测频率时为低电平,未达到时为高电平
	SE	集电极开路输出公共端	端子 RUN、FU 的公共端子
模拟	AM	模拟电压输出	可以从多种监视项目中选一种作为输出。变频器复位中不被输出。输出信号与监示项目的大小成比例 输出项目:输出频率(初始设定)

表 12-4 控制电路网络接口的功能说明

种类	端子记号	端子名称	端子功能说明
RS-485	—	PU 接口	通过 PU 接口,可进行 RS-485 通信。 · 标准规格:EIA-485(RS-485) · 传输方式:多站点通信 · 通信速率:4800~38400bps · 总长距离:500m
USB	—	USB 接口	与个人电脑通过 USB 连接后,可以实现 FR Configurator 的操作。 · 接口:USB1.1 标准 · 传输速度:12Mbps · 连接器:USB 迷你-B 连接器(插座:迷你-B 型)

12.2.3 连接变频器与PLC

1. 控制要求

通过PLC的输出端子提供开关信号控制STR、STF的通断从而控制传送带的正反转，通过PU面板上的键控制传送带的运行速度。

2. 输入/输出分配

根据系统的控制要求，PLC的输入/输出分配表见表12-5。

表12-5 PLC的输入/输出分配表

输 入			输 出		
元件	作用	输入点	元件	作用	输出点
SB1	正转起动	X0	STF	正转运行信号	Y0
SB2	反转起动	X1	STR	反转运行信号	Y1
SB3	停止按钮	X2			

PLC与变频器组合模式控制传送带的外部接线示意图如图12-6所示。

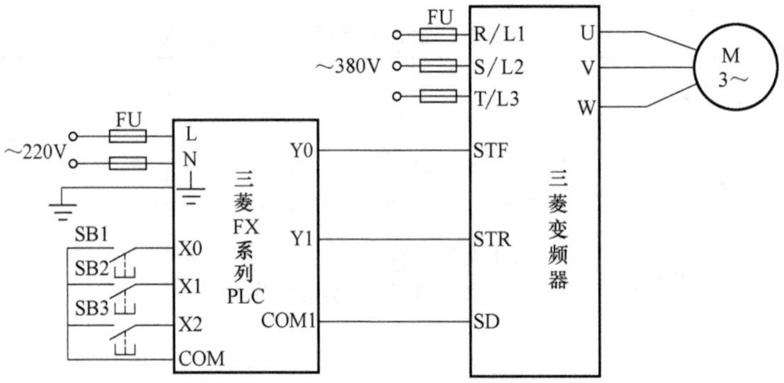

图12-6 PLC与变频器组合模式控制传送带的外部接线示意图

任务12.3 操作变频器

12.3.1 认识FR-E700系列的操作面板

使用变频器之前，首先要熟悉它的面板显示和键盘操作单元（或称控制单元），并且按使用现场的要求合理设置参数。FR-E700系列变频器的参数设置，通常利用固定在其上的操作面板（不能拆下）实现，也可以使用连接到变频器PU接口的参数单元（FR-PU07）实现。使用操作面板可以进行运行方式与频率的设定、运行指令监视、参数设定、错误表示等。操作面板如图12-7所示，其上半部分为面板显示器，下半部为M旋钮和各种按键。它们的具体功能分别见表12-6和表12-7。

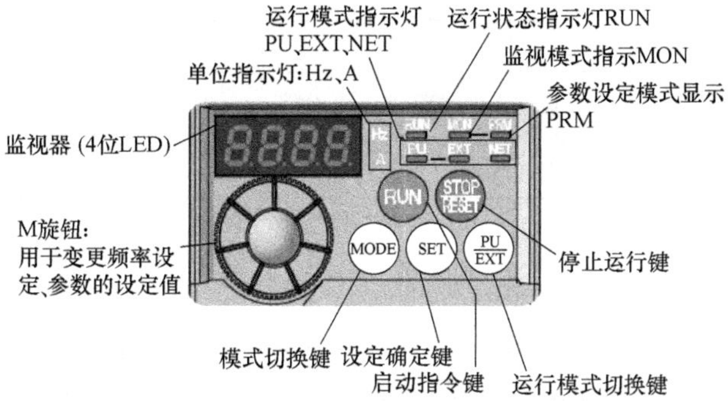

图 12-7　FR-E700 系列变频器的操作面板

表 12-6　旋钮、按键功能

旋钮和按键	功　　能
M 旋钮(三菱变频器旋钮)	旋动该旋钮可变更频率设定、参数的设定值。按下该旋钮可显示以下内容： · 监视模式时的设定频率 · 校正时的当前设定值 · 报警历史模式时的顺序
模式切换键 MODE	用于切换各设定模式；和运行模式切换键同时按下也可以用来切换运行模式；长按此键(2s)可以锁定操作
设定确定键 SET	用于各设定的确定。此外，若在运行中按此键则监视器出现以下显示： 运行频率 → 输出电流 → 输出电压 → (返回运行频率)
运行模式切换键 PU/EXT	用于切换 PU/外部运行模式。使用外部运行模式(通过另接的频率设定电位器和启动信号启动的运行)时请按此键，使表示运行模式的 EXT 处于亮灯状态。切换至组合模式时，可同时按 MODE 键 0.5s，或者变更参数 Pr. 79。
启动指令键 RUN	在 PU 模式下，按此键启动运行。通过 Pr. 40 的设定，可以选择旋转方向
停止运行键 STOP/RESET	在 PU 模式下，按此键停止运转。保护功能(严重故障)生效时，也可以进行报警复位

表 12-7　运行状态显示

显　　示	功　　能
运行模式指示灯	PU：PU 运行模式时亮灯； EXT：外部运行模式时亮灯； NET：网络运行模式时亮灯
监视器(4 位 LED)	显示频率、参数编号等
单位指示灯	Hz：显示频率时亮灯； A：显示电流时亮灯。 (显示电压时熄灯，显示设定频率监视时闪烁。)
运行状态指示灯 RUN	当变频器动作时，亮灯或者闪烁；其中： 亮灯——正转运行中； 缓慢闪烁(1.4s 循环)——反转运行中； 下列情况下出现快速闪烁(0.2s 循环)： · 按键或输入启动指令都无法运行时 · 有启动指令，但频率指令在启动频率以下时 · 输入了 MRS 信号时

（续）

显　示	功　能
参数设定模式显示 PRM	参数设定模式时亮灯
监视模式显示 MON	监视模式时亮灯

12.3.2 清除参数

用户在使用变频器前，应先清除以前设置的参数，使参数恢复出厂时设置时的值，避免对后面的调试造成影响。同时如果用户在参数调试过程中遇到问题，并且希望重新开始调试，也可用进行清除参数操作实现，即在 PU 运行模式下，设定 Pr. CL 和 ALLC 参数均为 1，（但如果设定 Pr. 77 参数写入选择为 1，则无法清除。）

参数清除操作，需要在参数设定模式下进行，用 M 旋钮选择参数编号为 Pr. CL 和 ALLC，把它们的值均置为 1，操作步骤如图 12-8 所示。

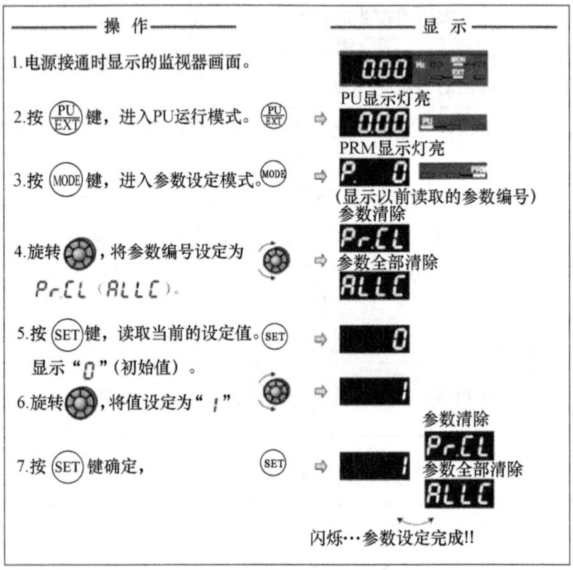

图 12-8　参数清除/参数全部清除的操作示意图

12.3.3 设置变频器工作模式

图 12-9 是通过操作面板设定变频器的参数 Pr. 79 设置变频器的工作模式的一个例子。该例子把变频器从固定外部运行模式变更为组合运行模式 1。

12.3.4 设置参数

图 12-10 中的操作显示了如何把参数 Pr. 1（上限频率）从出厂设定值 120. 0Hz 变更为 50. 0Hz。假定当前运行模式为外部/PU 切换模式（Pr. 79 = 0），变频器正处于外部模式（EXT 灯亮）。其他参数的设置步骤与 Pr. 1 的设置步骤基本相同，此处不再赘述。

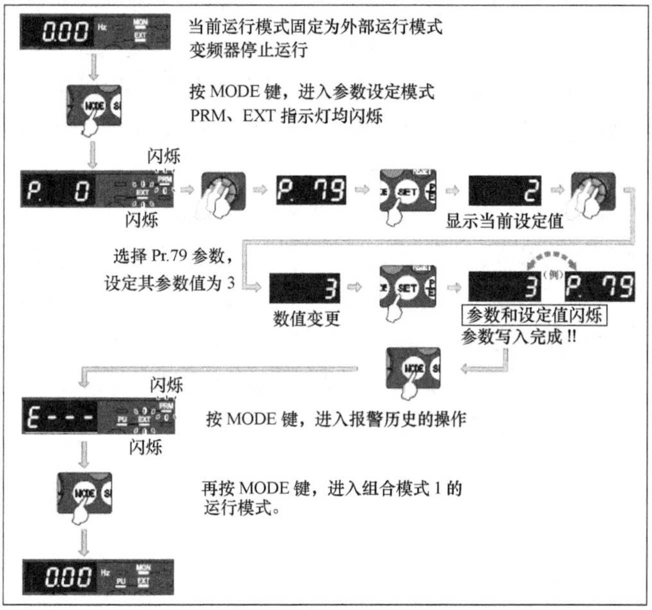

图 12-9　设置变频器工作模式的操作示意图

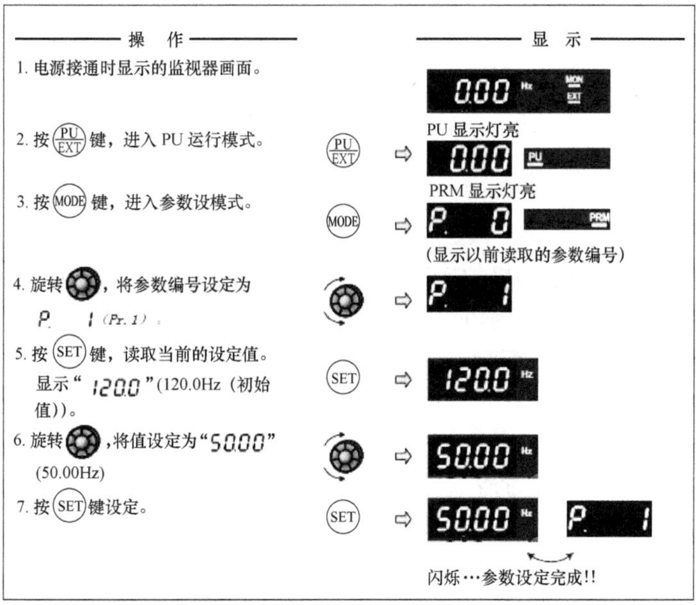

图 12-10　设置参数的操作示意图

任务 12.4　设定变频器的基本参数

12.4.1　变频器的基本参数意义

变频器参数的出厂设定值设置为可完成简单的变速运行。如需按照负载和操作要求设定参数，则应进入参数设定模式，先选定参数号，然后设置其参数值。设定参数分两种情况，一种是停机 STOP 方式下重新设定参数，这时可设定所有参数；另一种是在运行时设定，这时只允许设定部分参数，但是可以核对所有参数号及参数。FR-E700 系列变频器有几百个参数，实际使用时，只需根据使用现场的要求设定部分基本功能参数，其余按出厂设定即可。

（1）转矩提升（Pr. 0） 此参数主要用于设定电动机起动时的转矩大小，设定参数是通过补偿电压降以改善电动机在低速范围的转矩降。假定基底频率电压为 100%，用百分数（%）设定 0Hz 时的电压。设定过大将导致电动机过热；设定过小，则起动力矩不够。设定此参数的基本原则是最大值大约为 10%。参数意义如图 12-11 所示。

（2）上限频率（Pr. 1）和下限频率（Pr. 2） 这两个参数用于设定电动机运转上限和下限频率，可以将输出频率的上限和下限进行钳位。电动机的运行频率就在此设定范围内，如图 12-12 所示。

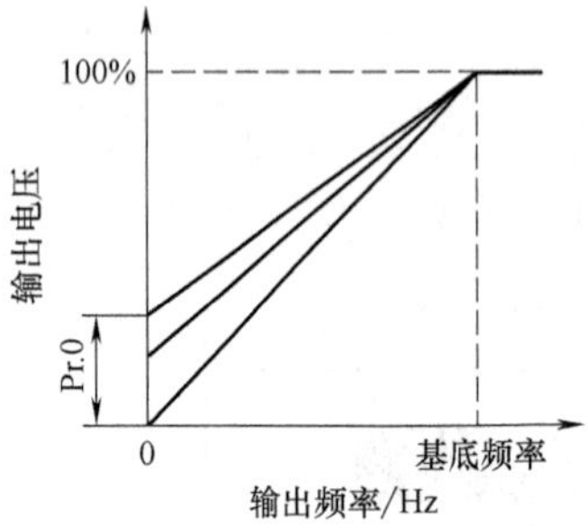

图 12-11 Pr. 0 参数意义图

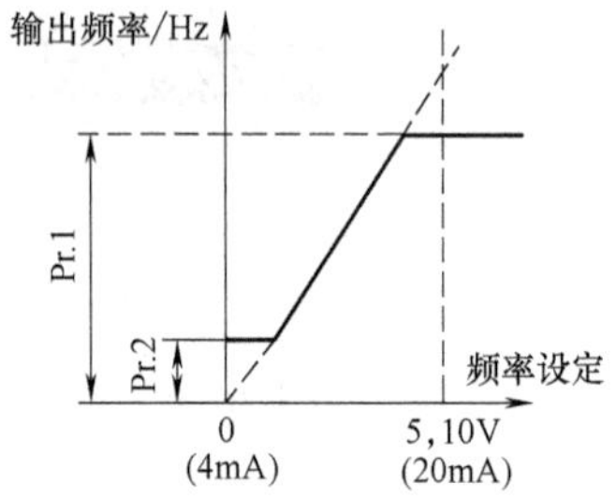

图 12-12 Pr. 1、Pr. 2 参数意义图

（3）基底频率（Pr. 3） 此参数主要用于调整变频输出到电动机的额定值。当用标准电动机时，此参数通常设定为电动机的额定频率。注意：当需要电动机运行在工频电源与变频器切换状态时，须设定基底频率与电源频率相同。

（4）加速时间（Pr. 7）和减速时间（Pr. 8）及加/减速频率（Pr. 20） 加速时间（Pr. 7）和减速时间（Pr. 8）用于设定电动机加速及减速时间，设定越大则加、减速所需时间越多，越小则越少。Pr. 20 是加/减速基准频率。设置此参数后，加速是从 0 加速到基准频率的时间。减速是从基准频率减速到 0 的时间。参数的意义如图 12-13 所示。

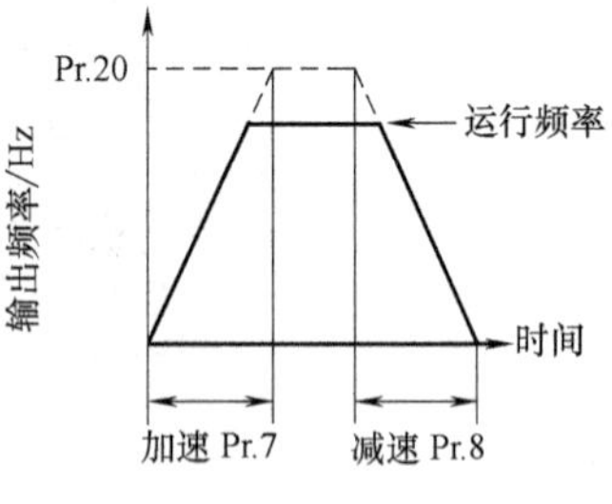

图 12-13 Pr. 7、Pr. 8、Pr. 20 参数意义图

（5）电子过电流保护（Pr. 9） 用于设定电子过电流保护的电流值，以防止电动机过热。一般设定为电动机额定电流值。

（6）起动频率（Pr. 13） 用于设定电动机起动时的频率。起动频率的设定范围为 0 ~ 60Hz。参数意义如图 12-14 所示。

（7）点动运行频率（Pr. 15）和点动加、减速时间（Pr. 16） 点动运行频率（Pr. 15）用于设定点动状态下的运行频率。点动加、减速时间（Pr. 16）用于设定点动状态下的加、减速时间。参数意义如图 12-15 所示。

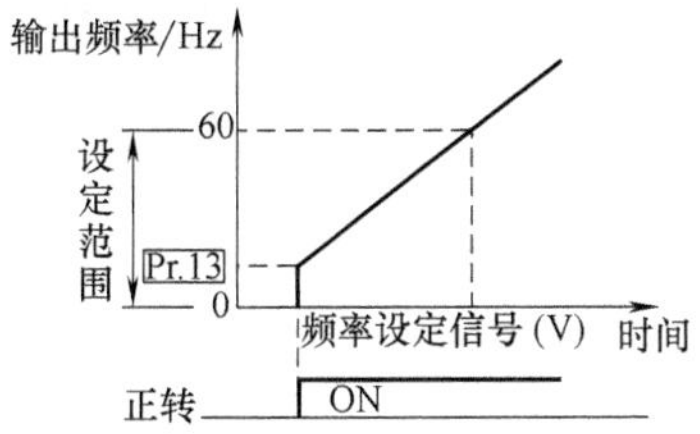

图 12-14　Pr. 13 参数意义图

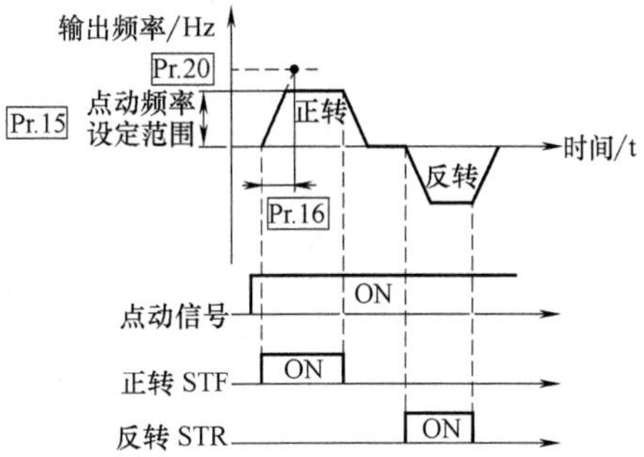

图 12-15　Pr. 15、Pr. 16 参数意义图

（8）操作模式选择（Pr. 79）　用于选择变频器在什么模式下运行。具体内容如表 12-8 所示。一般来说，使用控制电路端子、外部设置电位器和开关来进行操作的是“外部运行模式”；使用操作面板或参数单元输入起动指令、设置频率的方式是“PU 运行模式”；通过 PU 接口进行 RS-485 通信或使用通信选件的方式是“网络运行模式（NET 运行模式）”。在进行变频器操作前，必须了解各种运行模式，才能进行相关的操作。

表 12-8　操作模式选择（Pr. 79）

<table>
<tr><th>Pr. 79
设定值</th><th colspan="2">内　容</th></tr>
<tr><td>0</td><td colspan="2">外部/PU 切换模式，通过 PU/EXT 键可切换 PU 与外部运行模式
注意：开机接通电源时为外部运行模式</td></tr>
<tr><td>1</td><td colspan="2">固定为 PU 运行模式</td></tr>
<tr><td>2</td><td colspan="2">固定为外部运行模式
可以在外部、网络运行模式间切换运行</td></tr>
<tr><td rowspan="3">3</td><td colspan="2">外部/PU 组合运行模式 1</td></tr>
<tr><td>频率指令</td><td>启动指令</td></tr>
<tr><td>用操作面板设定</td><td>外部信号输入
（端子 STF、STR）</td></tr>
<tr><td rowspan="3">4</td><td colspan="2">外部/PU 组合运行模式 2</td></tr>
<tr><td>频率指令</td><td>启动指令</td></tr>
<tr><td>外部信号输入</td><td>通过操作面板的 RUN 键、或通过参数单元的 FWD、REV 键来输入</td></tr>
<tr><td>6</td><td colspan="2">切换模式
可以在保持运行状态的同时，进行 PU 运行、外部运行、网络运行的切换</td></tr>
<tr><td>7</td><td colspan="2">外部运行模式（与 PU 运行互锁）</td></tr>
</table>

12.4.2　设定变频器参数

根据控制要求，在 PU 操作模式下设定变频器的基本参数、操作模式选择等，相应参数设定见表 12-9。

表 12-9 PU 单元控制传送带参数设定

参数名称	参数号	设定值
运行模式	Pr. 79	1
上限频率	Pr. 1	50Hz
下限频率	Pr. 2	0Hz
基底频率	Pr. 3	50Hz
加速时间	Pr. 7	2. 5s
减速时间	Pr. 8	2. 5s
电子过电流保护	Pr. 9	电动机额定电流

任务 12.5 设计传送带的 PLC 控制程序

根据系统控制要求，应用外部/PU 操作模式控制三相异步电动机运行，其 PLC 运行程序如图 12-16 所示。

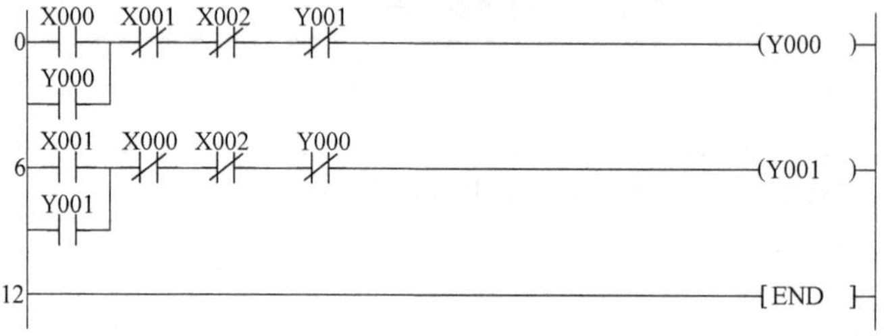

图 12-16 外部操作控制传送带运行程序

任务 12.6 调试传送带控制系统

调试步骤如下：

1）把变频器的 Pr. 79 为 1，其他参数保持不变。

2）通过 GX Developer 软件把传送带的 PLC 控制程序输入到计算机中。

3）用编程软件进行模拟调试。

模拟接通 X0 正转（X1 反转）起动按钮，Y0 电动机正转（Y1 电动机反转）信号置位；模拟接通 X2 停止按钮，Y0（Y1）信号复位，等待下次起动信号。

若程序有误，检查并修改程序，直至模拟运行正确。

4）下载程序并调试。把控制程序下载到 PLC 后，通电试运行，按下起动按钮 SB1（SB2），传输带正向（反向）运行，观察变频器指示及电动机转速和转动方向；在监测频率状态下，逆时针转动 M 旋钮至 15Hz，并按 SET 键，观察传送带的运行速度；再顺时针转动 M 旋钮至 75Hz，观察传送带的运行速度；最后按下 SB3，电动机在 0. 5s 内减速至停止。

任务评价

自我评价

项目内容	配分	评分标准	扣分	得分
变频器参数设置	30	(1)能正确设置参数,出现一个错误扣1~2分 (2)能正确分析各参数作用,出现一个错误扣1~2分		
PLC与变频器安装与连接	30	(1)不能正确安装,每个扣1~3分 (2)接线错误,每线扣1~3分		
PLC程序输入并运行	20	(1)能正确输入并调试,得20分 (2)操作失误或不能按要求运行,每处扣3~5分		
安全、文明操作	20	(1)违反操作规程,产生不安全因素,可酌情扣7~10分 (2)着装不规范,可酌情扣3~5分 (3)迟到、早退、工作场地不清洁,每次扣1~2分		
		总评分=(1~5项总分)×40%		

签名:______________ ______年__月__日

小组评价

项 目 内 容	配分	评分
实训记录与自我评价情况	20	
对实训室规章制度的学习与掌握情况	20	
相互帮助与协作能力	20	
安全、质量意识与责任心	20	
能否主动参与整理工具、器材与清洁场地	20	
总评分=(1~5项总分)×30%		

参加评价人员签名:______________________________ ______年__月__日

教师评价

教师总体评价意见:

教师评分(30)	
总评分=自我评分+小组评分+教师评分	

教师签名:______________ ______年__月__日

任务13　应用变频器与PLC实现传送带多段速运行

任务要求

应用变频器控制传送带以表13-1设置的频率进行7段速运行，且每隔5s变化一次速度。

表13-1　7段速度设定值

7段速度	1段	2段	3段	4段	5段	6段	7段
设定值	50Hz	30Hz	10Hz	15Hz	40Hz	25Hz	8Hz

课时分配

建议课时：8课时。

学习目标

应知

（1）了解变频器的结构。

（2）理解变频调速的基本工作原理。

应会

（1）会安装变频器的主电路和控制回路。

（2）能设置变频器的参数。

（3）会用变频器控制电动机作多段速运行。

任务介绍

对变频器预设多种运行速度的参数，同时用输入端子进行转换，可使变频器输出不同的频率值，从而控制电动机以多种速度运行，这种通过控制频率达到调速目的的功能称为多段速控制功能。在本任务中，通过应用变频器控制传送带运行的实例巩固有关变频器的知识。所用工具及与器材明细见表13-2。

表13-2　工具与器材明细表

序号	类别	名称	规格型号	数量	备注
1	工具	电工常用工具		1套	
2		指针式万用表	500型或MF—47型	1台	

（续）

序号	类别	名称	规格型号	数量	备注
3	器材	带漏电保护断路器	DZ47LE	1个	
4		三菱 PLC	FX_{2N}—48MR	1台	
5		三菱变频器	E740	1台	
6		传送带		1套	
7		三相异步电动机	JW7124,550W	1台	模拟运行用
8		多股导线		若干	

任务 13.1　设定变频器的基本参数

13.1.1　变频器多段速度控制参数

变频器外部输入端子 STF、STR、RL、RM、RH、MRS、RES 可按功能再次分配，即可通过参数选项，重新定义端子的功能，通过不同端子的不同组合形式，即可进行 3 段速度、7 段速度、15 段速度的控制。

1. 3 段速度（高速 Pr. 4，中速 Pr. 5，低速 Pr. 6）

图 13-1 为开关启动变频器 3 段速度运行接线图，图中 RH、RM、RL 输入端分别是高速、中速、低速控制输入端。RH 的初始值设定是 50Hz，RM 的初始值设定是 30Hz，RL 的初始值设定是 10Hz，可以通过设置 Pr. 4、Pr. 5、Pr. 6 变更频率。当端子 STF（正转）或 STR（反转）发出起动指令后，电动机将以设定频率——Pr. 4、Pr. 5、Pr. 6（高速、中速、低速）运行。

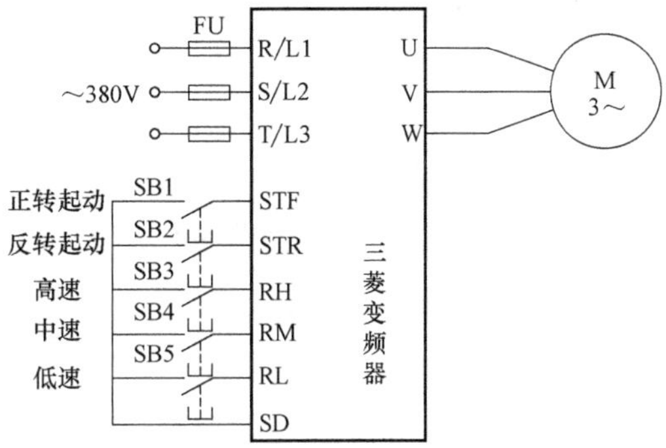

图 13-1　开关启动变频器 3 段速度运行接线图

2. 7 段速度（Pr. 24 ~ Pr. 27）

多段速度是在 3 段速度运行的基础上，通过外部输入端子 RH、RM、RL 不同组合形式来实现的。7 段速度对应参数号与端子见表 13-3 及示意图 13-2。

表 13-3　7 段速度参数号与端子对照表

7 段速度	1 段	2 段	3 段	4 段	5 段	6 段	7 段
输入端子	RH	RM	RL	RM、RL	RH、RL	RH、RM	RH、RM、RL
参数号	Pr. 4	Pr. 5	Pr. 6	Pr. 24	Pr. 25	Pr. 26	Pr. 27

3. 15 段速度

在实际使用过程中，如果 7 段速度不能满足控制要求，可以通过修改 Pr. 178 ~ Pr. 184 中的任一参数设置相关接线端子为 REX 端子。按照表 13-4 输入端子的功能分配表设置端子，即可实现 15 段速度运行。15 段速度对应参数号与端子见表 13-5 及示意图 13-3，运行接线图如图 13-4 所示。

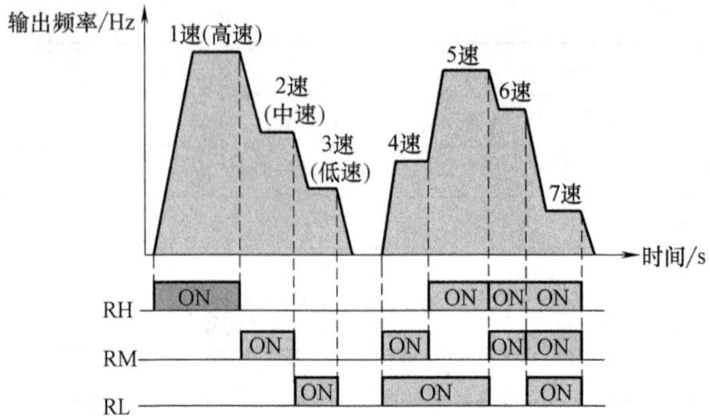

图 13-2 7 段速度对应端子示意图

表 13-4 输入端子的功能分配表

参数	名称	单位	初始值	内容(部分)
Pr. 178	STF 端子功能	1	60	0:低速运行指令(RL) 1:中速运行指令(RM) 2:高速运行指令(RH) 5:点动运行选择(JOG) 8:15 速选择(REX) 12:PU 运行外部互锁(X12) 14:PID 控制有效端子(X14) 15:制动器开放完成信号(BRI) 24:输出停止(MRS) 25:启动自保持选择(STOP) 60:正转指令(STF) 61:反转指令(STR) 62:变频器复位(RES)
Pr. 179	STR 端子功能	1	61	
Pr. 180	RL 端子功能	1	0	
Pr. 181	RM 端子功能	1	1	
Pr. 182	RH 端子功能	1	2	
Pr. 183	MRS 端子功能	1	24	
Pr. 184	RES 端子功能	1	62	

表 13-5 第 8～15 段速度参数号与端子对照表

第 8～15 段速度	8 段	9 段	10 段	11 段	12 段	13 段	14 段	15 段
输入端子	REX	RME、RL	REX、RM	REX、RM、RL	REX、RH	REX、RH、RL	REX、RH、RM	REX、RH、RM RL
参数号	Pr. 232	Pr. 233	Pr. 234	Pr. 235	Pr. 236	Pr. 237	Pr. 238	Pr. 239

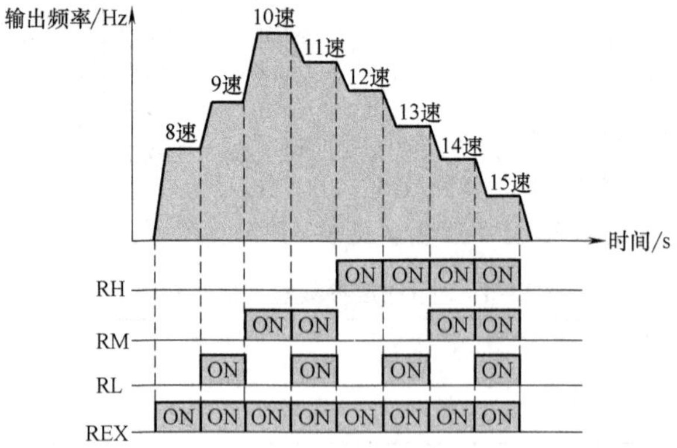

图 13-3 8～15 段速度对应端子示意图

13. 1. 2 设定变频器参数

根据控制任务要求，在 PU 操作模式下设定变频器的基本参数、操作模式选择参数和多段速度设定等，相应参数设定见表 13-6。

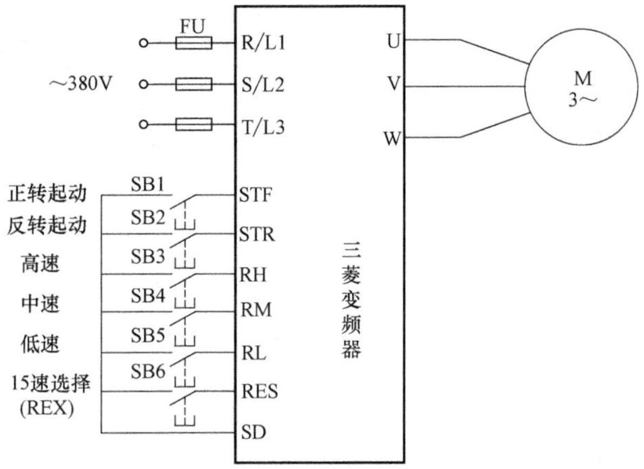

图 13-4　开关启动变频器 15 段速度运行接线图

表 13-6　7 段速度输出参数设定

参数名称	参数号	设定值	备　注
操作模式	Pr. 79	2	也可以设定值为 0，在设置参数和外部运行模式切换时通过 PU/EXT 键切换
上限频率	Pr. 1	100Hz	
下限频率	Pr. 2	0Hz	
基底频率	Pr. 3	50Hz	
加速时间	Pr. 7	2s	不能使用默认的 5s 或大于 5s，因为任务每段速度运行的时间只有 5s
减速时间	Pr. 8	2s	
电子过电流保护	Pr. 9	电动机额定电流	
第 1 段速度设定（高速）	Pr. 4	50Hz	
第 2 段速度设定（中速）	Pr. 5	30Hz	
第 3 段速度设定（低速）	Pr. 6	10Hz	
第 4 段速度设定	Pr. 24	15Hz	
第 5 段速度设定	Pr. 25	40Hz	
第 6 段速度设定	Pr. 26	25Hz	
第 7 段速度设定	Pr. 27	8Hz	

任务 13.2　连接变频器与 PLC

13.2.1　控制任务分析

电动机控制传送带 7 段速运行可采用变频器的多段运行来控制，变频器的多段运行信号从图 13-2 可知，通过 PLC 的输出端子提供开关信号控制，即通过 PLC 控制变频器的 RL、RM、RH、STR、STF 与 SD 端子的通和断。其中 RL、RM、RH 控制多段速选择，STR、STF 控制电动机的正反转。

13.2.2　PLC 的输入/输出分配

根据系统的控制要求，PLC 的输入/输出分配表见表 13-7。

PLC 与变频器 7 段速度运行的外部接线示意图如图 13-5 所示。

表 13-7 PLC 的输入/输出分配表

输入			输出		
元件	作用	输入点	元件	作用	输出点
SB1	停止按钮	X0	STF	正转运行信号	Y0
SB2	正转起动按钮	X1	STR	反转运行信号	Y1
SB3	反转起动按钮	X2	RH	高速	Y2
			RM	中速	Y3
			RL	低速	Y4

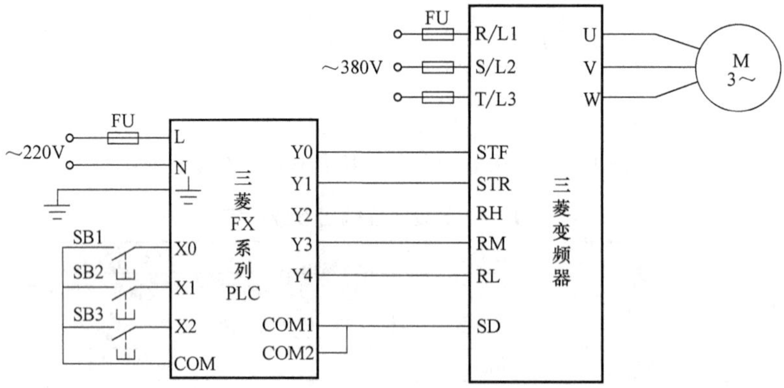

图 13-5 PLC 与变频器 7 段速度运行的外部接线示意图

任务 13.3 设计传送带的 PLC 控制程序

根据系统控制要求，可设计出控制系统的状态流程图如图 13-6 所示。将此流程图转换成步进梯形图及指令语句，如图 13-7 所示。

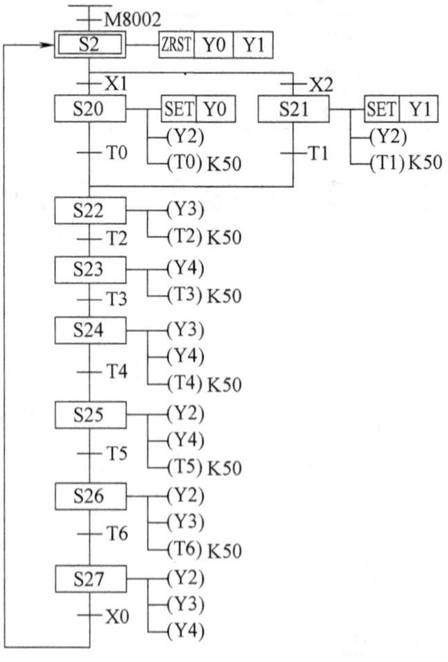

图 13-6 传送带 7 段速度运行的控制系统状态流程图

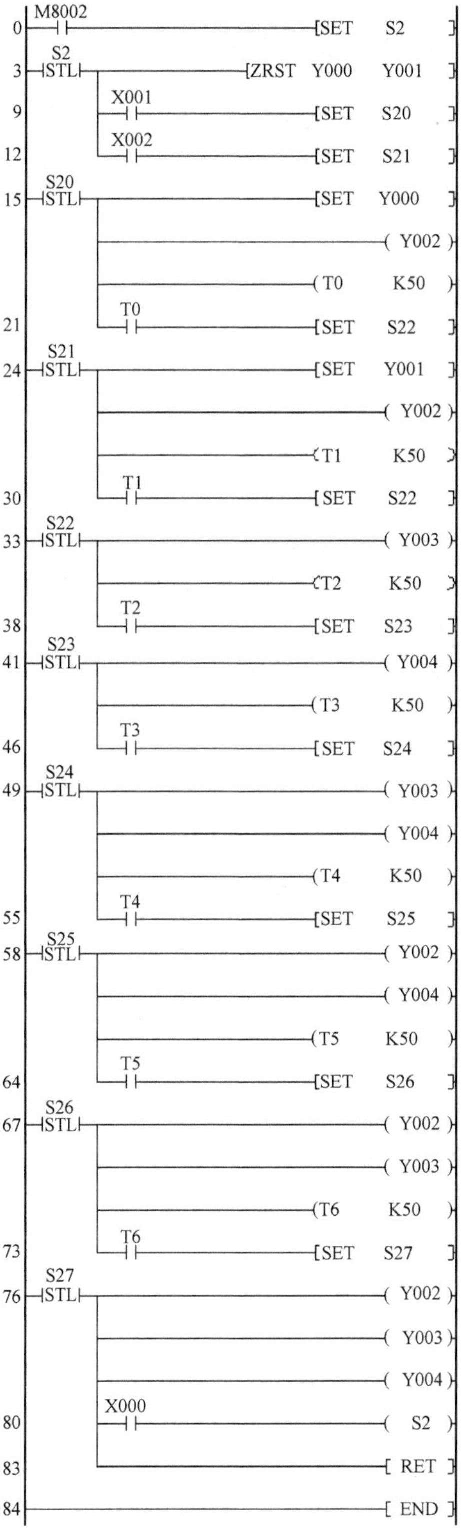

a) 梯形图

0	LD	M8002	
1	SET	S2	
3	STL	S2	
4	ZRST	Y000	Y001
9	LD	X001	
10	SET	S20	
12	LD	X002	
13	SET	S21	
15	STL	S20	
16	SET	Y000	
17	OUT	Y002	
18	OUT	T0	K50
21	LD	T0	
22	SET	S22	
24	STL	S21	
25	SET	Y001	
26	OUT	Y002	
27	OUT	T1	K50
30	LD	T1	
31	SET	S22	
33	STL	S22	
34	OUT	Y003	
35	OUT	T2	K50
38	LD	T2	
39	SET	S23	
41	STL	S23	
42	OUT	Y004	
43	OUT	T3	K50
46	LD	T3	
47	SET	S24	
49	STL	S24	
50	OUT	Y003	
51	OUT	Y004	
52	OUT	T4	K50
55	LD	T4	
56	SET	S25	
58	STL	S25	
59	OUT	Y002	
60	OUT	Y004	
61	OUT	T5	K50
64	LD	T5	
65	SET	S26	
67	STL	S26	
68	OUT	Y002	
69	OUT	Y003	
70	OUT	T6	K50
73	LD	T6	
74	SET	S27	
76	STL	S27	
77	OUT	Y002	
78	OUT	Y003	
79	OUT	Y004	
80	LD	X000	
81	OUT	S2	
83	RET		
84	END		

b) 指令语句

图 13-7　传送带 7 段速控制梯形图与控制指令语句

任务 13.4 调试传送带控制系统

调试步骤如下：

1）按图 13-5 连接变频器主电路、控制电路，并在通电后设定变频器的相关参数。

2）通过 GX Developer 软件把传送带的 PLC 控制程序输入到计算机中。

3）用编程软件进行模拟调试。

模拟接通 X1 正转（X2 反转）起动按钮，Y0 信号置位电动机正转（Y1 电动机反转），Y2 通；5s 后 Y2 断，Y3 通；5s 后 Y3 断，Y4 通；5s 后 Y3、Y4 通；5s 后 Y2、Y4 通；5s 后 Y2、Y3 通；5s 后 Y2、Y3、Y4 通；模拟接通 X0 停止按钮，Y0（Y1）信号复位，等待下次起动信号。

若程序有误，检查并修改程序，直至模拟运行正确。

4）下载程序并调试。把控制程序下载到 PLC 后，通电试运行，观察变频器频率指示及电动机转速，按下起动按钮 SB2（SB3），传送带正向（反向）运行，变频器驱动电动机以 50Hz 运行，5s 后变频器输出 30Hz 的信号，以后分别以 5s 的间隔输出 10Hz、15Hz、40Hz、25Hz、8Hz 的信号，最后按下 SB1，电动机在 0.5s 内减速至停止。

若变频器显示输出的频率不符合要求，检查变频器参数、PLC 程序，直至变频器按要求运行。如变频器显示频率正确，但传送带的运行速度不符合要求，应检查系统接线。

任务评价

自我评价

项目内容	配分	评分标准	扣分	得分
变频器参数设置	30	(1)能正确设置参数,出现一个错误扣 1～2 分 (2)能正确分析各参数作用,出现一个错误扣 1～2 分		
PLC 与变频器安装与连接	30	(1)不能正确安装,每个扣 1～3 分 (2)接线错误,每线扣 1～3 分		
PLC 程序输入并运行	20	(1)能正确输入并调试,得 20 分 (2)操作失误或不能按要求运行,每处扣 3～5 分		
安全、文明操作	20	(1)违反操作规程,产生不安全因素,可酌情扣 7～10 分 (2)着装不规范,可酌情扣 3～5 分 (3)迟到、早退、工作场地不清洁,每次扣 1～2 分		
总评分 = (1～5 项总分) ×40%				

签名：__________ ______年__月__日

小组评价

项 目 内 容	配分	评分
实训记录与自我评价情况	20	
对实训室规章制度的学习与掌握情况	20	
相互帮助与协作能力	20	
安全、质量意识与责任心	20	
能否主动参与整理工具、器材与清洁场地	20	
总评分 = (1～5 项总分) ×30%		

参加评价人员签名：____________________ _____年__月__日

教师评价

教师总体评价意见：

教师评分(30)	
总评分=自我评分+小组评分+教师评分	

教师签名：________________ _____年__月__日

任务14　应用传感器与PLC实现工件自动分拣

任务要求

应用工件自动分拣单元对不同材质（金属、非金属）、不同颜色（白色、黑色）工件进行自动分拣。

课时分配

建议课时：10 课时。

学习目标

应知

（1）掌握光纤传感器的组成及其工作原理。

（2）了解传送带自动分拣单元的工作原理。

（3）掌握变频器相关参数的功能。

应会

（1）会连接气动回路及设计相关气缸动作速度。

（2）会安装与连接传感器及相关电气线路。

（3）会编写 PLC 程序。

（4）能设定变频器相关参数。

（5）能调试传感器检测灵敏度。

（6）会联机调试 PLC、变频器及传感器。

任务介绍

自动分拣单元是自动生产线的最后单元，用于对已加工或已装配的工件进行自动分拣。当进料光电传感器检测有工件送入后，启动变频器驱动传送带，把工件送入分拣区。通过属性检测传感器检测和辨别工件的不同材质、颜色后，传送带停止运行，利用气缸动作将工件推入不同的料槽中，实现自动分流。所用工具及与器材明细见表 14-1。

表 14-1　工具与器材明细表

序号	类别	名称	规格型号	数量	备注
1	工具	电工常用工具		1 套	
2		指针式万用表	500 型或 MF—47 型	1 台	

（续）

序号	类别	名称	规格型号	数量	备注
3	器材	三菱 PLC	FX_{2N}—48MR	1 台	
4		三菱变频器	FR—E740	1 台	
5		工件自动分拣单元		1 套	
6		光纤传感器		2 个	
7		漫反射式光电接近开关		1 个	
8		磁性接近开关		6 个	
9		电感式接近开关		1 个	
10		多股导线		若干	

分拣单元结构示意图如图 14-1 所示。

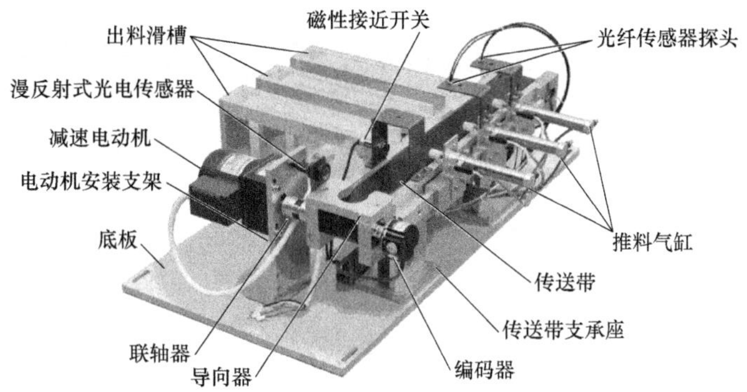

图 14-1　分拣单元结构示意图

任务 14.1　认识光纤传感器

1. 光纤传感器的结构与原理

光纤传感器是光电传感器的一种，具有下述优点：抗电磁干扰、可工作于恶劣环境、传输距离远、使用寿命长。此外，由于光纤头具有较小的体积，可以安装在很小空间的地方。

光纤传感器由光纤检测头、放大器两部分组成，光纤检测头和放大器是分离的两个部分。光纤传感器外形如图 14-2 所示。

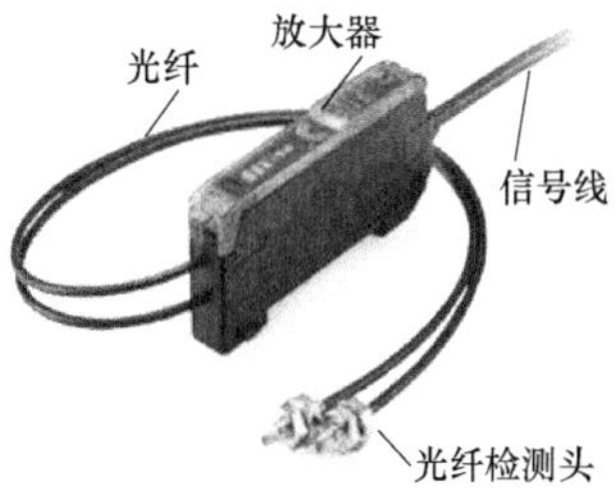

图 14-2　光纤传感器外形

光纤由一束玻璃纤维或由一条或几条合成纤维组成。光纤的工作原理是通过内部反射介质传递光线，将光从一处传导到另一处。

光纤传感器的灵敏度调节范围较大。当光纤传感器灵敏度调得较小时，光电探测器无法从反射性较差的黑色物体上接收到反射信号；而光电探测器可以从反射性较好的白色物体上接收到反射信号。反之，若调高光纤传感器灵敏度，则即使对于反射性较差的黑色物体，光电探测器也可以接收到反射信号。

2. 光纤传感器的符号及接线方式

光纤传感器引出线常用三线制，其图形符号及接线方式与光电接近开关相同，如图14-3所示。

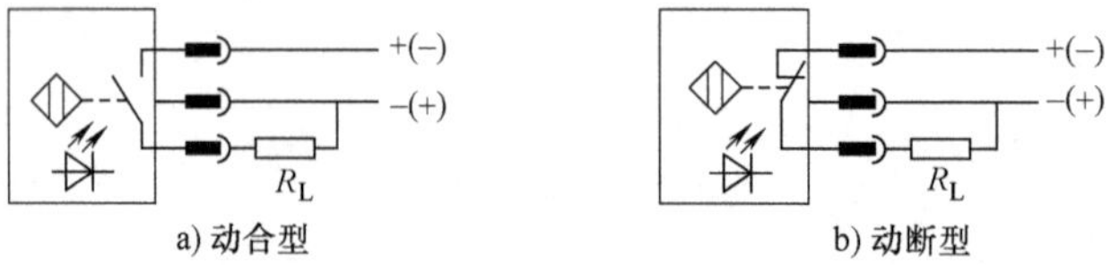

图 14-3 光电接近开关的图形符号

接线方式：棕色——电源正极；蓝色——电源负极；白色——信号公共端；
黑色——信号正逻辑；灰色——信号负逻辑。

任务 14.2 安装自动分拣单元的控制回路

14.2.1 控制要求

传送带自动分拣单元，使用三个二位五通单控电磁换向阀，控制三个出料槽的分拣推动气缸气路进行控制，气动回路如图 14-4 所示。

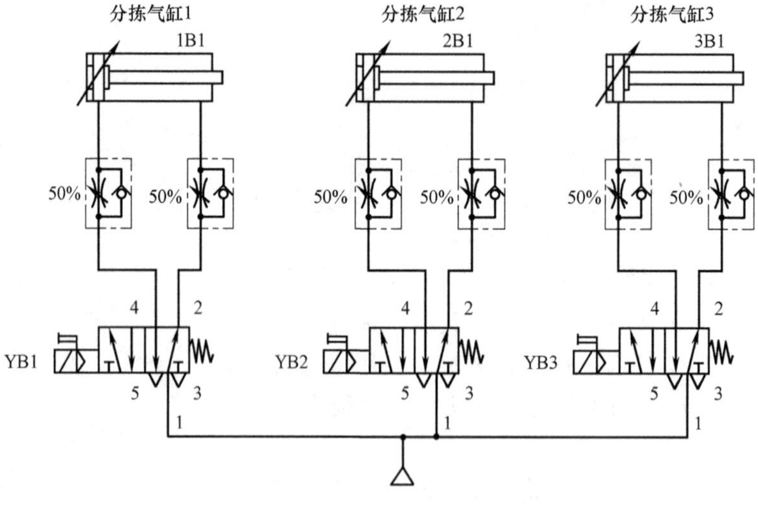

图 14-4 气动回路图

传送带自动分拣单元控制系统连接电源和气源后，三个气缸均处于缩回位置，表示设备已准备好。按下起动按钮，系统起动，传送带在变频器控制下，处于静止待料状态。当传送带进料口人工放入工件后，被进料口工件检测用光电开关检测，1s 后变频器启动，驱动传动电动机以频率固定为 30Hz 的速度，把工件送往分拣区。

当金属工件到达 1 号滑槽中间时，被电感式接近开关检测到，传送带停止，工件被推到

1 号槽中。当白色塑料工件到达 2 号滑槽中间时，被光纤传感器检测到，传送带停止，工件被推到 2 号槽中。如果是黑色塑料工件，则该工件到达 3 号滑槽中间时，传送带停止，工件被推到 3 号槽中。

工件被推出滑槽后，该自动分拣过程结束，再次放入下一个工件，重复上述过程。按下停止按钮后，完成本工作循环后停机。

14.2.2 PLC 的输入/输出分配

根据系统的控制要求，PLC 输入/输出分配表见表 14-2。

表 14-2 PLC 输入/输出分配表

输入			输出		
元件	作用	输入点	元件	作用	输出点
SB1	停止按钮	X0	STF	正转运行信号	Y0
SB2	起动按钮	X1	RH	变频器高速	Y1
1B1	分拣气缸 1 推出到位	X2	YB1	分拣气缸 1 电磁阀	Y2
2B1	分拣气缸 2 推出到位	X3	YB2	分拣气缸 2 电磁阀	Y3
3B1	分拣气缸 3 推出到位	X4	YB3	分拣气缸 3 电磁阀	Y4
SC1	金属工件检测	X5			
SC2	白色工件检测	X6			
SC3	黑色工件检测	X7			
SC4	进料口工件检测	X10			

PLC、传感器及变频器的外部接线示意图如图 14-5 所示。

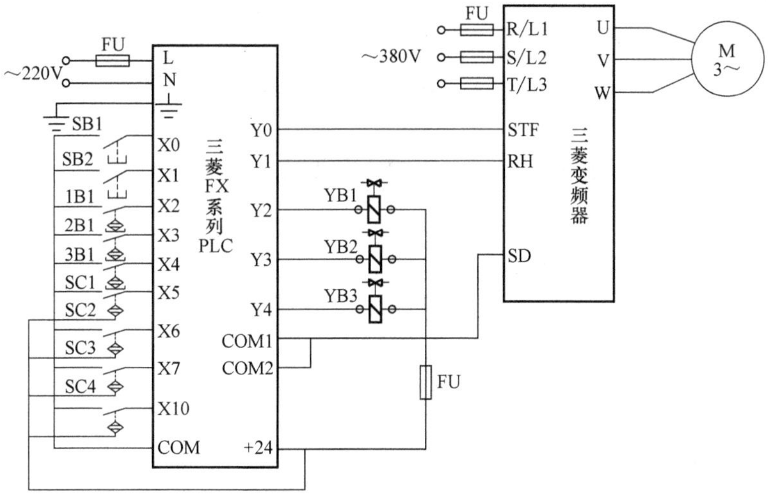

图 14-5 PLC、传感器及变频器的外部接线示意图

14.2.3 安装调试光纤传感器

光纤传感器的外形及安装示意图如图 14-6 所示。安装时，将光纤分别插入光纤安装孔中，扳下固定按钮将光纤锁紧，然后按引出线颜色接线。接线时需根据引线颜色判断电源极

性和信号输出线，防止把信号输出线直接连接到电源上损坏传感器。

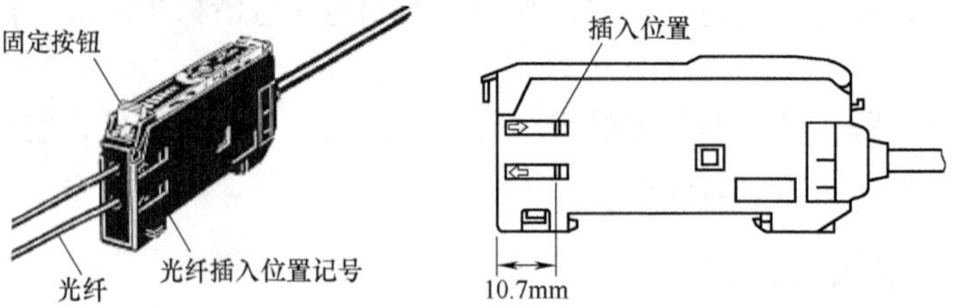

图 14-6　光纤传感器的外形及安装示意图

光纤传感器放大器单元的俯视图如图 14-7 所示，调节中部的旋转灵敏度调节旋钮就能进行放大器灵敏度调节（顺时针旋转灵敏度增大）。调节时，会看到“入光量显示灯”发光的变化。当探测器检测到物料时，“动作显示灯”会亮，提示检测到物料。

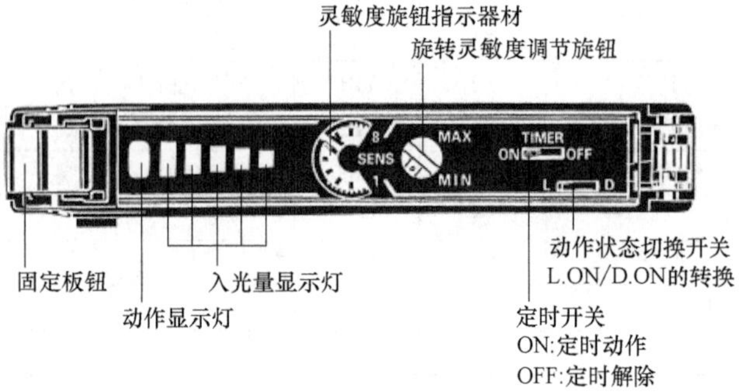

图 14-7　光纤传感器放大器单元的俯视图

本任务中，需使用 2 个同型号的光纤传感器分别测量白色和黑色的塑料工件，所以，在调试时，在第二槽光纤传感器下调节其灵敏度，使白色工件有检测信号输出而黑色无检测信号输出。而第三槽只需调节其灵敏度，检测黑色工件就达到检测要求。

任务 14.3　设定变频器参数

14.3.1　本任务控制所用到的变频器参数

1. 直流制动动作频率（Pr. 10）

Pr. 10，用于设定当电动机减速到设定频率后向电动机施加的直流电压。

2. 直流制动动作时间（Pr. 11）

Pr. 11，用于制动转动惯量较大的电动机，可以增大设定值达到制动效果。（注意：设定为 0 时，不会启动直流制动动作）

3. 直流制动动作电压（Pr. 12）

Pr. 12，用于设定制动电源电压的百分比。（注意：设定为 0 时，不会启动直流制动动作）

以上参数的意义如图 14-8 所示。

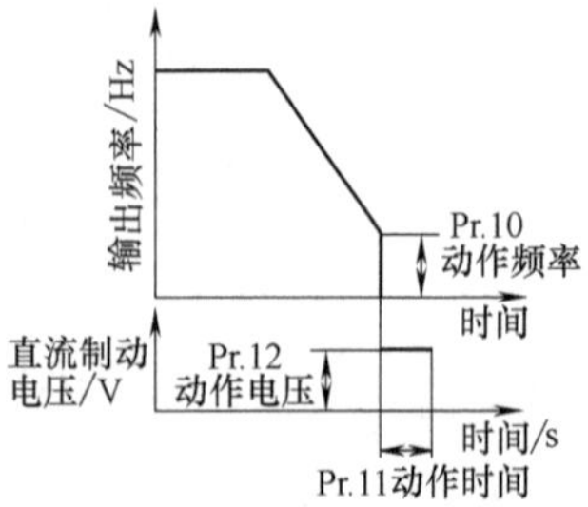

图 14-8　直流制动相关参数的意义

14.3.2 设定参数

在 PU 操作模式下设定变频器的基本参数、操作模式选择参数和多段速度设定参数等，相应参数设定见表 14-3。

表 14-3 七段速度输出参数设定

参数名称	参数号	设定值
操作模式	Pr. 79	3
上限频率	Pr. 1	50Hz
下限频率	Pr. 2	0Hz
基底频率	Pr. 3	50Hz
多段速度设定(高速)	Pr. 4	30Hz
加速时间	Pr. 7	2. 5s
减速时间	Pr. 8	2. 5s
电子过电流保护	Pr. 9	电动机额定电流
直流制动动作频率	Pr. 10	5Hz
直流制动动作时间	Pr. 11	1s
直流制动动作电压	Pr. 12	5%电动机额定电压

任务 14.4 设计 PLC 控制程序

根据系统控制要求，可设计出控制系统的状态流程图如图 14-9 所示。转换成如图 14-10 所示的步进梯形图及指令语句程序。

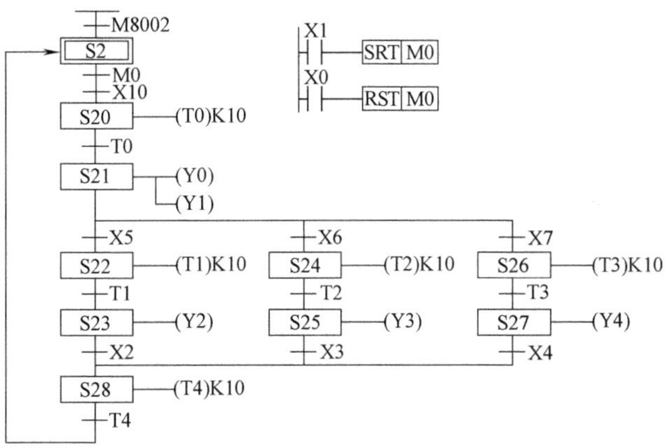

图 14-9 自动分拣单元状态流程图

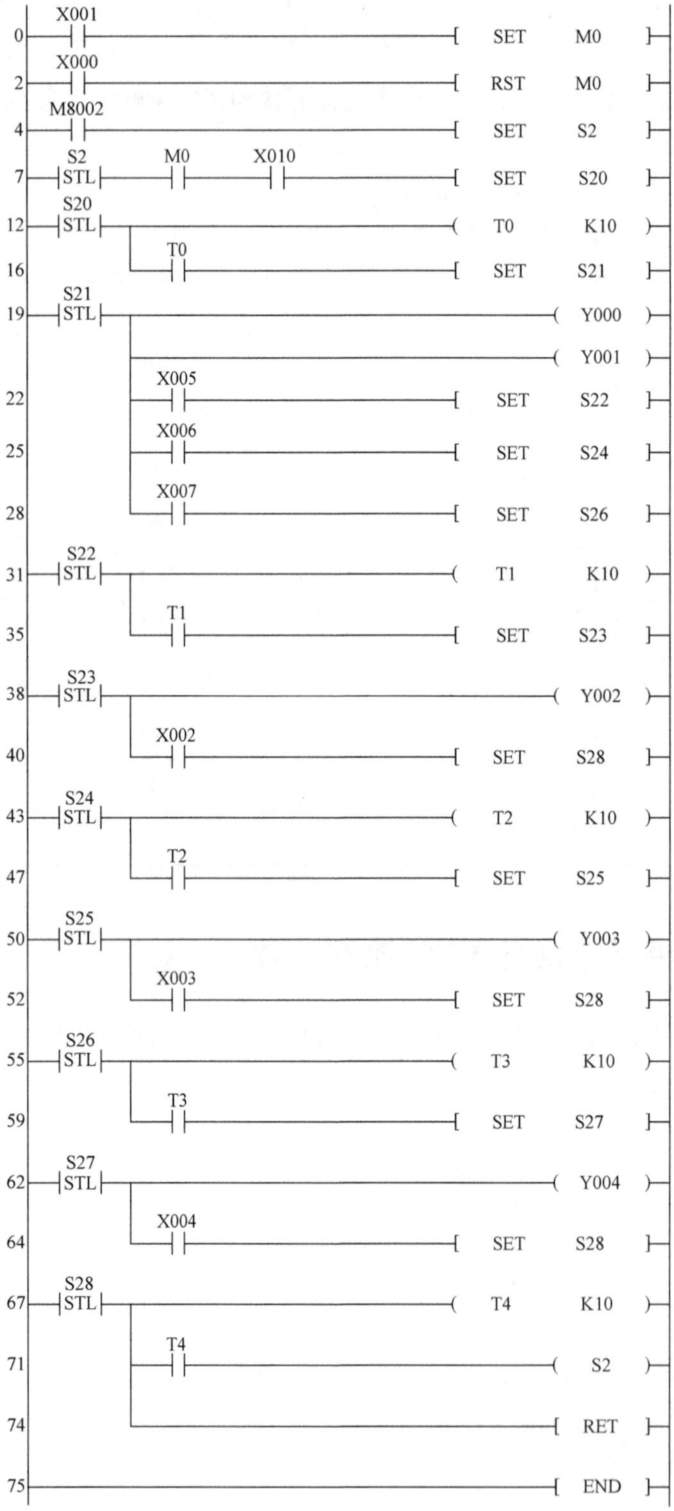

a) 梯形图

0	LD	X001	
1	SET	M0	
2	LD	X000	
3	RST	M0	
4	LD	X8002	
5	SET	S2	
7	STL	S2	
8	LD	M0	
9	AND	X010	
10	SET	S20	
12	STL	S20	
13	OUT	T0	
16	LD	T0	K10
17	SET	S21	
19	STL	S21	
20	OUT	Y000	
21	OUT	Y001	
22	LD	X005	
23	SET	S22	
25	LD	X006	
26	SET	S24	
28	LD	X007	
29	SET	S26	
31	STL	S22	
32	OUT	T1	K10
35	LD	T1	
36	SET	S23	
38	STL	S23	
39	OUT	Y002	
40	LD	X002	
41	SET	S28	
43	STL	S24	
44	OUT	T2	K10
47	LD	T2	
48	SET	S25	
50	STL	S25	
51	OUT	Y003	
52	LD	X003	
53	SET	S28	
55	STL	S26	
56	OUT	T3	K10
59	LD	T3	
60	SET	S27	
62	STL	S27	
63	OUT	Y004	
64	LD	X004	
65	SET	S28	
67	STL	S28	
68	OUT	T4	K10
71	LD	T4	
72	OUT	S2	
74	RET		
75	END		

b) 指令语句

图 14-10 自动分拣单元 PLC 控制梯形图与指令语句程序

任务 14.5　调试自动分拣单元控制系统

调试步骤如下：

1）按图 14-4、图 14-5 连接气动回路及电气回路。

2）通电后，设定变频器的相关参数。

3）通过 GX Developer 编程软件把自动分拣单元的 PLC 控制程序输入到计算机中。

4）用编程软件进行模拟仿真调试。

模拟接通 X1 起动按钮，放入工件接通 X10，Y0、Y1 输出，模拟接通 X5（或 X6、X7），Y2（或 Y3、Y4）输出，模拟接通 X2（或 X3、X4），回复起始状态。模拟接通 X0 停止按钮，Y0（或 Y1）信号复位，等待下次起动信号。

若程序有误，检查并修改程序，直至模拟运行正确。

5）下载程序并调试。把控制程序下载到 PLC 后，通电试运行。按下 SB2 起动按钮，变频器处于待机状态；放入金属（白色塑料或黑色塑料）工件，1s 后传送带自动起动运行并将工件传输到自动分拣区；当金属工件传输带至金属检测区时，传送带被制动，分拣气缸 1 前伸，将工件推入第一滑槽内；当白色塑料工件传输至检测白色的光纤传感器检测区时，传送带被制动，分拣气缸 2 前伸，将工件推入第二滑槽内；黑色塑料工件由于材质和颜色原因，顺序通过金属和白色检测区域，直至被检测黑色的光纤传感器检测到，传送带被制动，分拣气缸 3 前伸，将工件推入第三滑槽内。至此传输与自动分拣完成，再次放入下一个工件，重复上述过程，按下停止按钮，完成最后一个工件的分拣后自动停机。

若传送带输送工件不能准确停在滑槽中心，则需要检查和修改变频器参数及 PLC 控制程序，直至变频器能按要求运行。如气缸的前伸速度过快（慢），应调节相应气缸的节流阀，从而调节气缸的动作速度。如检测时不能自动识别元件，需调节相关传感器的灵敏度。

任务评价

自我评价

项目内容	配分	评分标准	扣分	得分
变频器参数设置	30	(1)能正确设置参数,出现一个错误扣 1 ~ 2 分 (2)能正确分析各参数作用,出现一个错误扣 1 ~ 2 分		
PLC、变频器及传感器安装与连接	30	(1)不能正确安装,每个扣 1 ~ 3 分 (2)接线错误,每线扣 1 ~ 3 分		
PLC 程序输入并运行	20	(1)能正确输入并调试,得 20 分 (2)操作失误或不能按要求运行,每处扣 3 ~ 5 分		
安全、文明操作	20	(1)违反操作规程,产生不安全因素,可酌情扣 7 ~ 10 分 (2)着装不规范,可酌情扣 3 ~ 5 分 (3)迟到、早退、工作场地不清洁,每次扣 1 ~ 2 分		
总评分 = (1 ~ 5 项总分) × 40%				

签名：________________　_____年__月__日

小组评价

项 目 内 容	配分	评分
实训记录与自我评价情况	20	
对实训室规章制度的学习与掌握情况	20	
相互帮助与协作能力	20	
安全、质量意识与责任心	20	
能否主动参与整理工具、器材与清洁场地	20	
总评分 =（1～5 项总分）×30%		

参加评价人员签名：________________ ____年__月__日

教师评价

教师总体评价意见：

教师评分（30）	
总评分 = 自我评分 + 小组评分 + 教师评分	

教师签名：__________ ____年__月__日

任务15 应用编码器与PLC实现工件自动分拣

任务要求

应用旋转编码器的定位功能，将在自动分拣单元入口处已进行材质和颜色判别的工件，送到相应的分拣槽口，由推料气缸送入相应的分拣槽。

课时分配

建议课时：24 课时。

学习目标

应知

（1）掌握旋转编码器的工作原理和使用方法。

（2）掌握高速计数器的使用方法。

（3）掌握光纤传感器和电感传感器工作原理和使用方法。

应会

（1）会运用 GX Developer 编程软件设计控制程序、模拟运行、写入 PLC，并进行调试、运行、监控。

（2）会使用旋转编码器和高速计数器实现多种运行功能。

任务介绍

本任务与任务 14 都是对已加工或已装配的工件进行自动分拣，但实现的过程有所不同。本任务是在自动分拣单元入口处首先检测被分拣工件的材质、颜色，确定需送到哪一个分拣槽，再起动传送带。在传送带运行过程中，通过电动机直接带动旋转编码器产生脉冲，进行高速计数定位，从而保证工件送到相应的分拣槽口，利用气缸动作将元件推入不同的料槽中，实现自动分拣。所用的工具与器材明细表见表 15-1。

表 15-1 工具与器材明细表

序号	类别	名称	规格型号	数量	备注
1	工具	电工常用工具		1 套	
2		指针式万用表	500 型或 MF—47 型	1 台	
3	器材	三菱 PLC	FX_{2N}—48MR	1 台	
4		三菱变频器	E740	1 台	
5		工件自动分拣单元		1 套	

（续）

序号	类别	名称	规格型号	数量	备注
6	器材	旋转编码器	欧姆龙 E6B2—CWZ6C	1个	
7		光纤传感器	欧姆龙 E3X—NA11	2个	
8		漫反射式传感器	博光 E18—D50NK	1个	
9		磁性传感器	SMC DA—93	6个	
10		电感式传感器	沪工 LJ18A3—8—Z/BX	1个	
11		多股导线		若干	

分拣单元结构如图15-1所示。

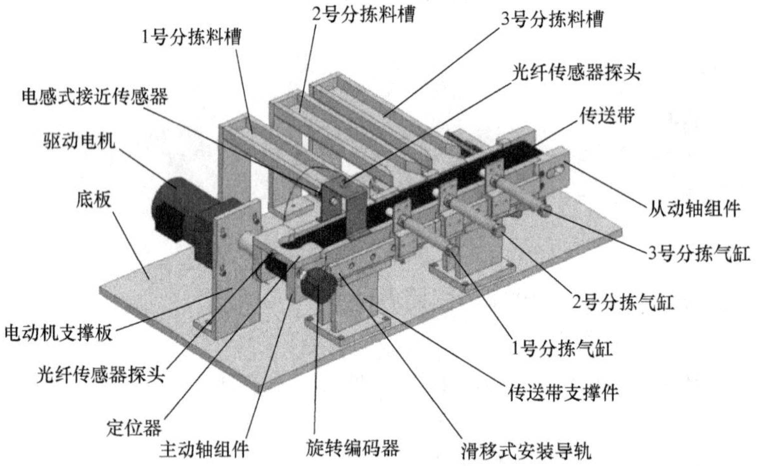

图15-1 分拣单元结构

任务15.1 认识旋转编码器

旋转编码器是通过光电转换将输出至轴上的机械、几何位移量转换成脉冲或数字信号的传感器，主要用于速度或位置（角度）的检测。旋转编码器如图15-2所示。

旋转编码器的工作原理：典型的旋转编码器是由光栅盘和光电检测装置组成的，光栅盘是在一定直径的圆板上等分地开通若干个长方形狭缝。由于光电码盘与电动机同轴，电动机旋转时，光栅盘与电动机同速旋转，经发光二极管等电子元件组成的检测装置检测输出若干脉冲信号，其原理示意图如图15-3所示，通过计算每秒旋转编码器输出脉冲的个数就能反映当前电动机的转速。

图15-2 旋转编码器

根据旋转编码器产生脉冲方式的不同，可以分为增量式、绝对式以及复合式三大类。

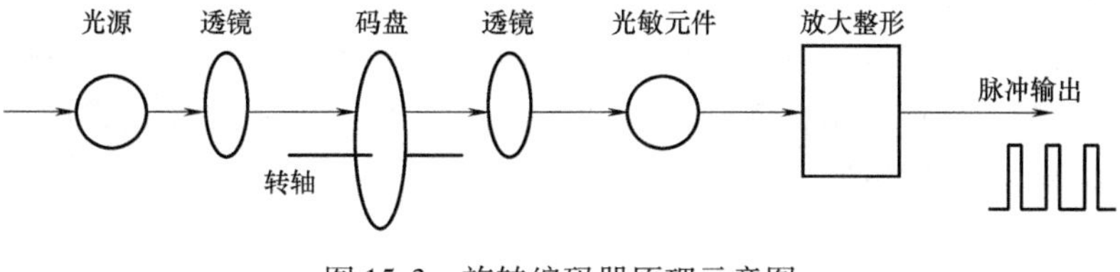

图 15-3　旋转编码器原理示意图

1. 增量式编码器

增量式编码器是直接利用光电转换原理输出三组方波脉冲 A、B 和 Z 相。A、B 两组脉冲相位差 90°，当 A 相脉冲超前 B 相时为正转方向，而当 B 相脉冲超前 A 相时则为反转方向。Z 相为每转一个脉冲，用于基准点定位。如图 15-4 所示。

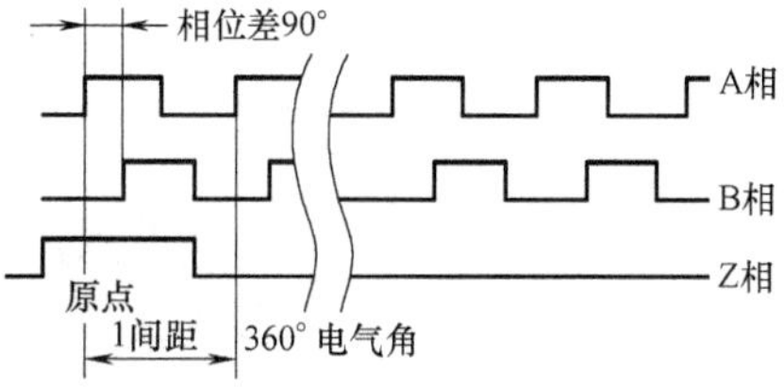

图 15-4　增量式编码器输出的三组方波脉冲

2. 绝对式旋转编码器

绝对式旋转编码器光码盘上有许多道刻线，每道刻线依次以 2 线、4 线、8 线、16 线……编排，这样，在编码器的每一个位置，通过读取每道刻线的通、暗，获得一组从 2 的零次方到 2 的 n-1 次方的唯一的二进制编码（格雷码），这就称为 n 位绝对编码器，如图 15-5 所示。这样的编码器是由码盘的机械位置决定的，它不受停电干扰的影响。绝对编码器由机械位置决定的每个位置的唯一性，它无需记忆，无需找参考点，而且不用一直计数，什么时候需要知道位置，什么时候就去读取它的位置。这样，编码器的抗干扰特性、数据的可靠性大大提高。绝对式旋转编码器，因其每一个位置绝对唯一、抗干扰、无需掉电记忆，已经越来越广泛地应用于各种工业系统中的角度、长度测量和定位控制。

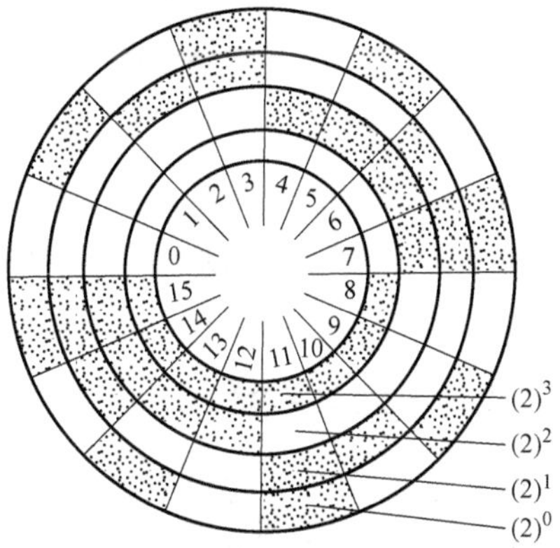

图 15-5　二进制绝对式旋转编码器

3. 复合式光电编码器

复合式光电编码器是一种带有简单磁极定位功能的增量式光电编码器。它有两组输出信息：一组信息为 A、B、Z，与增量式光电编码器的输出信号完全相同。另一组为 U、V、W，用于检测磁极位置，带有绝对信息的功能。其中 A、B 为基本信号，经过处理可以方便地判断电动机转动的方向和速度，Z 脉冲每转一个，用于基准点定位。U、V、W 三路脉冲彼此相位相差 120°，每转的脉冲个数与电动机的极对数一致。根据 U、V、W 三路脉冲的高低电平关系就可粗略地估算出电动机磁极当前的位置。使用 U、V、W 信号可以作为起始时粗测转子位置之用，待电动机起动起来，精确的

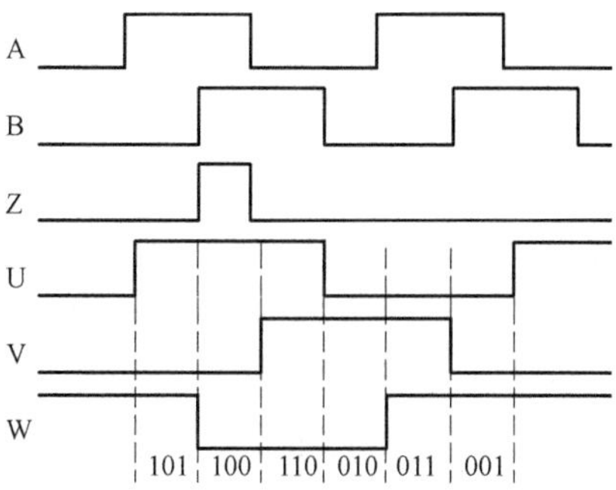

图 15-6　复合式光电编码器输出波形图

角位置由 A、B 信号获得。电动机起动之后，U、V、W 三路信号也可用于检测永磁同步电动机转子磁极位置信号的诊断：如果 U、V、W 信号的周期数和电动机极对数不一致，或者 U、V、W 信号的相位顺序出错，就可以做出相应的处理起到保护系统的作用。图 15-6 为复合式光电编码器输出的波形图。

在本任务中，选用增量式编码器，用于计算工件在传送带上的位置。如图 15-7 所示，编码器直接接到传送带的主动轴上。该旋转编码器的三相脉冲采用 NPN 型集电极开路输出，分辨率为 500 线，工作电源为 DC 12～24V。

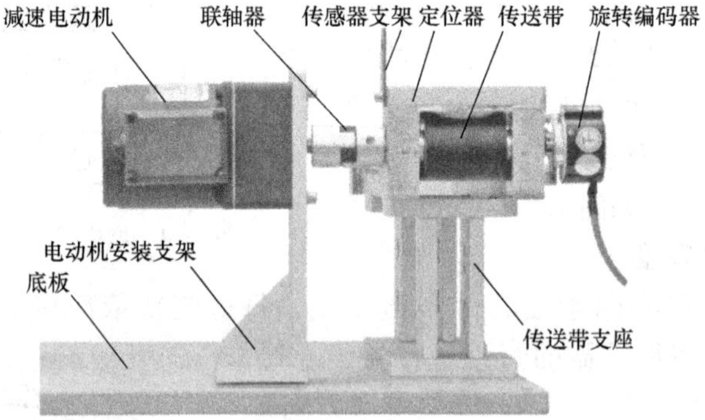

图 15-7　编码器与传送带连接示意图

任务 15.2　学习 PLC 的功能指令

15.2.1　高速计数器

FX_{2N} 系列 PLC 高速计数器的编号及属性如表 15-2 所示。按照高速计数器的编号不同，X0～X7 只能实现单一的功能，不能重复使用。不作为高速计数器配套使用的 X 输入端可作一般输入使用。

表 15-2　高速计数器编号及属性

	单相单计数输入											单相双计数输入					双相双计数输入				
	C235	C236	C237	C238	C239	C240	C241	C242	C243	C244	C245	C246	C247	C248	C249	C250	C251	C252	C253	C254	C255
X0	U/D						U/D			U/D		U	U		U		A	A		A	
X1		U/D					R			R		D	D		D		B	B		B	
X2			U/D					U/D			U/D		R		R			R		R	
X3				U/D				R			R			U		U			A		A
X4					U/D				U/D					D		D			B		B
X5						U/D			R					R		R			R		R
X6										S					S					S	
X7											S					S					S

注：U——加计数输入；D——减计数输入；A——A 相输入；B——B 相输入；R——复位输入；S——启动输入。

高速计数器经过值（当前值）全部为断电保持型，都是 32 位，经过值及触头状态都会记忆断电之前的状态。

高速计数器根据不同的输入决定是加计数器还是减计数器，按照切换方法分 3 种类型，如表 15-3 所示。

表 15-3　高速计数器类型

项　目	单相单计数输入	单相双计数输入	双向双计数输入
加/减计数切换方法	根据 M8235 ~ M8245 驱动与否决定是加/减计数，驱动了是减计数，没有驱动是加计数	根据加/减计数输入脉冲信号决定是加/减计数，从 U 输入脉冲信号是加计数，从 D 输入脉冲信号是减计数	在 A 相导通期间，B 相从 0 变 1，则是加计数；在 A 相导通期间，B 相脉冲从 1 变 0，则是减计数
加/减计数方向控制	—	通过监控 M8246 ~ M8255 的状态，可以知道是加/减计数，若为 1 是减计数，为 0 是加计数	

高速计数器应用举例如图 15-8 所示。当控制触头 X15 接通，选择 C235 作为高速计数器使用，系统自动分配 X0 为 C235 计数信号输入端（见表 15-2），不需在程序中出现。在 X15 接通时，如果 X0 有信号输入，C235 会计数。X14 接通是减计数，X14 分断是加计数，X10 接通计数器复位。

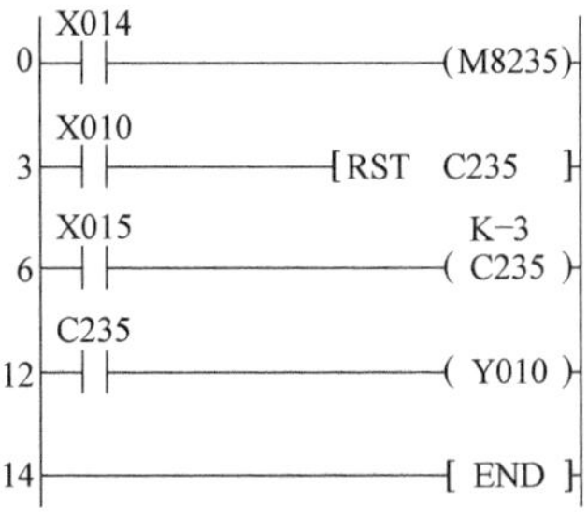

a) 梯形图

0	LD	X014	
1	OUT	M8235	
3	LD	X010	
4	RST	C235	
6	LD	X015	
7	OUT	C235	K-3
12	LD	C235	
13	OUT	Y010	
14	END		

b) 指令语句

图 15-8　高速计数器应用举例

15.2.2　ZRST 指令

ZRST 是区间复位指令，其功能是将［D1・］、［D2・］指定的元件号范围内的同类元件成批复位，目标操作数可取 T、C、D 或 Y、M、S。［D1・］、［D2・］指定的元件应为同类元件，［D1・］的元件号应小于［D2・］的元件号。若［D1・］的元件号大于［D2・］的元件号，则只有［D1・］指定的元件被复位。如图 15-9 所示，当 M8002 为 ON 时，M500 ~ M599、C235 ~ C255、S0 ~ S127 均被复位。

15.2.3　MOV 指令与 DMOV 指令

MOV 传送指令，其功能是传送 16 位数据，将［D1・］传送到［D2・］。DMOV 是连续传递 32 位数据，如图 15-10 所示。当 M8002 为 ON 时，第一条指令 MOV 将 D0 中的数据传送到 D10 中，第二条指令 DMOV 将 D2、D3 的数据传送到 D12、D13 中。

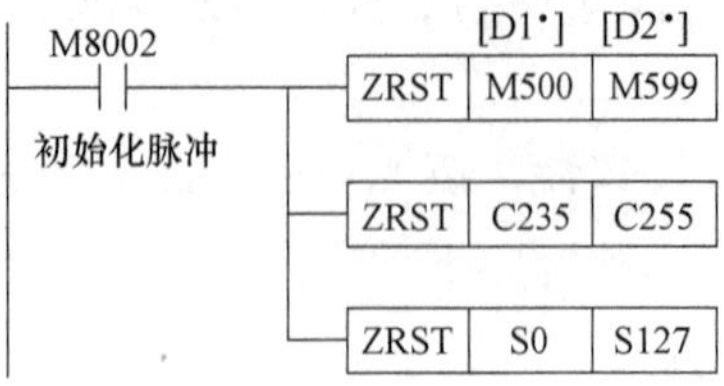

图 15-9 区间复位指令

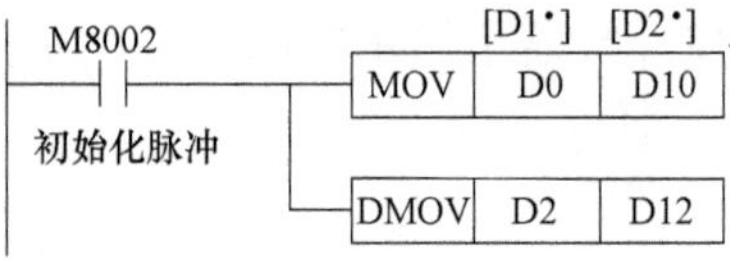

图 15-10 MOV 指令与 DMOV 指令

15.2.4 连接母线触点比较指令

连接母线触点比较指令的符号为 LD＝、LD＞、LD＜、LD＜＞、LD≤、LD≥。图 15-11 中使用了连接母线触点比较指令。

图 15-11 母线触点比较指令

下面通过对图 15-11 的解释，描述连接母线触点比较指令的功能。

1）当 K200 等于 C10 的当前值时，Y1 得电。

2）当 D1 的值大于 D5 的值时，Y2 得电。

3）当 K20 小于 C3 的当前值时，Y5 得电。

4）当 D20 的值不等于 K-30 时，Y6 得电。

5）当 C10 的当前值小于等于 D40 时，驱动 T1。

6）当 D15 的值大于等于 D200 的值时，Y2 得电。

任务 15.3 安装自动分拣单元的控制回路

15.3.1 控制任务分析

传送带自动分拣单元的气动回路图如图 14-4 所示，在系统连接电源和气源后，3 个气缸处于缩回位置，表示设备已准备好。按下起动按钮，系统起动，传送带在变频器的控制下，处于静止待料状态。

当传送带入料口人工放下已装配的工件时，即进行物料属性的判别，判定后变频器立即启动，驱动传动电动机以频率固定为 30Hz 的速度，把工件带往分拣区。如果工件为金属工件，则该工件到达 1 号滑槽中间，传送带停止，工件被推到 1 号槽中。如果工件为白色塑料工件，则该工件到达2号滑槽中间，传送带停止，工件被推到2号槽中。如果工件为黑色塑料工件，则该工件到达3号滑槽中间，传送带停止，工件被推到3号槽中。

工件被推出滑槽后，该自动分拣过程结束。再次放入下一个工件，重复上述过程，按下停止按钮后，完成本工作循环后停机。

15.3.2 PLC 的输入/输出分配

根据系统的控制要求，PLC 输入/输出分配表如表15-4所示。

表 15-4 PLC 输入/输出分配表

输入			输出		
元件	作用	输入点	输出点	元件	作用
旋转编码器	旋转编码器 B 相输入	X0	Y0	STF	正转运行信号
	旋转编码器 A 相输入	X1	Y1	RH	变频器高速运行
	旋转编码器 Z 相输入	X2	Y2	YB1	分拣气缸 1 电磁阀
SC1	进料口工件检测	X3	Y3	YB2	分拣气缸 2 电磁阀
SC2	电感式传感器	X4	Y4	YB3	分拣气缸 3 电磁阀
SC3	光纤传感器	X5			
1B1	推杆 1 推出到位	X10			
2B1	推杆 2 推出到位	X11			
3B1	推杆 3 推出到位	X12			
SB1	起动按钮	X13			
SB2	停止按钮	X14			

PLC、传感器、旋转编码器及变频器的外部接线示意图如图15-12所示。

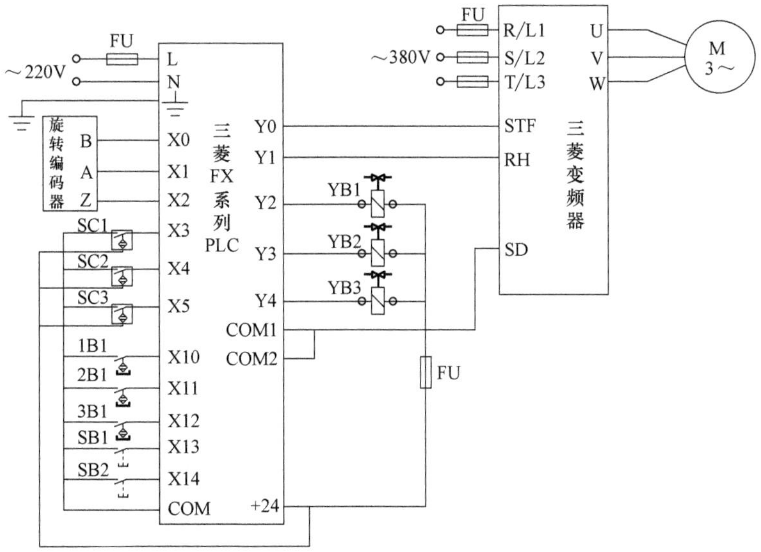

图 15-12 PLC、传感器、旋转编码器及变频器的外部接线示意图

任务 15.4 设计 PLC 控制程序

15.4.1 控制任务分析

分拣单元的主要工作过程是分拣控制。应在上电后，首先进行初始状态的检查，确认系统准备就绪后，按下起动按钮，进入运行状态，开始分拣过程的控制。但前面所述的几个特定位置数据，须在上电第 1 个扫描周期写到相应的数据存储器中。

系统进入运行状态后，应随时检查是否有停止按钮按下。若停止指令已经发出，则系统完成一个工作周期回到初始步时，复位运行状态和初始步使系统停止。

15.4.2 编程思路

分拣过程是一个步进顺控的过程，编程思路如下：

1）当检测到待分拣工件下料到进料口后，复位高速计数器 C251，并以固定频率起动变频器驱动电动机运转。

2）当工件经过安装传感器支架上的光纤探头和电感式传感器时，根据 2 个传感器动作与否，判别工件的属性，决定程序的流向。C251 当前值与传感器位置值的比较可采用连接母线触点比较指令实现，完成上述功能的梯形图如图 15-13 和图 15-14 所示。

图 15-13 分拣控制的初始步梯形图

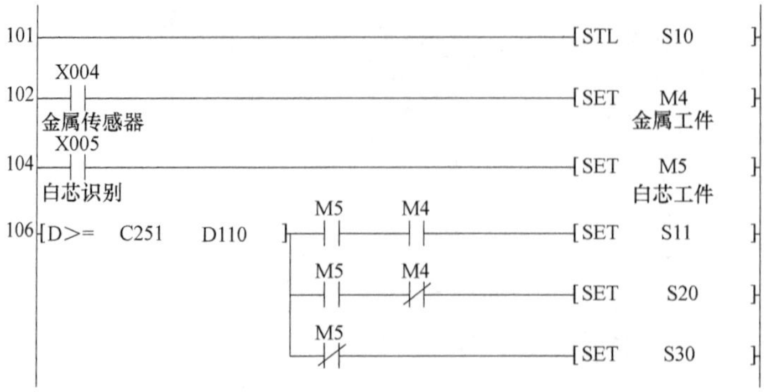

图 15-14 判别工件属性的梯形图

3）根据工件属性和分拣任务要求，在相应的推料气缸位置把工件推出，推料气缸返回后，步进顺控子程序返回初始步。

15.4.3 分拣线控制程序设计

实现分拣线控制的 PLC 程序如图 15-15 所示，对应指令语句见表 15-5 。

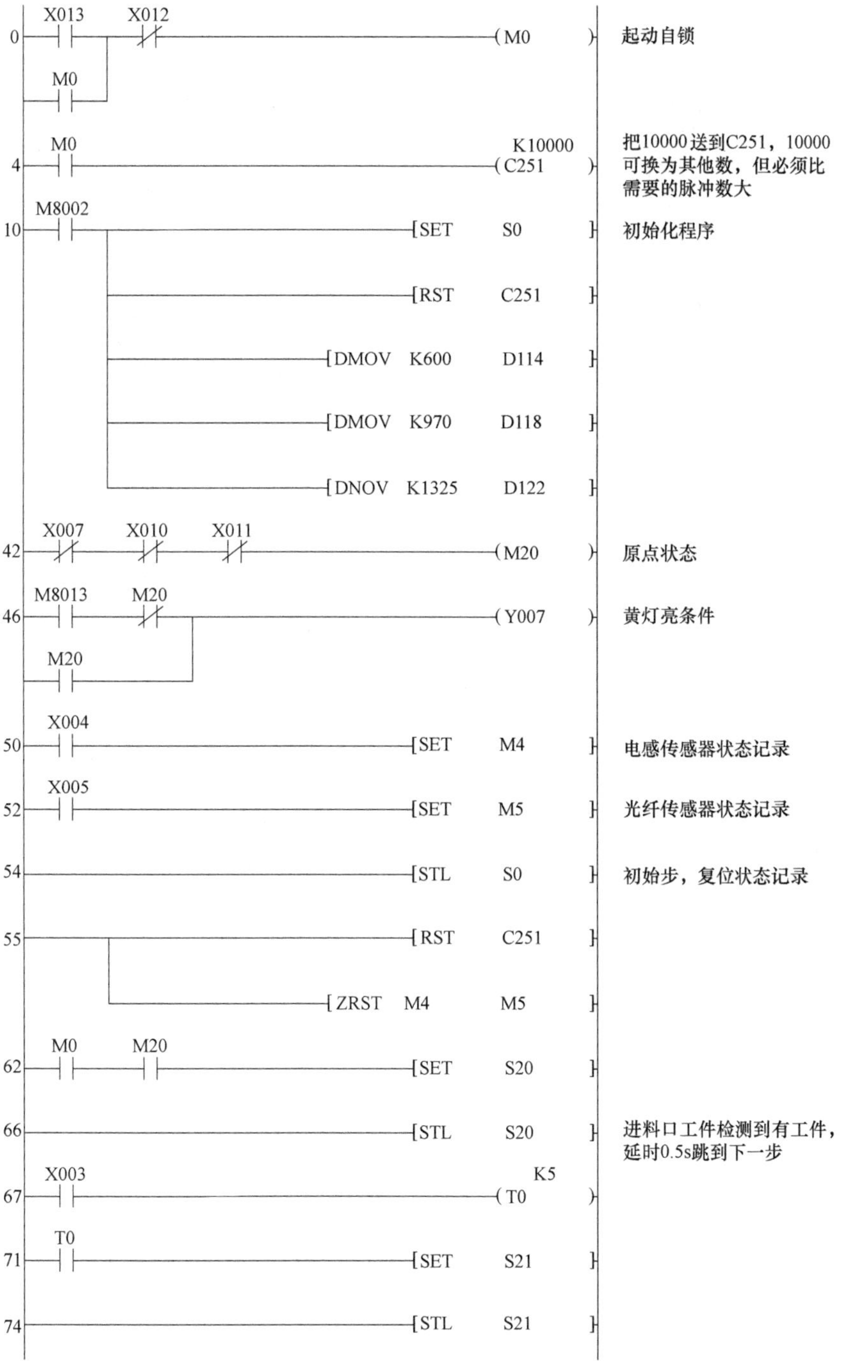

图 15-15　实现分拣线控制的 PLC 程序梯形图

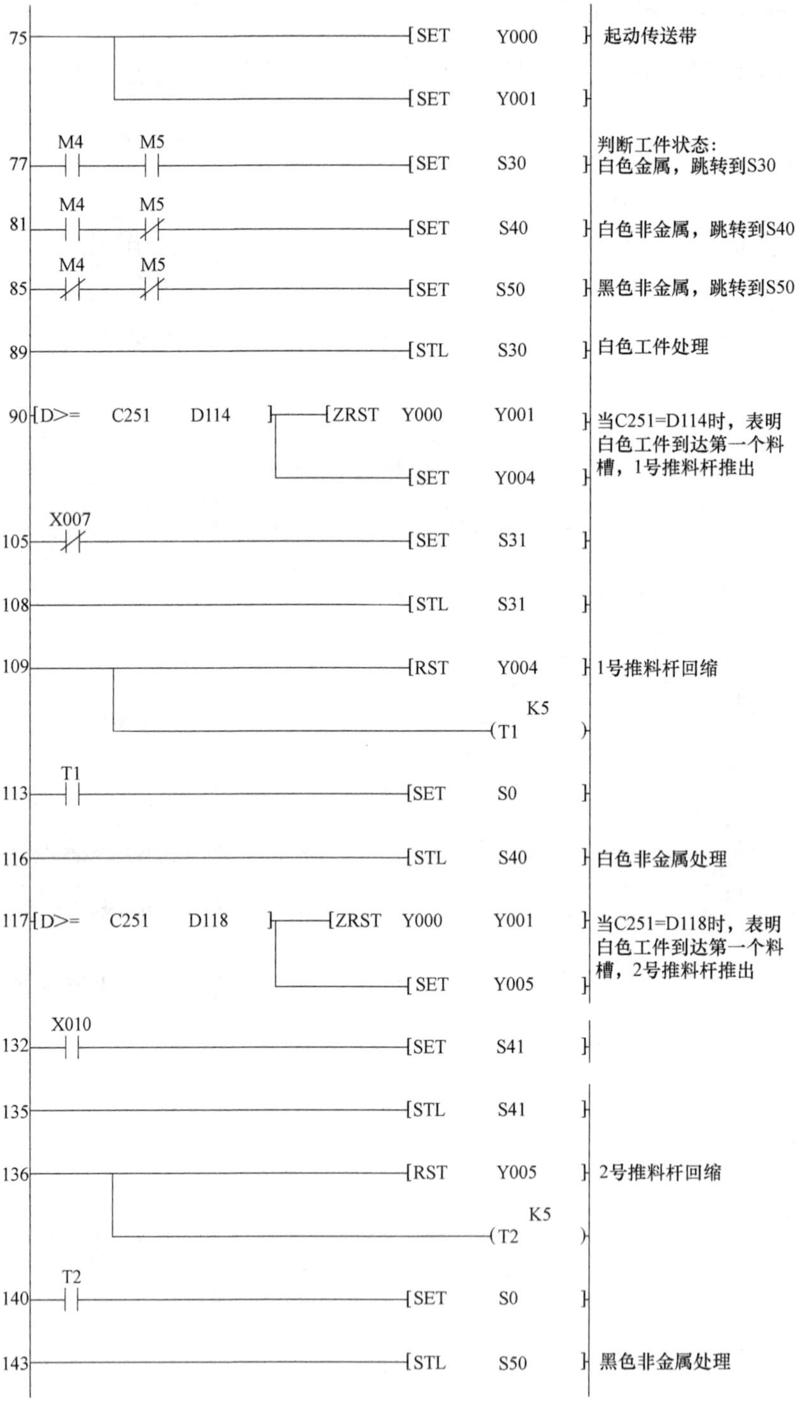

图 15-15 实现分拣线控制的 PLC 程序梯形图（续）

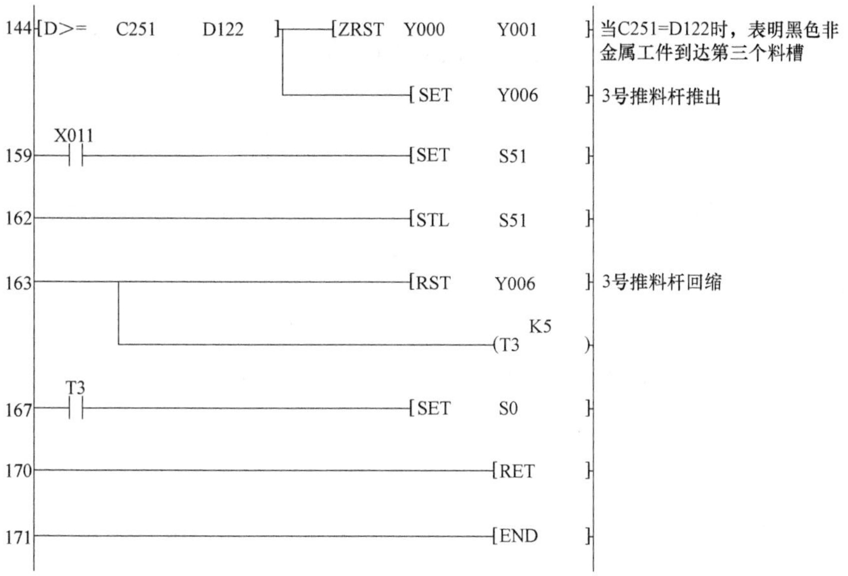

图 15-15　实现分拣线控制的 PLC 程序梯形图（续）

表 15-5　应用编码器与 PLC 实现工件自动分拣控制指令语句表

步序	指令	步序	指令	步序	指令
0	LD　X013	63	AND　M20	110	OUT　T1　K5
1	OR　M0	64	SET　S20	113	LD　T1
2	ANI　X012	66	STL　S20	114	SET　S0
3	OUT　M0	67	LD　X003	116	STL　S40
4	LD　M0	68	OUT　T0　K5	117	LDD > =　C251　D118
5	OUT　C251　K10000	71	LD　T0	126	ZRST　Y000　Y001
10	LD　M8002	72	SET　S21	131	SET　Y005
11	SET　S0	74	STL　S21	132	LD　X010
13	RST　C251	75	SET　Y000	133	SET　S41
15	DMOV　K600　D114	76	SET　Y001	135	STL　S41
24	DMOV　K970　D118	77	LD　M4	136	RST　Y005
33	DMOV　K1325600　D122	78	AND　M5	137	OUT　T2　K5
42	LDI　X007	79	SET　S30	140	LD　T2
43	ANI　X010	81	LD　M4	141	SET　S0
44	ANI　X011	82	SNI　M5	143	STL　S50
45	OUT　M20	83	SET　S40	144	LDD > =　C251　D122
46	LD　M8013	85	LDI　M4	153	ZRST　Y000　Y001
47	ANI　M20	86	ADI　M5	158	SET　Y006
48	OR　M20	87	SET　S50	159	LD　X011
49	OUT　Y007	89	STL　S30	160	SET　S51
50	LD　X004	90	LDD > =　C251　D114	162	STL　S51
51	SET　M4	99	ZEST　Y000　Y001	163	RST　Y006
52	LD　X005	104	SET　Y004	164	OUT　T3　K5
53	SET　M5	105	LD　X007	167	LD　T3
54	STL　S0	106	SET　S31	168	SET　S0
55	RST　C251	108	STL　S31	170	RET
57	ZRST　M4　M5	109	RST　Y004	171	END
62	LD　M0				

任务 15.5 调试自动分拣单元控制系统

调试步骤如下：

1）按图 14-4、图 15-12 连接气动回路及电气回路。

2）通电后调整传感器安装位置，并通过传感器指示灯及 PLC 输入端指示功能观察传感器的检测状态。

3）调节节流阀，调试各气缸的运行速度。

4）通过 GX Developer 软件输入 PLC 梯形图程序到计算机中。

5）PLC 模拟调试。使用 GX Simulator6-c 软件进行模拟仿真，若程序有误，检查并修改程序，直至模拟运行正确。

6）下载程序并调试。程序下载到 PLC 后，分不同的运行模式通电试运行，运行过程与模拟运行过程相类似。

若不能实现所有功能，检查和修改 PLC 程序。如气缸的前伸速度过快（慢），可调节气缸节流阀。

若工件在对应料槽前停放的位置偏差较大，可适当调节变频器减速时间或改变程序存放脉冲数来调节。

任务评价

自我评价

项目内容	配分	评 分 标 准	扣分	得分
元件识别与检测	30	(1)能正确区分,并说明其特点,出现一个错误扣 1 ~ 2 分 (2)能正确分析工作过程检测原理,出现一个错误扣 1 ~ 2 分		
PLC 安装与连接	30	(1)不能正确安装,每个扣 1 ~ 3 分 (2)接线错误,每线扣 1 ~ 3 分		
设备运行与调试	20	(1)能正确运行与调试,得 20 分 (2)操作失误或不能进行相关的检测,每次扣 3 ~ 5 分 (3)工件在料槽前停放位置偏差较大,每个扣 3 ~ 5 分		
安全、文明操作	20	(1)违反操作规程,产生不安全因素,可酌情扣 7 ~ 10 分 (2)着装不规范,可酌情扣 3 ~ 5 分 (3)迟到、早退、工作场地不清洁,每次扣 1 ~ 2 分		
总评分 = (1 ~ 5 项总分) ×40%				

签名：__________ ______年__月__日

小组评价

项 目 内 容	配分	评分
实训记录与自我评价情况	20	
对实训室规章制度的学习与掌握情况	20	
相互帮助与协作能力	20	
安全、质量意识与责任心	20	
能否主动参与整理工具、器材与清洁场地	20	
总评分 = (1 ~ 5 项总分) ×30%		

参加评价人员签名：______________________ _____年__月__日

教师评价

教师总体评价意见：

教师评分(30)	
总评分 = 自我评分 + 小组评分 + 教师评分	

教师签名：__________________ ______年__月__日

任务16　应用触摸屏与PLC实现电动机正反转运行

任务要求

以三菱 GOT-F940 触摸屏作为 PLC 的输入信号，控制双重联锁电动机正反转运行，并监控电动机的运行状态。

课时分配

建议课时：6 课时。

学习目标

应知

（1）了解触摸屏控制系统的配置、连接和设定方法，掌握触摸屏的简单应用。

（2）熟悉 GT—Designer 编程软件的使用，掌握图形、对象的操作和属性的设置。

应会

（1）会根据任务要求，熟练地使用三菱公司的 GT—Designer 编程软件编制触摸屏程序，并把程序写入触摸屏与 PLC 进行联机调试运行。

（2）能运用 PLC、触摸屏进行综合控制，解决实际工程问题。

（3）能使用触摸屏与 PLC 连接控制设备及监控设备的运行情况。

任务介绍

利用触摸屏作为 PLC 的输入单元，通过触摸屏与 PLC 的联机，可以实现对电动机正反转运行的控制。在本任务中，通过使用 GT—Designer 编程软件设计触摸屏程序，写入触摸屏与 PLC 进行联机调试的实例，掌握触摸屏的原理及编程使用方法。所用工具、器材与设备明细见表 16-1。

表 16-1　工具、器材与设备明细表

序号	类别	名称	规格型号	数量	备注
1	工具	电工常用工具		1 套	
2		指针式万用表	500 型或 MF—47 型	1 台	
3	器材与设备	三菱 PLC	FX_{2N}—48MR	1 台	
4		三菱触摸屏	GOT—F940	1 台	
5		交流接触器	CJX2—1810	2 个	
6		直流继电器	欧姆龙 MY4NJ、PYF14A-E 底座	2 个	

（续）

序号	类别	名称	规格型号	数量	备注
7	器材与设备	带漏电保护断路器	DZ47LE	1个	
8		熔断器	RT18—32	4个	
9		DIN标准导轨	35mm	1条	
10		线槽		3米	
11		多股导线		若干	
12		基板		1块	
13		三相异步电动机	JW7124,550W	1台	

安装完成后的实物如图16-1所示。

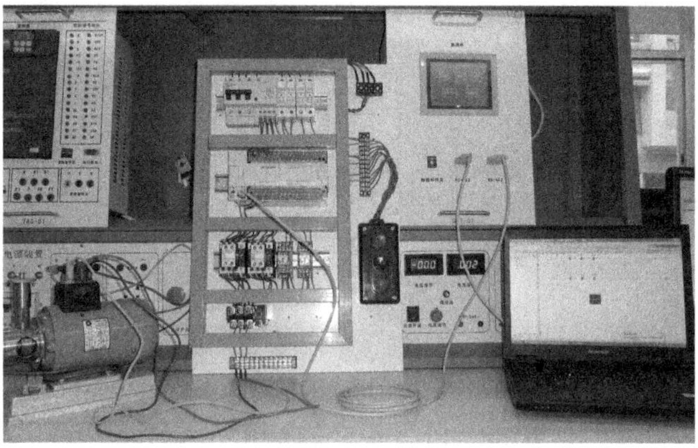

图16-1　触摸屏与电气控制板连接图

任务16.1　认识三菱GOT-F940触摸屏

16.1.1　触摸屏简介

触摸屏即是图形操作终端（Graph Operation Terminal），简称GOT。它是能在监视画面上实现以往操作盘所进行的开关操作、指示灯显示、数控显示、信息显示等图视化的人机界面设备。

触摸屏由触摸检测部件和触摸屏控制器组成：触摸检测部件安装在显示器屏幕前面，用于检测用户触摸位置，接收到位置信号后将其送到触摸屏控制器；触摸屏控制器的主要作用是从触摸检测部件接收触摸信息，并将它转换成触点坐标，再送给控制器的CPU，同时它能接收CPU发出的命令并加以执行。

操作时，用手指或其他物体触摸安装在显示器前端的触摸屏，然后系统根据手指触摸的图标或菜单位置来定位选择信息输入。

按照触摸屏的工作原理和传输信息的介质，把触摸屏分为5种：电阻式、表面声波式、红外线式、电容式以及近场成像（NFI）式。

16.1.2 三菱触摸屏的类型

三菱公司推出的触摸屏主要有三大系列：GOT1000 系列、GOT-F900 系列、GOT-A900 系列。其中 GOT-F900 系列由于功能比较齐全，价格低廉，性能稳定，所以得到广泛应用。本任务使用 GOT-F900 系列中常用的 GOT-F940 触摸屏进行介绍。

16.1.3 三菱触摸屏与 PLC 动作方式

在图 16-2 所示的触摸屏系统上显示编写的 PLC 顺控程序，并设置相关参数，下载到相应的设备中，进行总线电缆连接。

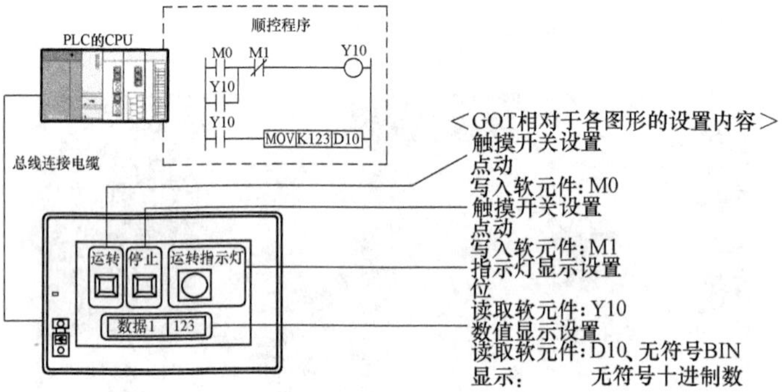

图 16-2 GOT 系统显示及设置相关参数

1. 触摸软元件“M0”运行

在触摸 GOT 的触摸开关“运行”时，分配到触摸开关中的位软元件“M0”为接通状态，如图 16-3 所示。

2. 输出并显示“Y0”状态

位元件“M0”接通时，“Y10”接通。此时，分配了位软元件“Y10”的 GOT 运行指示灯将显示输出状态，如图 16-4 所示。

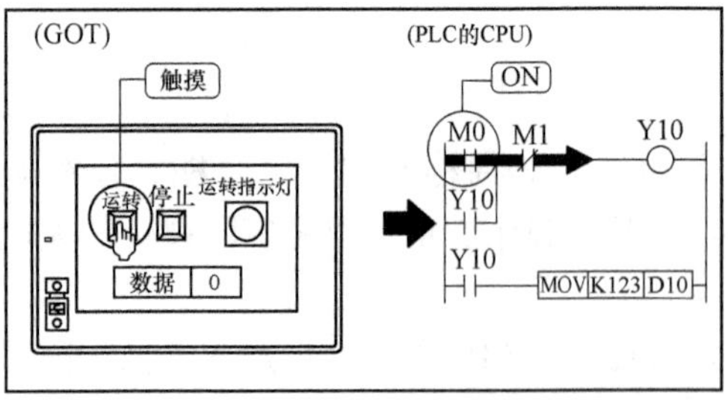

图 16-3 触摸软元件“M0”运行

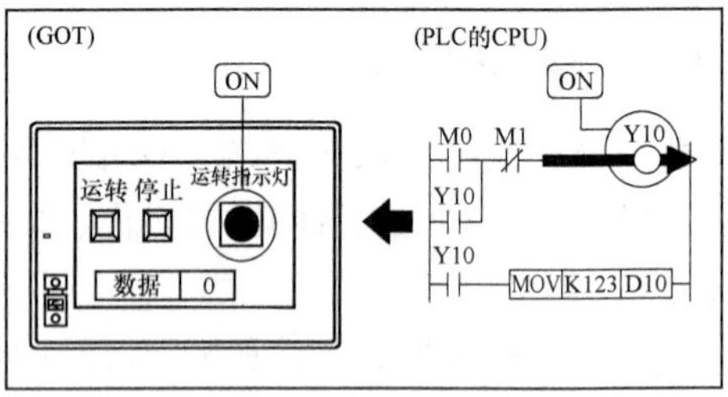

图 16-4 输出并显示“Y0”状态

3. 位元件显示

由于位软元件“Y10”处于接通状态，因此“123”被存储到字软元件“D10”中，此时，分配了字软元件“D10”的 GOT 数值显示将显示“123”，如图 16-5 所示。

4. 触摸软元件“M1”停止

触摸 GOT 的触摸开关“停止”时，分配到触摸开关中的位软元件“M1”为 ON，由于

"M1"为位软元件"Y10"的停止条件，因此 GOT 的"运转指示灯"将变为熄灭状态，如图 16-6 所示。

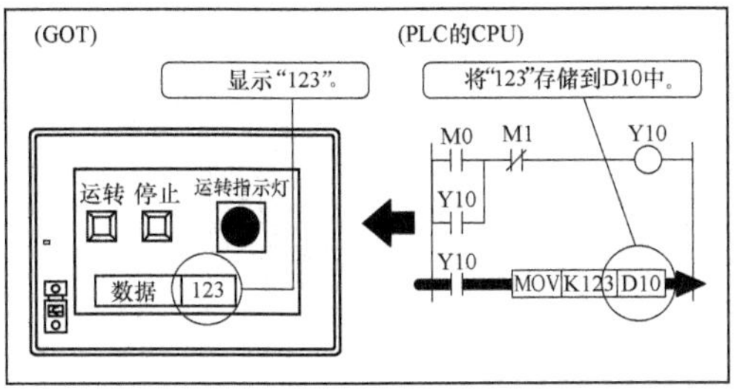

图 16-5 字软元件"D10"显示

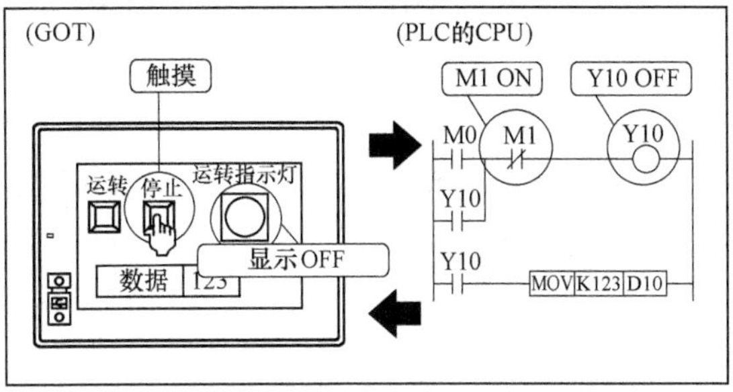

图 16-6 触摸"Y10 停止"软元件"M1"

任务 16.2 完成触摸屏、PLC 与计算机的连接

16.2.1 触摸屏安装

触摸屏（GOT）是安装在操作面板上或控制面板的表面，并连接到 PLC，通过画面监视各种设备并改变 PLC 数据，其安装方式如图 16-7 所示。

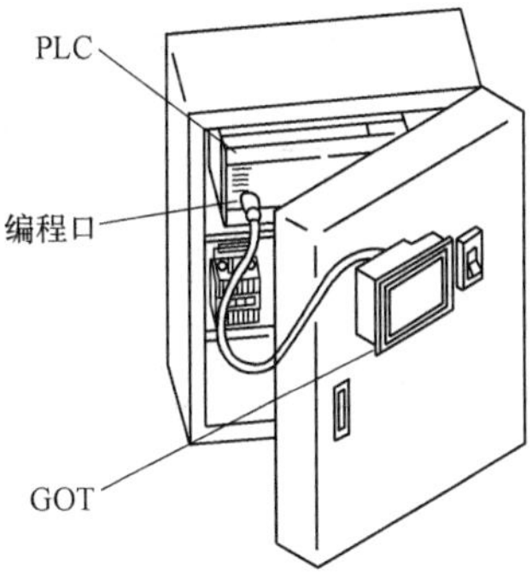

图 16-7 GOT 与 PLC 的安装连接图

16.2.2 GOT-F900 系列触摸屏和外围设备连接

GOT-F900 系列触摸屏机箱接口如图 16-8 所示，安装有 RS—232 及 RS—422 接口（各一个）以及电源接线端子、扩展接口和电池。

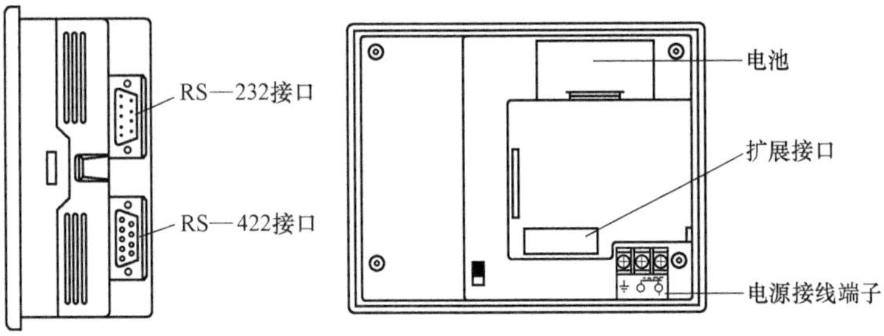

图 16-8 触摸屏机箱接口图

各部分的作用如下：

（1）RS—232 接口　当计算机 RS—232 连接器为 9 针时，使用 FX—232—CAB—1 型数据传输电缆与计算机进行通信及程序下载。

（2）RS—422 接口　使用 FX—50DU—CAB0 型数据传输电缆与 PLC 进行通信。

（3）电源接线端子　为 GOT 提供电源和接地。

（4）电池　用于存储采样数据、报警记录和当前时间，画面数据存储于内置的内存中，

内存不需电池。

（5）扩展接口　连接可扩展设备。

图 16-9 所示为 GOT-F940 触摸屏、PLC 与计算机连接实现通信。

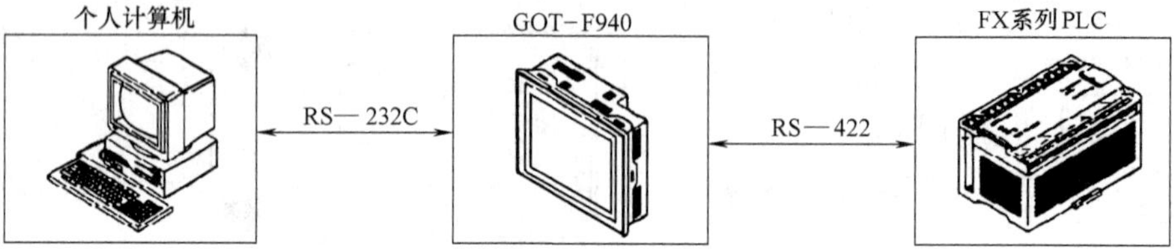

图 16-9　GOT-F940、PLC 与计算机通信连接

16.2.3　PLC 的输入/输出分配

从电动机双重联锁正反转控制电路可知：输出信号有 KM1、KM2，输入信号由触摸屏设置软元件代替正转起动、反转起动及停止按钮，从而确定控制电动机正反转运行的 PLC 输入/输出分配表见表 16-2。

表 16-2　PLC 输入/输出分配表

软元件		输出		
软元件	作用	输出点	元件	作用
M0	停止	Y0	KM1	电动机正转控制
M1	正转起动	Y1	KM2	电动机反转控制
M2	反转起动			

GOT 控制 PLC 实现电动机双重联锁正反转控制外部接线图如图 16-10 所示。

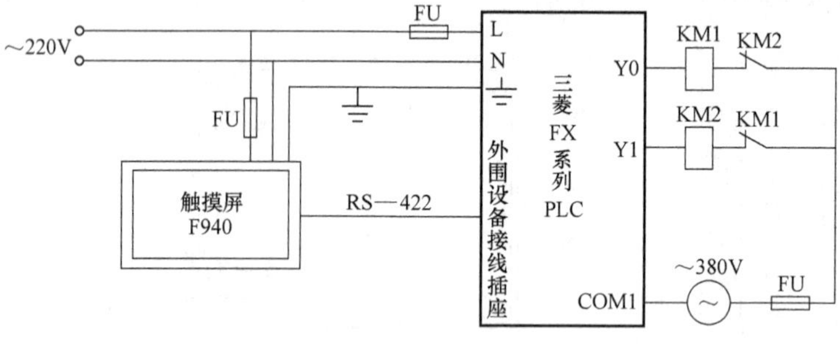

图 16-10　GOT、PLC 及输入/输出元器件接线图

任务 16.3　设计应用程序

16.3.1　三菱触摸屏编程软件（GT Designer2）画面构成

GT-F940 型触摸屏使用的通用编程软件为 GT Designer2。软件的主界面如图 16-11 所示，

主界面由菜单栏、工具栏、工作区、属性表、状态栏、数据一览表等组成。

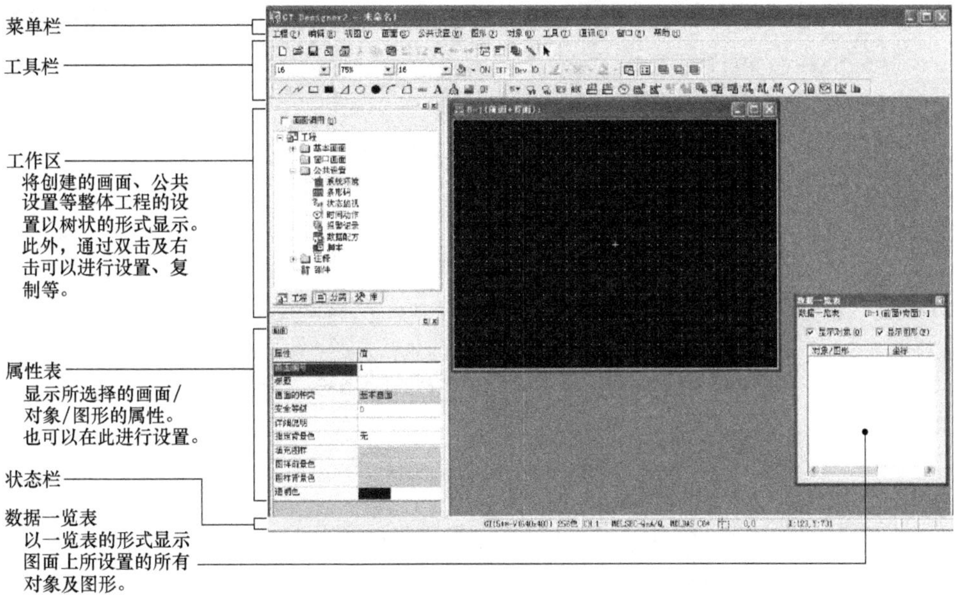

图 16-11　GT Designer2 编程软件的主界面

16.3.2　GT Designer2 画面创建过程

单击 GT Designer2 图标（见图 16-12）。启动 GT Designer2，显示如图 16-13 所示画面，由于是创建新画面，因此单击“新建”。

图 16-12　GT Designer2 图标

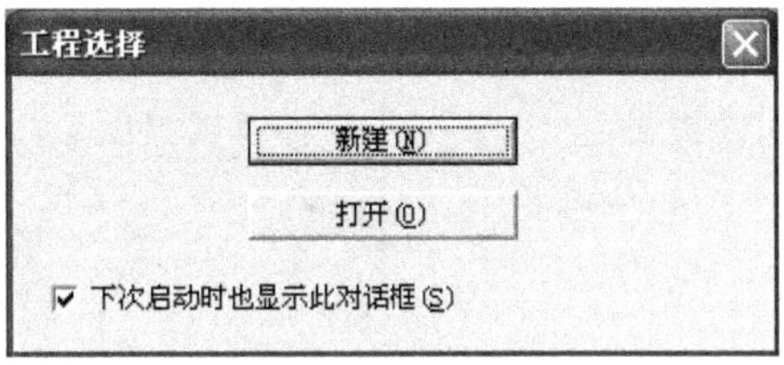

图 16-13　创建新画面

显示如图 16-14 所示对话框，如在“显示新建工程向导”的选择框内取消勾选，则将从下一步起不显示向导。

单击“下一步”，显示如图 16-15 所示对话框，根据具体要求选择所使用 GOT 的类型及颜色设置，单击“下一步”，显示如图 16-16 所示对话框。这里会给出在图 16-15 中选择的 GOT 类型及颜色设置。

单击“下一步”，出现“连接机器设置”，选择 GOT 的连接机器，这里选 MELSEC-FX，如图 16-17 所示。

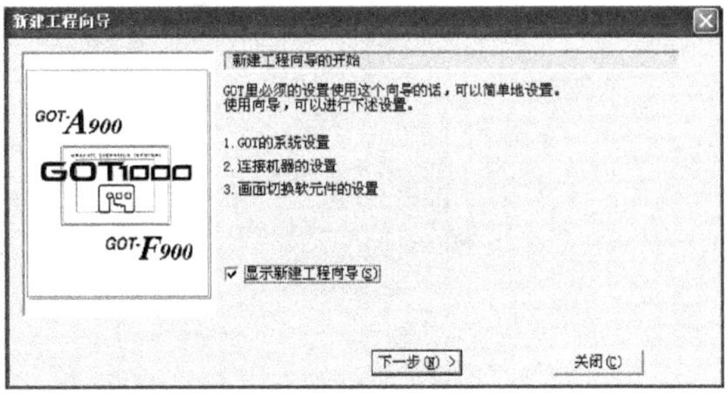

图 16-14　新建工程向导

单击“下一步”，显示如图 16-18 所示“I/F”设置对话框，为连接机器设置 I/F，这里选择“标准 I/F（标准 RS—422）”。

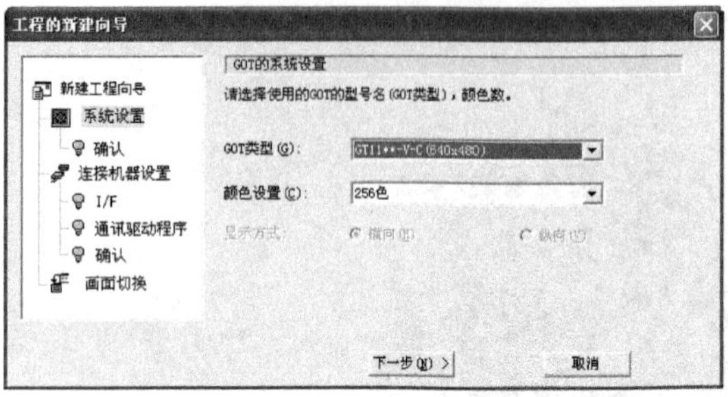

图 16-15　选择 GOT 类型及颜色设置

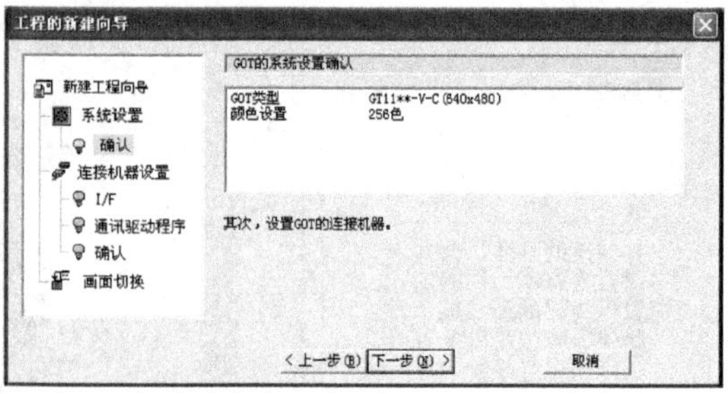

图 16-16　系统设置确认

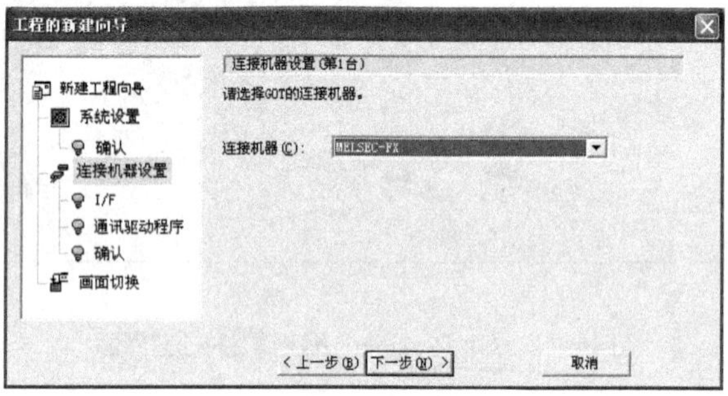

图 16-17　连接机器设置

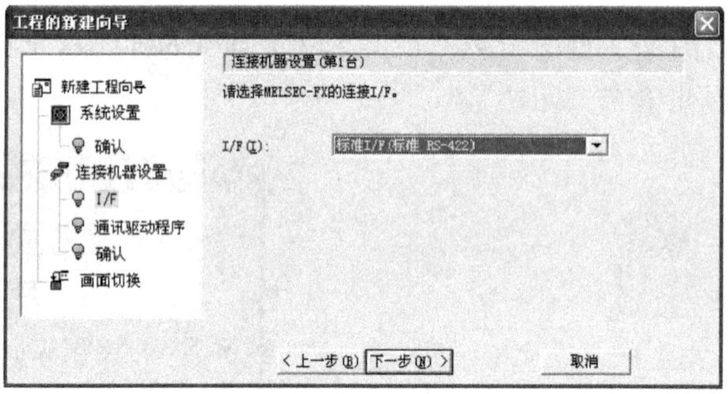

图 16-18　设置 I/F

单击“下一步”，选择“通讯驱动程序”，如图 16-19 所示，直接单击“下一步”确认，出现如图 16-20 所示对话框。

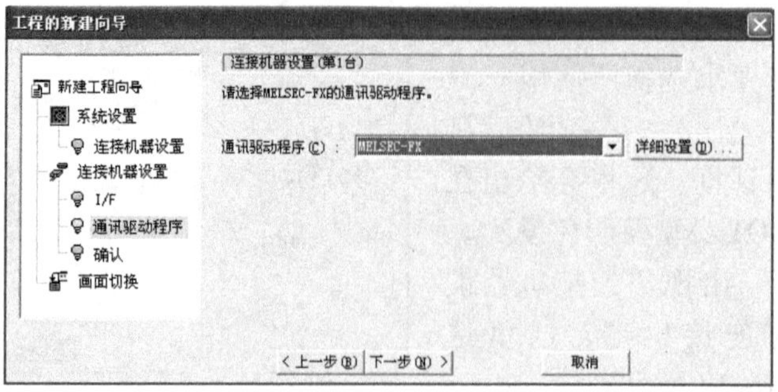

图 16-19　通讯驱动程序

16

TASK

单击“下一步”，设置基本画面的切换软元件，如图 16-21 所示。

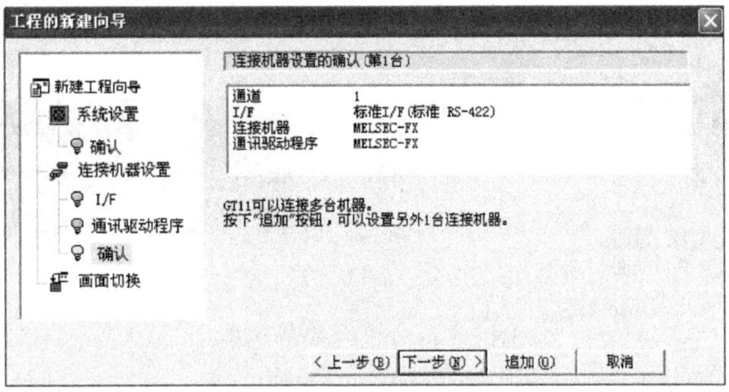

图 16-20　确认连接机器设置

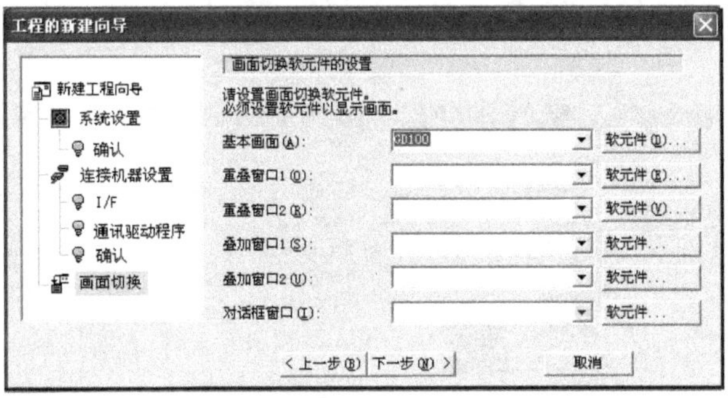

图 16-21　设置基本画面的切换软元件

单击“下一步”，进行系统环境的设置确认如图 16-22 所示。如确认设置正确，按结束键，进入画面程序设置状态，如图 16-23 所示。

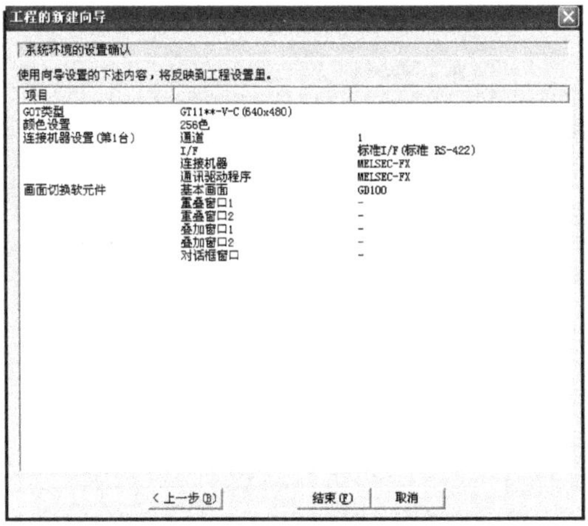

图 16-22　系统环境的设置确认

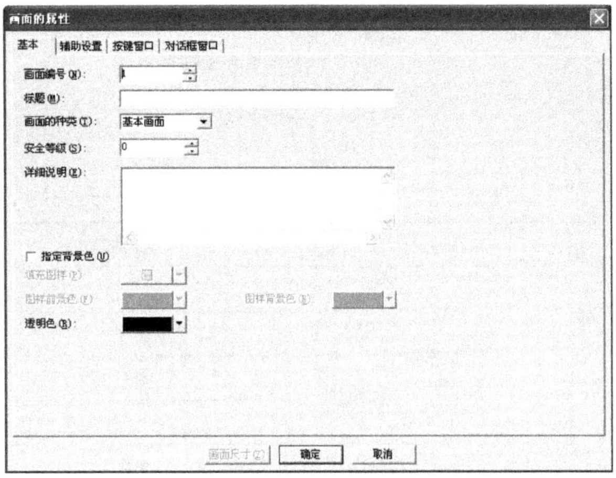

图 16-23　画面设置确定

至此，系统环境设置全部完成。

16.3.3　触摸屏显示及相关参数设置

1. 设置触摸开关（位开关）

1）单击对象工具栏的“S▾”，从显示的子菜单中选择“ ”（位开关），当鼠标的光标变为“+”后，单击希望配置的位置进行配置，如图 16-24 所示。

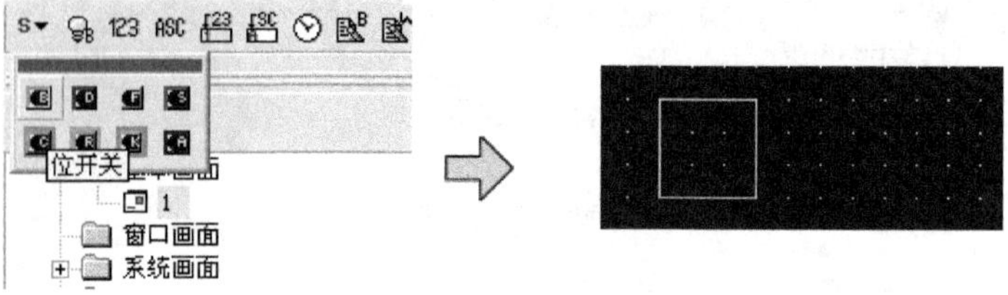

图 16-24 位开关的选取

2）在图 16-25 显示的选项卡上进行相关设置。根据本任务要求，设置内容见表 16-3。同理新建并设置“正转”及“反转”按钮，设置结束后显示内容如图 16-26 所示。

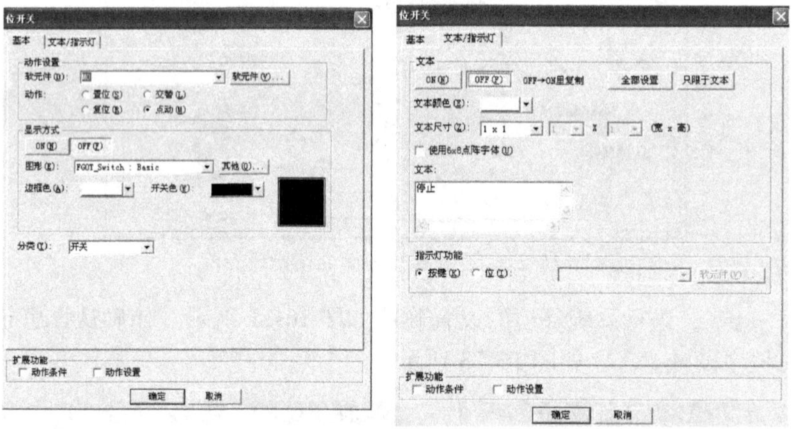

a) 基本画面选项卡　　b) 文本/指示灯选项卡

图 16-25 位开关选项卡设置

表 16-3 开关显示选项卡设置内容

选项卡	项目	内容
基本选项卡	软元件	M0
	动作	点动
	图形	FGOT-Switch:Basic
	显示方式(开关色)	OFF:黑色,ON:蓝色
文本/指示灯选项卡	文本	停止

2. 设置指示灯

1）单击对象工具栏的“ ”，鼠标的光标变为“+”后，单击希望配置的位置进行配置。

2）在图 16-27 显示的选项卡上进行相关设置。根据本任务要求设置内容见

图 16-26 触摸开关设置结束

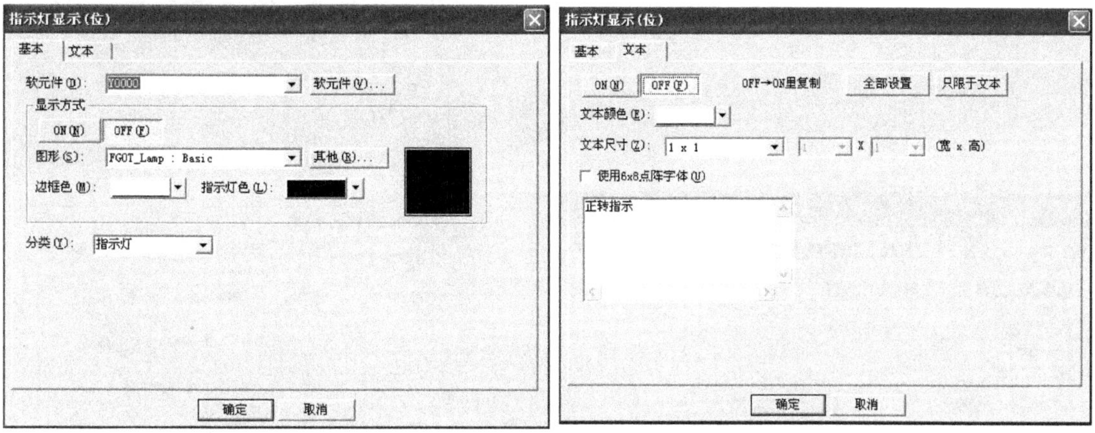

a) 基本画面选项卡　　　　b) 文本选项卡

图 16-27　指示灯选项卡设置

表 16-4。同理新建并设置“反转”按钮，设置结束后显示内容如图 16-28 所示。

表 16-4　指示灯选项卡设置内容

选项卡	项　目	内　容
基本选项卡	软元件	Y0
	显示方式(开关色)	OFF:黑色,ON:蓝色
文本选项卡	文本	正转指示

3. GOT 画面下载

1）选择“通讯”→“跟 GOT 的通讯”的菜单，如图 16-29 所示。

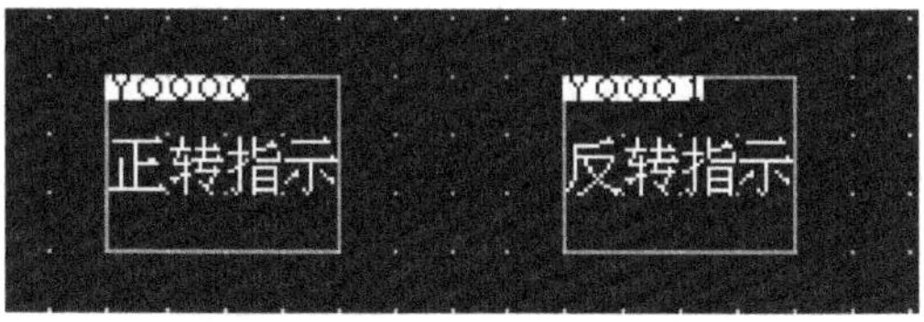

图 16-28　指示灯设置结束

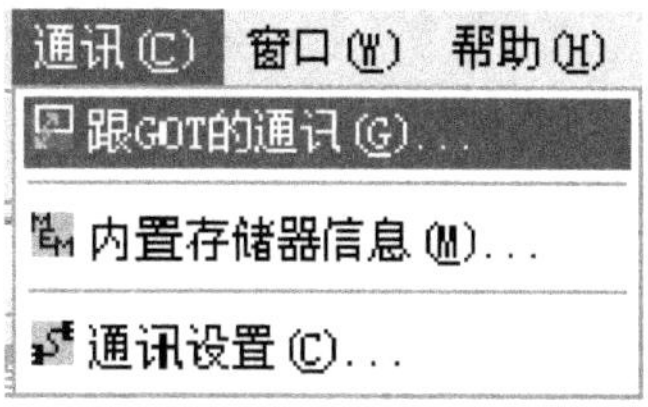

图 16-29　通讯菜单

2）显示对话框后，选择“通讯设置”选项卡。

① 设置个人计算机与 GOT 的通讯设置。选择 RS232 或 USB 传输（注：F940 型 GOT 只能选择 RS232C），如图 16-30 所示。

② 下载工程数据。选择“下载→GOT”选项卡，选择要下载到 GOT 中的数据，包括基本画面、窗口画面、公共设置，如图 16-31 所示。单击“全部选择”按钮，选择后单击“下载”按钮，开始下载工程数据。

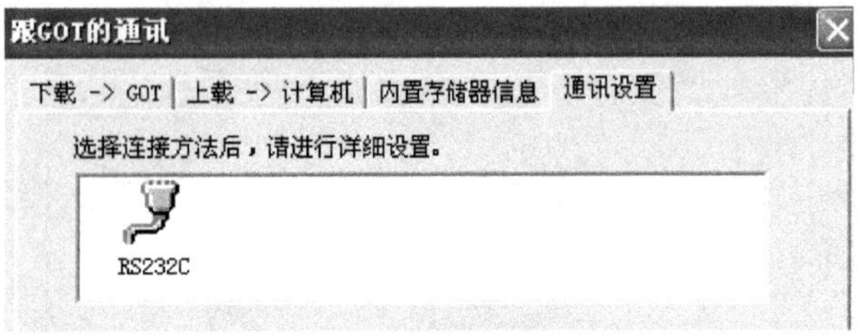

图 16-30　通讯设置

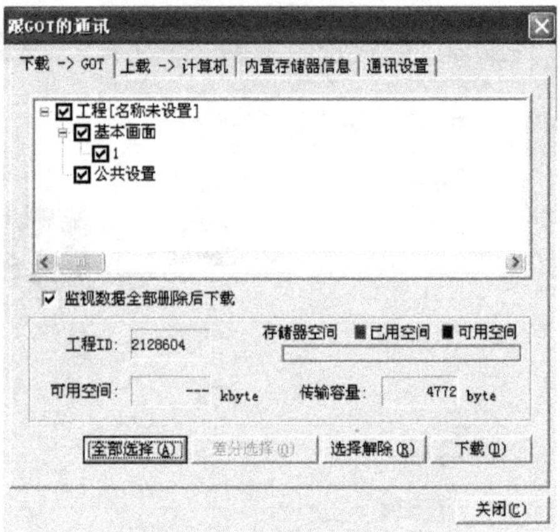

图 16-31　下载工程数据

16.3.4　PLC 程序设计

由 GOT 设置软元件及 PLC 输出分配，设计双重联锁电动机正反转 PLC 控制程序如图 16-32 所示。

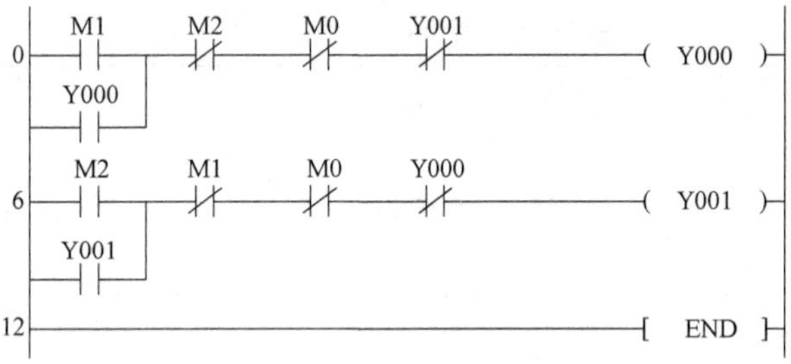

图 16-32　双重联锁电动机正反转 PLC 控制程序

任务 16.4　调试触摸屏、PLC 控制电动机正反转运行系统

调试步骤如下：

1）在断电状态下，连接好 PC/PPI 通信电缆，将 PLC 运行模式选择开关拨到 STOP 位置，将 PLC 梯形图程序写入 PLC。

2）将触摸屏 RS—232 接口与计算机 RS—232 接口用通信电缆连接。

3）程序写入前先设置触摸屏与 PLC 及计算机的通信设置，设置方法是通过触摸隐藏在触摸屏左上角的键，调出系统主菜单，选择“选择菜单”→“其他模式”→“设定模式”，设定“PLC 类型”，这里选择 FX 系列及 CPU 端口 RS422，“串行通讯”口选择 RS232。

4）使用 GT Designer2 软件写入触摸屏画面程序，写入完成后，观察触摸屏画面显示是否与计算机画面一致。

5）按图 16-10 连接好触摸屏和 PLC 外部电路，对程序进行调试运行，观察程序的运行情况。若程序有误，应检查并修改程序，直至运行正确。

6）记录程序调试的结果。

任务评价

自我评价

项目内容	配分	评分标准	扣分	得分
PLC 与 GOT 的安装连接	30	(1)能正确安装,并说明其特点,出现一个错误扣 1 ~ 2 分 (2)能正确分析原理,出现一个错误扣 1 ~ 2 分		
PLC、GOT 程序设计	30	(1)编程错误,每个元件 1 ~ 3 分 (2)参数设置错误,每处扣 1 ~ 3 分		
系统调试与运行	20	(1)能正确运行与调试,得 20 分 (2)操作失误,每次扣 3 ~ 5 分		
安全、文明操作	20	(1)违反操作规程,产生不安全因素,可酌情扣 7 ~ 10 分 (2)着装不规范,可酌情扣 3 ~ 5 分 (3)迟到、早退、工作场地不清洁,每次扣 1 ~ 2 分		
总评分 = (1 ~ 5 项总分) × 40%				

签名：__________ ____年__月__日

小组评价

项 目 内 容	配分	评分
实训记录与自我评价情况	20	
对实训室规章制度的学习与掌握情况	20	
相互帮助与协作能力	20	
安全、质量意识与责任心	20	
能否主动参与整理工具、器材与清洁场地	20	
总评分 = (1 ~ 5 项总分) × 30%		

参加评价人员签名：__________ ____年__月__日

教师评价

教师总体评价意见：

教师评分(30)	
总评分 = 自我评分 + 小组评分 + 教师评分	

教师签名：__________ ____年__月__日

参 考 文 献

[1] 曹菁. 三菱 PLC、触摸屏和变频器应用技术 [M]. 北京：机械工业出版社，2010.

[2] 岳庆来. 变频器、可编程序控制器及触摸屏综合应用技术 [M]. 北京：机械工业出版社，2006.

[3] 吴启红. 变频器、可编程序控制器及触摸屏综合应用技术实操指导书 [M]. 北京：机械工业出版社，2007.

[4] 周惠文. 可编程控制器原理与应用 [M]. 北京：电工工业出版社，2007.

[5] 蔡崧. 传感器与 PLC 编程技术基础 [M]. 北京：电子工业出版社，2005.

[6] 钟肇新，范建东. 可编程控制器原理及应用 [M]. 广州：华南理工大学出版社，2003.

[7] 肖明耀. 可编程控制技术 [M]. 北京：中国劳动社会保障出版社，2004.

[8] 张运刚，宋小春，郭武强. 三菱 FX2N PLC 技术与应用 [M]. 北京：人民邮电出版社，2007.

[9] 李良仁. 变频调速技术与应用 [M]. 北京：电子工业出版社，2009.

[10] 三菱电机株式会社. 变频器原理与应用教程 [M]. 北京：国防工业出版社，1998.

[11] 宋峰青. 变频技术 [M]. 北京：中国劳动社会保障出版社，2004.

[12] 王煜东. 传感器及应用 [M]. 2 版. 北京：机械工业出版社，2008.

[13] 洪志刚. 传感器原理及应用 [M]. 长沙：中南大学出版社，2007.

[14] 刘增辉. 模块化生产加工系统 [M]. 北京：电子工业出版社，2005.

[15] 程子华，阳胜峰. 视频学工控：触摸屏应用技术 [M]. 北京：人民邮电出版社，2010.

[16] 李敬梅. 电力拖动控制线路与技能训练 [M]. 北京：中国劳动社会保障出版社，2007.

[17] 孙名楷. 液压与气动 [M]. 北京：电子工业出版社，2009.

[18] 李全利. PLC 运动控制技术应用设计与实践（三菱）[M]. 北京：机械工业出版社，2010.

[19] 刘建华. 电气控制与 PLC [M]. 北京：机械工业出版社，2013.

[20] 刘建华. 三菱 FX2N 系统 PLC 应用技术 [M]. 北京：机械工业出版社，2013.

[21] 阮友德. 任务引领型 PLC 应用技术教程 [M]. 北京：机械工业出版社，2013.